Physics Odyssey

Taking the first step to reveal the world with physics

by Jino Lee

Published by Hangilsa Publishing Co., Ltd., Korea, 2016

물리
오디세이

세상을 설명하는 물리학,
그 첫걸음을 위한 안내서

이진오 지음

과학의 숨은 맛을 찾아서 │ 머리말　　　　　　　　　　7

PART 1.　현대과학의 네 가지 키워드

1 과학의 본질을 물은 쿼크　　　　　　　　　　13

　• 조금 더 생각하기 1.　기본입자　　　　　　34

2 상대적이어서 절대적인 상대성이론　　　　39

3 입이 무거운 스포일러, 혼돈이론　　　　　　61

4 양자역학, 사소한 것들의 미학　　　　　　　81

　• 조금 더 생각하기 2.　양자역학　　　　　108

PART 2.　자연의 아름다움에 대하여

1 아리스토텔레스부터 뉴턴까지, 운동량의 탄생　113

　• 조금 더 생각하기 3.　뉴턴의 고민　　　　128

2 과학의 기본 개념들　　　　　　　　　　131

3 거부할 수 없는 에너지보존법칙　　　　　　147

　• 조금 더 생각하기 4.　귀납　　　　　　　162

4 가장 자연스러운 법칙이 가장 강력하다　　165

　• 조금 더 생각하기 5.　엔트로피　　　　　182

PART 3.　과학의 중심에 선 실험들

1 예술적인 과학실험　　　　　　　　　　　187

　• 조금 더 생각하기 6.　창의성　　　　　　206

2 경이로운 도전　　　　　　　　　　　　　209

　• 조금 더 생각하기 7.　실험의 어려움　　232

　• 조금 더 생각하기 8.　대규모 실험　　　　235

3 우주를 여행하는 빛　　　　　　　　　　　237

　• 조금 더 생각하기 9.　상식과 과학　　　　262

4 우주의 과거를 품은 빛　　　　　　　　　265

PART 4. 제한 없는 상상력, 자연의 본질을 노리다

1 마침내 성공한 인류의 도전 293
- 조금 더 생각하기 10. 과학과 규칙성 307
- 조금 더 생각하기 11. 과학과 수비학 310

2 신들의 세계를 설명한 과학 313

3 새로운 개념, 새로운 시각 339
- 조금 더 생각하기 12. 상대성이론 1 354
- 조금 더 생각하기 13. 상대성이론 2 357

4 전자기학의 아름다움 361

PART 5. 파동과 빛, 블록버스터급 명콤비

1 파동, 빛의 정체를 밝혀줄 열쇠 381

2 파동 속의 과학, 과학 속의 파동 403

3 빛, 매질이 없는 파동 423

PART 6. 미스테리한 빛과 양자역학

1 실체인 줄 알았건만 447
- 조금 더 생각하기 14. 흑체복사 471

2 양자역학의 탄생 475
- 조금 더 생각하기 15. 콤프턴 산란 494

'설명 가능한' 물리를 위해 | 맺는말 497

참고문헌 503

찾아보기 507

과학의 숨은 맛을 찾아서

• 머리말

　과학의 '맛'은 숨어 있습니다. 화려한 업적, 쏟아지는 찬사, 대중의 열광, 역사적 고평가 따위가 전부는 아니죠. 그 너머 어딘가에 진정한 재미가 있습니다. 엄청난 장비를 이용해 우주 생성의 수수께끼를 풀고 있는 오늘날의 과학자들이나, 두 물체의 충돌 후 속도에 관한 법칙을 찾아냈던 300년 전 과학자들이나 바로 그 맛에 매료된 사람들입니다. 과학의 매력은 각색하거나 포장할 수 있는 것이 아닙니다. 숨어 있을 뿐이죠.

　그래서 전달하기가 대단히 어렵습니다. 만화 속 캐릭터에 빠진 '오덕후'가 주변 사람에게 캐릭터의 매력을 설명하려고 할 때 느끼는 난감함과 비슷하지 않을까요? 많은 과학책에도 비슷한 고민을 한 흔적이 있습니다. 예를 들어 더욱더 멋지고 그럴듯한 실험들을 집중적으로 소개하는 식이죠. 첨단 과학기술을 소개하면서 미래는 어떤 일도 가능하다는 식의 허풍 아닌 허풍은 단골메뉴입니다. 몇몇 책은 한 발짝 떨어져서 하나의 학문으로 과학 자체를 조망하는 데 이러한 방법도 과학의 매력을 충분히 전달하는 것은 아닙니다.

　정말 당연한 얘기지만 과학의 매력은 과학자들이 실제로 그 매력에 빠져 허우적거리는 '현장'에 가야 느낄 수 있습니다. 즉 과학자들이 어떤 생각에서 그런 연구를 했는지, 기대하는 바가 무엇인지를 과학적으로 이해하는 일입니다. 다시 말해 과학자들의 학문적 욕구를 들여다보는 것이야말로 과학의 맛을 제대로 음미하기 위해 해야 할 일입니다. 이는 연구가 어떤 사회적·역사적 배경에서 이루어졌는지 이해하는 것과는 다릅니다. 또한 학자들의 연구를 시간순으로 알아가는 것과도 차이가 있습니다. 과학은 기술적 한계나 정보전달의 불균형 등의 비과학적 이유 때문에 순차적으로 발전하지 않았기 때문입니다.

과학자들의 학문적 욕망을 이해하는 일은 중요합니다. 무엇보다 과학자들이 무엇을 하고자 했는지 알게 되는데, 이는 과학자들이 생각하는 '과학'이란 도대체 무엇인지 이해하는 아주 좋은 방법이기도 합니다. 전체 과학에서 각 과학자의 개별 과학이론이 차지하는 위상을 알게 되면 어디까지가 과학적 사고인지 자연스럽게 알게 된다는 것이죠. 물론 과학이론 자체를 더 명확히 파악할 수 있다는 것도 장점입니다.

과학자가 과학을 대하는 '태도'를 알 수 있게 해준다는 점도 중요합니다. 과학자들의 연구 방법이나 과정을 바라보면 그들이 학문적 욕망을 해소하기 위해 얼마나 진지한 태도로 연구에 임하는지 느낄 수 있게 됩니다. 이는 과학이 무엇인지, 과학자란 어떤 직업인지 알고자 하는 독자들에게 큰 도움이 될 것이라고 확신합니다.

이처럼 '독특한' 생각으로 과학이론에 대한 책을 썼습니다. 개별 과학이론을 설명하는 데 큰 노력을 기울였다는 점은 다른 많은 저자와 다르지 않습니다. 다만 자세히 얘기한 정도가 다른데요, 독자가 '이론 간의 상호관계를 파악할 수 있을 정도'로 책을 썼습니다. 이는 가십성 정보를 맥락과 상관없이 들먹인다든지, 과학이론을 마구잡이로 나열한다든지 하는 것과는 전혀 다릅니다. 이 책이 다소 특별하게 느껴진다면 바로 이러한 이유 때문일 것입니다.

집필 방식이 독특하다는 것과 별개로, 책이라면 전체를 아우르는 잘 짜인 스토리가 있어야 한다고 생각합니다. 그래서 한 발짝 떨어져서 바라본 과학, 직업인으로서 과학자 등 최대한 다양한 요소가 조화롭게 어우러지도록 노력했습니다. 당연한 이야기지만 책의 내용에 사소한 오류가 없도록 최선을 다했다는 점도 말씀드립니다. 종종 과감한 문장을 써야 할 때는 조사를 세심하게 조절해 '명백히 틀린 말'이 되지 않도록 했다는 점을 미리 밝혀 '면죄부'를 받고 싶습니다.

사실 책을 잘 썼다는 응원을 받고 싶은데, 이렇게 대놓고 쓰면 응석이라고 하지 않을까 걱정입니다. 여하튼 책을 완성했기에 편집자와 더 이상 서로 구박하지 않게 되었습니다. 책이 언제 나오느냐고 놀림 섞인 응원을 해줬던 수많은 지인에게 멋쩍은 웃음을 짓지 않아도 된다는 사실이 저를 기쁘게 합니다. 사랑하는 가족에게도 결과물을 보여줄 수 있게 되어서 다행이라고 생각합니다. 원고를 평가해준 분, 자료조사를 해주셨던 분, 글쓰기가 막히면 아이디어를 주셨던 분, 삽화가와 삽화가를 소개해준 분 모두에게 감사의 마음을 전합니다.

편집자에게 구박받을 때마다 받은 구박만큼 인세도 받을 수 있는 책을 쓰자는 나름의 소박한 '목표'가 있었습니다. 그런데 총 집필 기간이 뉴턴의 『프린키피아』에 육박할 정도로 길어졌습니다. 그만큼 구박도 많이 받게 되어 더 이상 소박하다고 할 수 없는 '욕심'이 되어버렸습니다. 책머리에 "사랑하는 아들에게"라는 문구를 멋지게 넣고 싶었는데 이 또한 과욕이었나 봅니다. 멋들어지게는커녕 자연스럽게 쓰기도 쉽지 않네요. 이제 본문을 읽으세요. 머리말보다 훨씬 재미있습니다.

2016년 6월 데스크탑 앞에서
이진오

PART 1

현대과학의
네 가지 키워드

:

결정되지 않은 자연, 예측할 수 없는 미래.
마치 과학은 20세기를 거치면서 완전히 다른 형태로 바뀐 것만
같습니다. 하지만 공부하다 보면 이 변화가 크게 느껴지지 않을 것입니다.
약간 더 어렵게 느껴질 뿐이지 이질적이란 생각은 크게 들지 않습니다. 실제
연구현장에서도, 과학의 이런 특징들이 특별한 관심의 대상이 되는 일은 많지
않습니다. 19세기나 20세기나 과학자들이 하는 일의 성격은
크게 달라지지 않았을 것입니다.

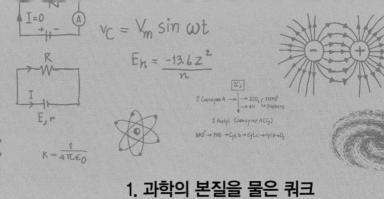

처음으로 할 얘기는 이 우주를 이루고 있는 기본 재료에 관한 얘기입니다. 우리를 둘러싸고 있는 것들은 당장 눈에 띄는 것만 해도 엄청나게 다양합니다. 여러분이 입고 있는 옷부터 종이, 책상, 유리에 이르기까지 정말 많죠. 그리고 이 모든 것은 그것을 이루고 있는 재료의 질 자체가 다릅니다. 종이를 아무리 창문에 붙인다고 해도 유리와 같은 성질을 띠게 할 수는 없지요.

그런데 현대과학은 이 여러 가지 물건이 사실은 매우 적은 수의 재료로 만들어진다는 것을 알아냈습니다. 이 재료들은, 마치 레고 부품같이, 서로 이리저리 여러 방법으로 결합하면서 각종 물질을 만들어내지요. 과학자들은 물질의 성질을 띠는 가장 작은 이 재료를 분자라고 부릅니다.

원자 아닌가요?

 아 그렇지요. 그건……

아니야. 양성자랑 중성자야.

쿼크!

…….

쿼크가 뭐야?

제일 작은 입자래.

그게 원자보다 작아?

그래. 그게 다른 것들을 다 이루고 있어……. 어……, 그러니까 그렇대.

뭐야, 너도 잘 모르는구나?

자세한 건 선생님께 여쭤봐!

쿼크가 무엇인지 아는 것보다 우선 과학자들이 거기까지 어떤 과정을 거쳐 도달할 수 있었는지 아는 것이 중요한 건데, 약간 나중에 배우면 안 될까?

…….

쿼크, 세상에서 가장 '작은' 낭만

쿼크는 상당히 이상한 것입니다. 이름부터 대단히 특이하지요. 학자들은 무언가 입자처럼 행동하는 것을 발견하면 보통 '-자'라고 부릅니다.

'전자' '양성자' '중성자' 등이 전부 그 예지요. 영어로 따지면 '-on'을 단어 끝에 붙이는 것과 같습니다. 'electron' 'proton' 'neutron'처럼 말이에요.

무언가 빛처럼 행동하면 그것에는 '-선'-ray이라고 이름을 붙이곤 했습니다. '음극선'cathode-ray , 'X선'X-ray 따위가 좋은 예지요. 가끔 물리 교과서나 문제집에 '우주선'이란 단어가 나오는데 대부분 cosmic-ray, 즉 우주에서 쏟아지는 빛과 같은 것들을 의미합니다. 적지 않은 학생이 spaceship이라고 생각하고 문제를 잘못 이해하죠.

그럼 쿼크는 뭘까요? 이 단어는 한국어로 보나 영어로 보나 입자나 파동 중 어떠한 것과도 맞지 않습니다. 물론 이런 예가 아예 없는 것은 아닙니다. 중성미자가 가장 유명하죠. 한국어에는 예쁘게 '-자'가 붙어 있지만 영어로는 뉴트리노neutrino라고 합니다. 입자가 전기적으로 중성자와 성질이 같을 것이라고 예상만 하던 시절, 이 입자의 존재를 처음 제시한 페르미Enrico Fermi라는 저명한 과학자가 붙인 이름입니다. 그런데 중성자neutron라는 이름이 이미 사용 중이었기에 약간 변형해서 명명한 것이지요.

쿼크는 이런 기념비적인 일화도 없습니다. 쿼크의 존재를 처음 주장했던 사람 중 한 사람인 겔만Murray Gell-Mann이 자기가 읽었던 소설 속 구절에서 따왔다고 하긴 했지요. 하지만 그다지 멋지지 않을 뿐 아니라 유명한 얘기도 아닙니다. 그래서 쿼크가 사실은 갈매기 울음소리에서 따온 것이라는 낭설까지 돌아다닐 지경입니다. 이것뿐만이 아닙니다. 발견된 여섯 종류의 쿼크도 대단히 썰렁한 이름을 갖고 있습니다. 위 쿼크up quark, 아래 쿼크down quark, 맵시 쿼크charm quark, 기묘 쿼크strangeness quark, 꼭대기 쿼크top quark, 바닥 쿼크bottom quark. 이름과 쿼크의 성질 사이에 별 상관관계도 없습니다. 그냥 쌍을 맞춰 이름을 나열한 것이 전부입니다.

제 생각에 이 이름들 자체가 물리학자들의 작은 유머입니다. 이 당시 물리학자들은 세상의 큰 관심을 받으면서 연구하는 행운을 누렸습니다. 물론 20세기 초 위대한 과학적 성과에 기초한 것이니만큼 단순한 운이라고는 할 수 없겠죠. 시대적 영향으로 다수의 최고 두뇌가 물리학을 인생의 길로써 선택하고 또 그만큼 훌륭한 연구결과를 내놓았습니다. 사람들은 그 결과에 열광했고요. 이런 배경을 이해하고 나면 이런 이름들이 그들의 유머감각까지는 아니더라도 적어도 여유에서 비롯되었다고 생각할 수 있죠. 자신의 발견이 학문적으로 뛰어나게 보이도록 가능한 거창하고 멋진 이름을 붙이려고 애쓰는 지금의 학자들에게서 찾아볼 수 없는 낭만적인 모습입니다.

정말 전혀 안 웃긴데요.

낭만적이지도 않아요. 그냥 새로운 이름을 붙여줄 상상력이 부족한 거 아니에요?

하하하, 전 웃겨요.

나도 안 웃긴데.

……

풀릴 듯 풀릴 듯 풀리지 않는 매듭

쿼크는 이름만 이상한 것이 아닙니다. 쿼크에 관해 알면 알수록 이상한 것들이 늘어날 것입니다. 쿼크가 왜 필요했는지 그 배경을 알아가는 것으로 얘기를 시작해보겠습니다.

과학자들이 쿼크를 다루게 된 계기는 원자를 다루게 된 계기와 대단히 비슷합니다. 과학자들은 물체가 아주 작은 크기를 가진 '무언가'의 조합으로 이루어졌을 것이라는 사고를 오랫동안 발전시켜왔습니다. 그래서 20세기 초에 원자가 물질을 구성한다는 이론이 만들어졌지요. 그런데 이론이 발전하는 과정의 그 어느 순간에도 원자를 직접 보고자 하는 노력은 성공하지 못했습니다. 심지어 '원자가 정말 실제로 있다고 확신을 심어줄 만한 첫 번째 논문'이라고 모든 과학자가 인정한 논문에서조차 원자의 모습은 조금도 등장하지 않습니다(이 논문은 1905년 아인슈타인 Albert Einstein이 발표한 「평형상태의 액체에 떠 있는 작은 부유입자의 운동에 관해」 "On the Motion – Required by the Molecular Kinetic Theory of Heat – of Small Particles Suspended in a Stationary Liquid"란 논문입니다).

수년 후에 러더퍼드 Ernest Rutherford가 실험적 사실을 기초로 원자의 구조에 관한 과학적인 추론을 제안했을 때조차, 원자를 인간의 시각이나 촉각으로 감지할 수 있게 제시한 것은 아니었습니다. 개별 입자의 모습으로 추론되는 사진들이나 그림들은 전부 수십 년이 흐른 뒤에야 발달한 기술의 도움으로 얻게 된 것들이죠.

21세기를 사는 우리야 옛날 과학자들의 믿음이 틀리지 않았음을 알려주는 많은 자료를 눈으로 볼 수 있습니다. 100년 전 과학자들의 주장을 비교하면서 누가 옳은 말을 했는지 따져보기도 하지요. 그런데 100년 전 과학자들에게는 눈으로 볼 수 있는 자료가 없었습니다. 상황이 그렇게 단순하지 않았던 것입니다. 그 누구도 단 한 번도 본 적 없는 그리고 아무도 볼 수 없을 정도로 작은 무엇인가가 감각의 영역을 넘어서 존재하며 그것이 이 세상을 이루고 있다는 주장을 과학자라는 사람이 믿는다면 그것이 정상적인가요? 이것이 쉽게 할 수 있는 상식적 주장인가요?

눈에 보이지 않는 어떤 것을 근거로 자신의 말을 믿으라고 하는 사람을 보통 사기꾼이라고 하죠.

그러나 많은 과학자가 원자론이 옳다고 믿으며 꾸준히 연구를 계속해 왔을 뿐만 아니라 20세기 초반이 지나면 거의 모든 과학자가 원자론을 받아들이게 됩니다. 그렇다면 과학자들은 원자론을 어떤 근거로 믿은 걸까요? 원자론의 어떤 면이 과학자들의 마음을 강하게 끌었을까요?

과학자들이 중요하게 생각한 것은 '자연현상들이 원자론으로 자연스럽게 설명된다는 사실'입니다. 이제껏 알려진 자연현상과 모든 실험결과가 어떤 이론으로는 설명되고 다른 이론으로는 설명되지 않을 때 과학자들은 그 어떤 이론이 옳다고 여깁니다. 만약 그 이론이 새로운 법칙을 포함하고 있으면 과학자들은 그 법칙을 자연의 원리라고 칭하고, 새로운 존재를 주장하고 있으면 그것이 존재한다고 천명합니다. 이것이 과학이 말하는 진실입니다.

과학자들은 세상이 아주 작은 알갱이들로 이루어졌다고 믿었고 그래서 원자론, 분자론 같은 관련 이론을 꾸준히 발전시켰습니다. 결국 원자가 실재한다는 수많은 직간접적인 증거를 얻을 수 있었지요. 바로 앞부분에 등장하는 아인슈타인과 러더퍼드의 연구가 가장 대표적인데요, 이는 20세기 물리학이 이룬 큰 발전입니다. 두 과학자가 이루어낸 과학적 성취는 각각 '브라운 운동' '러더퍼드의 알파입자 산란실험'이라고 불리지요. 당시 가장 명석한 통찰력을 발휘했던 과학자 중 한 명인 볼츠만Ludwig Eduard Boltzmann 은 기체가 분자로 이루어졌다는 생각에 근거해 '기체 분자 운동론'을 만들기도 했습니다. 원자론을 이용해 자연을 더더욱 깊게 이해하는 일이 가능해진 것이죠.

실제로 당시 과학자들이 한 연구는 모두 원자론을 기반으로 삼거나 강

하게 지지하는 내용이었습니다. 많은 노력을 통해 원자론이 확립된 것
이죠.

흥미롭게도 물리학자들이 분자의 실재에 대해 격론을 벌이
던 때, 화학자들은 분자설에 기초해 연구하고 있었습니다. 그
들은 물리학자들보다 수십 년 먼저 이 사실을 받아들였지요.

그러나 이것은 세상을 설명하는 결론이 아니라 새로운 시작일 뿐이었
습니다. 그 후 50여 년이 지나는 동안 원자론만으로 설명하기 어려운 수
많은 현상을 발견하게 되었기 때문이지요. 과학자들은 원자에 강한 힘을
주어 그 내부에 무엇이 있는지 알아보는, 마치 달걀을 깨서 내용물이 무엇
인지 알아보는 것과 같은 실험을 했습니다. 원자가 무엇으로 이루어졌는
지 알아보고자 하는 목적이었지요.

그 성과도 원자론만큼이나 눈부셨습니다. 단순한 입자 몇 개만이 검출
되어 세상을 더욱 간략하게 설명할 방법이 도출될 것이라는 예상을 깨고,
20세기 중반에 이르기까지 100개가 넘는 새로운 입자가 검출되었으니
말입니다. 말 그대로 입자가 쏟아져 나온 것이죠. 파이온, 람다, 시그마, 로
우 등의 입자가 처음 발견된 이후로 셀 수도 없이 많은 입자가 검출되었
습니다. 나중에는 새로운 이름을 붙이기 민망할 정도가 되었죠. 결국 이름
뒤에 입자의 질량을 의미하는 숫자를 붙여서 구별해야만 하는 지경에 이
르렀습니다.

이는 새로운 발견을 엄청나게 쏟아낸 대단히 환상적인 일이지만, 세상
을 설명하는 간단한 원리를 찾고자 했던 과학자들에게는 재앙에 가까운
일이었습니다. 페르미는 다음과 같이 말함으로써 물리학자가 갖는 느낌
을 표현했죠.

"만약 이 모든 입자의 이름을 기억할 수 있다면, 나는 식물학자일 것이다."

　새로 발견된 수많은 입자를 보고 과학자들은 이번에도 이 안에 무언가 간결한 질서가 있을 것으로 생각했지요. 당연히 그 법칙을 찾으려는 노력을 이어갔습니다. 마치 수많은 물질 속에서 원자를 발견하고 주기율표를 그리면서 일정한 규칙에 따라 원소들을 죽 나열하며 원자론을 발전시켰던 선대 과학자들처럼 말입니다. 이런 노력의 결과로 1964년 쿼크라는 것이 고안되었습니다.

　단순히 입자가 많다는 이유만으로 학자들이 당황한 것은 아닙니다. 다음에 자세히 나오겠지만 학자들은 이들을 연구하기 위해서 기존의 상식을 버려야만 했지요. 당연히 배우는 사람들도 마음을 열고 사실 그대로를 받아들여야 합니다. 몇몇 사람은 약간 독특한 태도라고 느낄 수도 있을 듯합니다.

스핀과 기묘도, 이해와 인정 사이

작은 입자들의 세계를 이해하기 힘든 가장 큰 이유는 이들 입자가 일상과는 완전히 동떨어진 독특한 특성을 가진다는 데 있습니다. 가장 유명한 예가 바로 입자의 '스핀'입니다. 마치 전하를 띤 입자가 돌고 있는 것처럼 보인다고 해 이렇게 이름을 붙였는데 이 때문에 전자가 스핀을 지녔다는 말을 전자가 뱅글뱅글 돌고 있다는 뜻으로 생각하는 사람들이 많죠. 하지만 사실은 다릅니다. 실제 자유로운 전자 하나에 대해서는 '돌고 있다'는 것을 정의할 수 없습니다. 회전 전과 후가 달라야 돈다는 것을 정의할 수 있을 텐데요, 전자는 내부구조가 없는 입자이기 때문에 회전 전과 후가 완전히 같습니다. 이 설명을 듣고 아주 매끄러운 당구공을 상상하는 사람도 있을 겁니다. 잡티 하나 없는 완벽한 공이 회전하고 있으면 우리 눈은 그 공이 회전하고 있는지 아닌지 모를 것입니다. 하지만 자연이라면 알겠죠. 당구공을 이루는 원자 하나하나가 서로 묶인 채 다 같이 위치를 바꾸고 있다는 것을 말입니다. 하지만 아무리 자연이라도 전자가 돌고 있는지는 알 수 없습니다. 회전 전후의 변화가 그저 눈에 안 보이는 것이 아니라 진짜로 없으니까요.

 전자에게 회전이 없다는 말은 '자유로운 전자가 공간에 놓여 있으면 그 전자를 어느 방향에서 관찰하든지 간에 관찰자는 똑같은 결과를 얻는다'와 같은 말입니다.

그런데도 사람들은 전자가 가진 특이한 성질에 '스핀'이라는 이름을 지어줬습니다. 물론 이름이 물리적 특성을 100% 완벽하게 나타낼 필요는 없지요. 사실 본질적으로 이름은 크게 상관없습니다. 어떠한 특성을 '스핀'이라고 부르고는 있지만 정확히 알면 의사소통하는 데 아무런 지장이 없으니까요.

그렇다면 과연 스핀의 본질이 무엇이냐는 질문이 남지요? 그런데 이 것은 쉽게 이해할 수 있는 것이 아닙니다. 스핀이 무엇인지 정확히 알려 면 물리학과에 입학해 학부 4년을 성실히 보내고도 부족하지요. 일단 스 핀이라는 것이 있는데 말로 설명하기 어렵다 정도로만 생각하시면 됩 니다.

입자들의 세계는 너무나 작아서 우리가 경험하는 평범한 세계와는 매 우 다른 특성들이 있습니다. 전자같이 작은 입자는 추정컨대 그 크기가 원자보다도 100배 이상 작습니다. 그러니 그들의 특성이 일상의 언어로 완전히 묘사될 리 만무하죠. 단지 입자가 가진 비일상적 특성에 스핀이 라고 이름 붙인 것뿐입니다. 그래도 마음 한구석이 불편한 사람이 있을 텐데요, 그 감정은 지극히 자연스러운 것이기에 그 자체로 받아들이면 됩니다. 한번 이렇게 생각해봅시다. 인간이라는 거대 구조물을 묘사하는 데 '키' '비만도' '아이큐' 따위가 필요하다는 말을 만약 전자가 듣는다 면, 전자도 잘 이해하지 못할 거라고요.

입자의 스핀은 자기장과 입자가 어떻게 반응하는지, 자석과 같 은 물질의 특성이 어떻게 결정되는지, 핵 주변에 전자가 어떤 식으로 자리하는지 등을 이해하는 데 핵심적인 역할을 합니다.

그나마 스핀은 양호한 편입니다. 학자들은 입자의 어떤 특성에 strangeness, 즉 기묘도라는 이름을 붙이기도 했습니다. 그냥 기묘하다 이 거죠. 입자의 특성이 무엇인지 잘 설명할 최적의 이름을 붙이려는 최소한 의 노력조차 하지 않은 듯한 이름입니다. 어차피 이름은 중요한 것이 아니라 이거죠.

그러니까 배우는 처지인 우리도 너무 깊게 생각하지 맙시다. 스핀과 기묘도가 입자들을 해석하는 데 얼마나 중요한 역할을 하는지 알아보는 것에만 집중하는 편이 낫습니다. 이것도 정말이지 충분히 의미 있는 일입니다. 그것만으로도 입자들의 세계를 이해하고 해석하는 기본적인 아이디어를 숙지하는 데 조금도 모자라지 않습니다.

쿼크 여섯 개가 들려주는 자연교향곡

앞서 페르미가 언급했던 것처럼 새로 발견된 입자들은 그 숫자도 많고 특성도 다양합니다. 그냥 늘어놓으면 정신없어지기 쉽지요. 하지만 적당한 원리 몇 가지만 적용하면 어떤 규칙성이 드러납니다. 물론 학자들은 그 원리를 찾아내느라고 입자들을 뒤적이면서 힘든 시간을 보냈겠지만, 이미 알려진 결과를 익히는 일은 크게 어렵지 않습니다. 특히 물리학자들이 입자 여덟 개만 이용해 공부해도 된다는 것을 알려준 덕에, 공부하는 처지에서는 그 수많은 입자를 다 알 필요가 없게 되었습니다.

| 양성자 | 중성자 | 람다 | 시그마플러스 | 시그마제로 | 시그마마이너스 | 크사이제로 | 크사이마이너스 |

그런데 막상 입자 여덟 개의 이름을 보니 생소해 접근하기 꺼려지는 것은 마찬가지네요. 수많은 입자 중에서도 교과서에 싣는 데 가장 적절하다고 선정된 녀석들인데도 쉬운 이름이 아닙니다. 앞으로 이것들을 공부해야 한다고 생각하니 눈앞이 깜깜해지는 게 솔직한 심정이지요. 보기 좋으라고 질량 순서대로 나열해놓고 또 그 원의 크기 또한 질량과 직접적인 관계를 갖도록 정리해놓았는데도 말입니다.

공부를 하다 보면 이럴 때가 왕왕 있습니다. 대단히 어렵거나 심오한 내용이 아닌데도 단지 처음 접했기 때문에 쉽게 머리에 들어오지 않는 듯한 순간 말입니다.
그런데 반대로 생각해보면 이렇게 완전히 새로운 것들을 앞에 놓고 느끼는 기분이야말로 오직 공부를 통해서만 느낄 수 있는 독특한 기분입니다. 배우면서 즐거움을 느낄 수 있는 대목이지요.

여기서는 역설적이게도 새로움을 조금 더 더하면 어려움이 옅어집니다. 새로움을 도입하는 방법도 모호하거나 힘들지 않고 명쾌합니다. 몇 가지 새로운 원칙을 이용해 배치를 달리하는 것이지요. 그러고 나면 바로 어떤 규칙이 있는지 드러납니다.

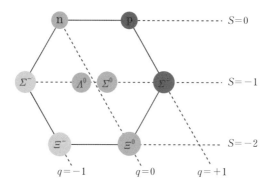

오른쪽의 S는 입자의 기묘도를 의미합니다. 아래쪽의 q는 입자의 전하량을 의미하지요. 이것들이 어떤 의미의 물리량인지 지금 단계에서 알 필요는 없습니다.

만약 저 여러 종류의 입자 사이에 아무런 관계가 없다면, 다시 말해 각 입자가 순전히 우연으로 정해진 기묘도나 전하를 가진 것이라면, 그림처럼 대칭성을 띠고 입자가 배치된다는 것은 사실 부자연스러운 일입니다.

어떤 입자의 기묘도가 0일 때 다른 입자의 기묘도는 10이거나 -0.456이어야 적당할 것 같지 않나요? 하지만 그림을 보면 마치 입자들이 어떤 규칙으로 조립된 것처럼 보입니다. 전하와 기묘도 모두 대표하는 수치가 각각 주어진 규칙 안에서 변하고 있지요. 숫자 간의 간격도 고르고 그 크기 또한 음과 양의 방향으로 대칭이어서 최댓값은 +1이고 최솟값은 -1입니다.

가만히 보고 있자니 저런 배치를 이룰만한 재료나 부품이 떠오를 것만 같습니다. 그 부품들을 적당한 규칙으로 뭉치면 위의 입자들이 만들어지도록 말이요. 블록놀이 장난감을 생각하면 됩니다. 단지 과학자들이 쓰는 블록은 이름이 약간 따분하고 모양 대신 숫자가 다양할 뿐이지요.

결론적으로 고유한 전하량과 기묘도를 지닌 세 종류의 부품을 이용해 위의 입자 여덟 개를 조립할 수 있습니다. 부품의 이름을 각각 u, d, s라고 짓고 재구성하면 위의 그림은 아래 그림과 같아집니다.

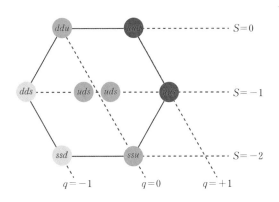

두 표의 같은 자리는 같은 입자를 나타냅니다. 즉 중성자"는 d라는 입자 두 개와 u라는 입자 한 개가 합쳐져서 만들어졌다는 뜻이지요.

예상하고 있었겠지만 바로 저 부품들이 쿼크라 불리는 것들입니다. 따지고 보면, 입자들의 특성을 연구하다가 고안한 블록놀이 장난감 같은 것이라고 봐도 무방한 것이지요. 너무 복잡하고 거창하게 생각할 필요는 없습니다.

물론, 쿼크를 이용한 이론이 자연을 이해하는 매우 훌륭한 방법으로 널리 인정받고 있다는 사실도 잘 알고 있어야 하겠지요. 무엇보다 물리학자들이 쿼크를 이용해 새로운 입자의 존재를 예상하는 데 성공했다는 사실을 언급해야 할 것 같습니다. 쿼크가 고안되기 거의 100년 전에 게르마늄의 존재와 성질을 예언해 그 업적을 인정받았던 멘델레예프Dmitri Ivanovich Mendeleev가 한 방식으로 쿼크의 가치를 증명한 것이지요. 1962년 겔만이 예상했던 입자는 오메가 마이너스Ω^-입니다. 모양은 다르지만 팔정도를 그릴 때처럼 입자를 대칭으로 배치해 전하가 -1이며 기묘도가 -3 그리고 질량이 약 1,680MeV인 입자의 자리가 비어 있음을 알아낸 것이지요. 이 예언은 매우 중요하게 여겨졌고 머지않아 실험으로도 확인되었습니다. 쿼크이론이 강한 생명력을 갖게 되는 순간이었지요.

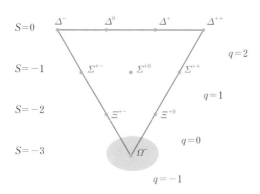

이 볼링핀 같은 배치에서 '선두 핀'에 해당하는 입자만 발견되지 않았었지요.

여덟 개밖에 안 되는 입자를 쿼크 세 개로만 묘사했으니까 훌륭하지 않다고 생각할 수도 있습니다. 하지만 입자들의 세계 전체를 바라본다면 얘기는 달라집니다. 작은 입자는 400개가 넘을 만큼 많지만 쿼크는 기본적으로 여섯 개에 불과하거든요. 그러니까 과학자들은 쿼크를 이용해 자연을 훌륭하게 설명하고 있는 것입니다.

자연의 본질일까, 잠결에 본 신기루일까

쿼크를 이용해 입자들의 세계를 이해하는 이론을 '표준모형'이라고 부릅니다. 최초로 쿼크가 제안된 이후 50년이 지나면서 이 이론은 상당히 방대하고 복잡해졌으며 또 점점 견고해졌지요. 물론 거의 모든 과학 이론이 그러하듯 아직 설명하지 못하는 부분이 있고 또 새로운 의문점을 만들기도 합니다. 아직은 표준모형이 100% 완성된 것이 아니라는 얘기지요. 예를 들어, 기본 입자들은 왜 그런 질량을 가지는지, 입자 간의 질량 차이는 왜 그리 큰지(무거운 t 쿼크의 질량은 전자보다 10만 배 이상 무겁습니다) 등은 전부 신기하지만 이해할 수 없는 일이죠.

의문점은 또 있습니다. 100년 전 과학자들은 주기율표에 기재된 입자 사이의 규칙성을 원자핵과 전자라는 내부구조를 이용해 이해했습니다. 그렇다면 쿼크 안에도 내부구조가 있는 것은 아닐까요? 이런 것들은 과학자들이 실제로 품고 있는 의문입니다. 아직도 실험과 이론의 모든 영역에서 연구가 진행 중입니다. 하지만 지금 나열한 모든 의문보다 더욱 본질적인 의문이 표준모형의 탄생 초창기에 있었습니다. 과학자들이 쿼크가 존재하는지에 대한 답을 막 찾으려고 할 때였습니다.

대부분 훌륭하다고 평가받는 과학적 성과물들은 자연을 너무나도 잘 설명해 아예 자연이 실제로 그러하다는 주장으로 연결될 때가 많습니다. 예를 들어 지구가 태양 주변을 돈다는 가정하에서 별들의 움직임이 제일 잘 설명된다는 과학적 주장은, 지구가 태양 주변을 돌고 있다는 것을 사실로 받아들이게 했죠. 분자를 이용해 여러 물질을 분석한 분자론은 분자의 실재를 인정하게 했습니다.

그렇다면 입자들을 훌륭하게 설명한 표준모형 속 쿼크도 여러 입자의 존재를 깔끔하게 설명하고 있으니까 실제로 존재해야 자연스럽지 않겠어요? 적어도 '물리학자들이 쿼크가 실재하기를 바라고 있다'는 것은 자연스럽지요. 쿼크가 단순히 머릿속 상상의 존재가 아니고 자연에 실재하는 대상이기를 원하는 것입니다. 그런데 이 말은 여태 인류가 모르던 대상을 새로 찾아냈다는 뜻이 됩니다. 자연의 본질을 향해 성공적으로 또 한 단계 나아갈 절호의 기회인 것입니다. 한마디로 대단한 발견이라는 얘기입니다.

이토록 의미가 큰 문제이기에 쿼크의 존재여부를 둘러싸고 과학자끼리도 많은 논쟁을 벌였습니다. 바꿔 말하면, 쿼크의 존재를 증명할만한 어떠한 실험적 증거도 없었다는 말이 됩니다. 만약 실험적 증거가 명확했다면 논쟁을 벌일 이유가 없지 않겠어요? 상황은 과학자들의 바람과는 반대로 흘러갔습니다. 400종류의 입자가 발견될 만큼 많은 실험이 있었는데도 쿼크가 직접 검출된 적은 단 한 번도 없었지요. 쿼크의 존재를 강하게 증명할만한 어떠한 것도 없었습니다. 입자에서 해방된, 다른 쿼크랑 반응하지 않는, 자유쿼크가 만들어낸 자연현상은 어디에서도 찾을 수 없었습니다. 쿼크는 그저 과학자들의 상상이 만들어낸 도구에 불과할까요?

안개와 같은 자연의 본질!

20세기 초반에는 원자론을 주장하던 그 누구도 원자의 존재를 가시화하지 못했습니다. 하지만 100년이 지나기 전에 주사터널링현미경Scanning

Tunneling Microscope, 일명 STM이 개발되어 눈으로 원자를 보는 것과 비슷한 그림을 얻을 수 있게 되었습니다. 금속 표면을 엄청나게 자세히 들여다보니 전기적으로 볼록볼록한 구조물이 있었다는 건데 이러한 현상은 원자론으로 쉽게 이해할 수 있습니다. 그 볼록볼록한 구조물 하나하나가 바로 원자의 모습에서 비롯된 것이라고 믿을 수 있게 된 것이지요. 최근의 학자들은 이 장비를 이용해 원자 한두 개를 콕 찍어서 옮길 수 있는 경지에까지 이르렀습니다. 요컨대 우리는 원자를 '본' 셈입니다.

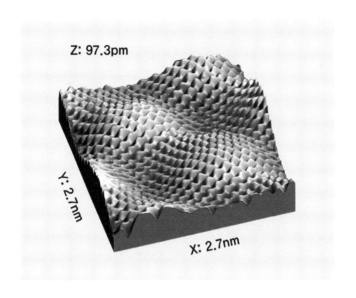

쿼크도 이런 식으로 눈에 보인다면 얼마나 좋을까요? 그런데 불행히도 애초에 그런 일이 일어날 가능성 자체가 거의 없습니다. 원자나 분자를 직접 '볼' 수 없었던 시절 그들의 존재를 강하게 증명해주던 현상과 비슷한 것조차 쿼크에서는 찾아볼 수 없기 때문입니다. 쿼크가 지나간 자리라던지, 쿼크가 서 있는 자리라던지 하는 것들조차 찾을 수 없었지요.

물리학자들은 이 난관을 헤쳐나가기 위해 쿼크를 완전히 새롭게 생각하기로 했습니다. 쿼크를 관찰할 수 없는 것이 과학적으로 옳다고 주장하기 시작한 것입니다! 이 주장에 따르면 쿼크는 서로 가까이 있을 때 거의 영향을 주고받지 않습니다. 그러나 서로 멀어지면 멀어질수록 주고받는 힘이 세집니다. 보통의 상식과는 완전히 반대지요. 그러니까 양성자처럼 쿼크 세 개가 하나의 입자를 이루고 있을 때는 서로 간의 거리가 대단히 짧기 때문에 주고받는 작용이 크지 않습니다. 그래서 마치 자신의 성질을 보존하고 있는 듯이 행동합니다. 하지만 쿼크 사이의 거리가 멀어질수록, 쿼크 하나가 다른 쿼크들에서 멀리 떨어질수록, 주고받는 힘은 계속 커집니다. 결국 쿼크는 주변의 다른 쿼크에서 벗어나지 못하게 되지요.

이처럼 거리가 멀어질수록 주고받는 힘이 점점 더 강해진다고 가정하면 쿼크 한 개가 자유롭게 돌아다니는 일이 왜 어려운지 쉽게 이해됩니다. 입자들의 세계는 정말 우리가 눈으로 보고 손으로 느끼는 세상과는 완전히 다른 세상이구나 싶습니다.

 미심쩍은 상황을 이해하기 위해 비상식적인 가정을 하는 형국이네요. 겉보기에는 이처럼 살짝 엄한 일도 가끔씩 일어나는 것이 과학입니다.

이 주장은 꽤 파괴적인 것입니다. 100여 년 전 물리학자들은 자연을 이루고 있는 기본 입자가 원자라는 것을 확인하기 위해 엄청난 노력을 기울였습니다. 원자론이 지닌 이론적인 이득과 수많은 간접증거를 앞에 두고도 원자론을 인정하지 못하는 회의적인 사람들이 늘 있었거든요. 발달한 과학기술 덕에 원자에 대한 묘사가 가능해질 때까지 말입니다.

의심스러운 무언가를 증명할 때 가장 확실하고 강력하며 상식적인 방법은 보여주는 것입니다. 인간이 새로운 사실을 받아들일 때 무엇이 결정적인 역할을 하는지는 탐사선을 보내 토성의 고리 사진을 찍는 일, 달에 착륙해 열심히 사진을 찍는 일 등에서도 잘 드러납니다. 심지어 과학자들만의 상식도 아니죠. 약속을 지키지 않고 말을 자주 바꾸는 직장 상사와 이메일로 업무에 관해 얘기하는 것은 상사가 말을 또 바꿀 때 프린터로 뽑아서 보여주기 위함입니다. 이처럼 보여준다는 것의 힘은 매우 강력합니다.

그런데 이번엔 물리학자들이 보여준다는 것 자체가 불가능하다고 선언한 것입니다. '자유쿼크 하나는 보여줄 수 없으니까 찾지 마라.' 스스로를 어떤 무거운 임무에서 해방하는 듯한 이 주문은 관련된 몇몇 실험과도 아귀가 잘 맞아떨어졌습니다. 무엇보다 표준모형을 믿고자 하는 물리학자들의 열망을 채워줬기 때문에 과학자들에게 성공적으로 받아들여집니다. 사실 개별 쿼크의 행동이라고 부를 만한 실험결과는 적지 않은 시간이 흘러 기술이 고도로 발달한 후에나 얻을 수 있었지요. 그러나 그때는 이미 과학자들이 쿼크의 존재를 매우 잘 받아들인 상태였습니다. 자유쿼크의 존재를 꼭 보여야만 한다는 의무감에서 완전히 해방된 상태였지요.

과학자들이 보여준 자유쿼크와 관련된 그림이란 것도 사실 직관적이지 않기는 마찬가지입니다. 원자를 보여준 그림처럼 알아보기 쉽거나 멋진 것이 아니죠. 심지어 설명이 있어도 무슨 소리인가 싶습니다.

아래 그림의 선들은 수많은 입자의 자취입니다. 저 중에 개별 쿼크의 자취가 있다고 합니다. 어떤 학자들은 이 그림에 '우주 탄생 후 최초로 쿼크가 자유롭게 돌아다닌 순간이다'라는 멋진 설명을 붙였지요.

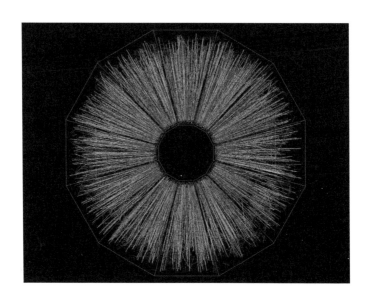

입자의 본질을 넘어 과학의 본질로

결과적으로 표준모형을 이용한 연구는 기존 연구와 비교해 약간 다른 성격의 연구로 바뀌었습니다. 대상의 성질을 알기 위해 그 대상을 직접 탐구하던 방식에서 벗어난 것이죠. 과거의 학자들은 원자 본연의 성질을 알기 위해 기술이 허락하는 한 원자 하나를 최대한 자세히 보려고 노력했습니다. 입자들을 엄청나게 순수한 진공이나 극저온 속에 가두고, 원자 하나를 움직일 수 있는 탐침을 만드는 작업들이 다 그런 노력의 일부입니다. 그러나 표준모형에 따르면 세상의 어떤 과학자도 쿼크 하나를 포획하거나 자유로운 쿼크로만 이루어진 집단을 만들어서 그 특성을 조사할 수 없습니다. 이제 기본입자를 연구하는 물리학자들은 쿼크 하나를 들여다보는 것을 목표로 삼지 않습니다. 수많은 기본입자의 반응을 조작하고 연구해 그 모든 것을 아우르는 체계를 이론적으로 성립시키는 것이 목표가 되었습니다. 물론 그 체계가 왜 현실세계에서는 드러나지 않는지도 과학자들이 규명해야 할 자연현상의 일부가 된 것이고요.

앞서 과학자들은 하나의 이론이 자연을 온전히 설명할 때 그 이론이 주장하는 바를 진실로 받아들인다고 했습니다. 지금껏 과학자들은 그들의 추론, 생각, 결론이 일반인이 가진 상식 또는 경험과 크게 다르지 않음을 보여주었습니다. 적어도 기술의 발달은 우리에게 그런 기회를 줬지요. 하지만 이번은 다릅니다. 과학자들은 그런 노력 자체를 포기했습니다. 이론의 성립이 쿼크의 존재를 정당화할 수 있을까요? 현실세계를 예쁘게 설명할 수 있으나 '직접 존재를 확인할 수 없는 것'의 존재를 여러분은 믿을 수 있겠습니까? 이런 의문은 과학에 대한 조금 더 본질적인 의문과 닿아있는 것 같습니다. 과학이 말하는 물질은 무엇이고 자연은 무엇인지, 인간이 존재한다고 믿는 것과 자연에 정말로 존재하는 것의 차이는 무엇인지 등 어쩌면 표준모형은 입자의 본질뿐만 아니라 과학의 본질에 대해서도 질문을 던지는 것 같습니다.

어쨌든 과학자들이 과감한 주장을 한 후 수십 년이 흘렀습니다. 우리는 표준모형이 성공적인지 결과를 볼 수 있는 세대입니다. 결론적으로 말해 당시 과학자들이 가졌던 과감함은 그 이후의 이론적·실험적 성공으로 힘을 얻었습니다. 물론 이런 과감함 덕에 실험으로는 검증 불가능한 엄청난 이론을 만들기도 했지요. 그러나 전체적으로 볼 때 표준모형에 치명적인 수정을 가해야 할 만큼 큰 일은 아직 일어나지 않았으며 그 내용과 근거는 '아주 느리긴 하지만' 풍성해지며 단단해지고 있습니다. 과학자들은 여전히 표준모형의 길로 계속 전진하고 있지요. 그리하여 이제는 이런 내용이 청소년을 위한 교과서에도 실릴 정도가 되었습니다.

조금 더 생각하기 1. 기본입자

과학자들의 레고

1. 본문의 그림을 한 번 더 그려봅시다.

양성자　중성자　람다　시그마플러스　시그마제로　시그마마이너스　크사이제로　크사이마이너스

2. 이것들을 이제 성질이 비슷한 녀석끼리 줄을 맞춰 배치해봅시다. 기묘도가 같은 녀석끼리 뭉쳐보겠습니다.

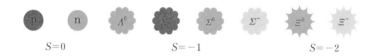

$S=0$　　　　$S=-1$　　　$S=-2$

기묘도 S 값에 따라 모양을 다르게 그립니다.

3. 이제 전하가 같은 녀석들에게 같다는 표시를 합니다.

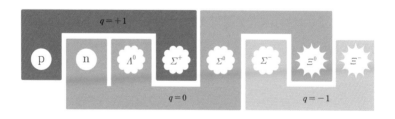

같은 전하를 가진 녀석끼리 묶습니다. 전하가 무엇인지는 나중에 배웁니다.

4. 이제 이것들을 새롭게 배치합니다.

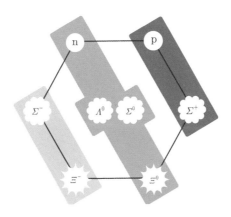

생각보다 어렵지 않지요?

5. 장식들을 지웁니다.

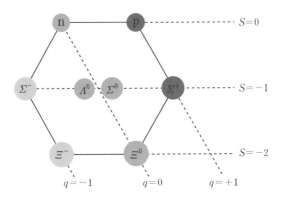

그림과 색을 없애고 축을 표시하면, 보통 교과서에 자주 등장하는 그림이 됩니다.

이왕 팔정도를 알아봤으니 쿼크에 대해서도 더욱 전문적으로 조사해봅시다. 본문에 나온 입자 여덟 개의 특징 중에 언급하지 않은 것은 이들 입자가 전부 스핀 값으로 1/2을 지녔다는 것입니다. 그러니까 쿼크라는 조립품을 만들 때 이 부분까지 고려해서 만들어야 하는 것이지요. 그래서 알게 된 쿼크의 성질을 표로 만들면 다음과 같습니다.

입자	기호	질량MeV/c²	양자수			
			전하량q	기묘도S	중입자수 Number B	반입자
위Up	u	2.4	$+\frac{2}{3}$	0	$+\frac{1}{3}$	$\overline{u}$
아래Down	d	4.8	$-\frac{1}{3}$	0	$+\frac{1}{3}$	$\overline{d}$
맵시Charm	c	1275	$+\frac{2}{3}$	0	$+\frac{1}{3}$	$\overline{c}$
기묘Strange	s	95	$-\frac{1}{3}$	-1	$+\frac{1}{3}$	$\overline{s}$
꼭대기Top	t	172440	$+\frac{2}{3}$	0	$+\frac{1}{3}$	$\overline{t}$
바닥Bottom	b	4180	$-\frac{1}{3}$	0	$+\frac{1}{3}$	$\overline{b}$

수식이나 표 같은 것들이 없어야 책이 잘 나간다고 그러던데요. 어쨌든, 실제 이 부품들이 잘 작동하는지 하나하나 따져보는 일은 유익할 것 같습니다. 표에 ddu 라고 표현된 중성자를 살펴봅시다. d 의 전하량은 표에 $-1/3$이라고 쓰여 있네요. 그리고 u 의 전하량은 2/3라고 표현되어 있습니다. 중성자는 ddu 이니까 d 가 두 개, u 가 한 개입니다. 이들 셋의 전하량을 합치면 0이 되고 이 값은 중성자의 전하량과 같습니다. 부품이 잘 작동하고 있네요!

입자들의 세상

쿼크와 팔정도는 표준모형의 일부분입니다. 매우 중요한 부분이지만 전부는 아니지요. 알려진 모든 입자를 설명하기 위해 표준모형은 쿼크 외에도 여러 종류의 기본 입자를 전제합니다. 여기서 '기본입자'라는 뜻은 지금까지 알려진 바에 따르면 더 이상의 내부구조가 없다는 뜻입니다.

					매개입자
쿼크 (Quarks)	u 위(up)	c 맵시(charm)	t 꼭대기(top)	g 글루온(gluon)	
	d 아래(down)	s 기묘(strange)	b 바닥(bottom)	γ 광자(photon)	
경입자 (Leptons)	ν_e 전자 중성미자(e neutrino)	ν_μ 뮤 중성미자(μ neutrino)	τ_e 타우 중성미자(τ neutrino)	W W보존(W boson)	
	e 전자(electron)	μ 뮤온(muon)	τ 타우온(tauon)	Z Z보존(Z boson)	

쿼크quark가 존재하면 반쿼크antiquark도 존재합니다. 그래서 쿼크 여섯 개로 만들 수 있는 입자의 수는 여섯 개만 갖고 조합할 때보다 조금 더 많습니다. 일반적으로 입자가 존재하면 반입자가 존재하죠. 양성자와 반양성자, 전자와 반전자 등등. 그냥 수식으로만 존재하는 것이 아닙니다. 진짜 존재해요. 입자들이 존재하기만 하다면 말이죠.

표 속의 모든 입자는 측정을 통해 존재가 확인되었습니다. 그중 몇몇 입자는, 쿼크처럼 먼저 제안된 뒤에 측정이 이루어졌지만, 관측이 먼저 된 것도 있지요. 전자는 측정이 먼저 이루어진 가장 대표적인 예입니다.

기본입자들을 크게 경입자와 쿼크로 나누는 기준은 강력이라는 독특한 자연의 힘입니다. 경입자들은 이 힘을 느끼지 못합니다. 쿼크는 이 힘을 느끼죠. 쿼크가 서로 단단하게 붙어서 새로운 입자를 만들 수 있는 것도 이 힘을 이용하기 때문입니다. 앞서 본 팔정도에서처럼 쿼크가 몇 개씩 붙어서 양성자p나 중성자n를 만드는 것이지요. 이때 쿼크가 세 개씩 붙어서 만드는 입자들을 모두 중입자^{baryon}라 하고 쿼크와 반쿼크가 하나씩 붙어서 만드는 입자들을 중간자^{meson}라고 합니다. 이런 분류에 따르면 팔정도에 나온 모든 입자는 전부 중입자에 속한다고 할 수 있죠.

도대체 이것들이 무슨 소릴까…… 하는 생각이 들면 정상입니다. 물론 이 어려운 내용이 모두 교과서에 실려 있다는 것을 알고 놀라는 것이 그다음 순서이지요. 지금은 간단히 소개하는 데 목적이 있을 뿐입니다.

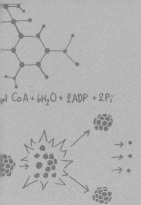
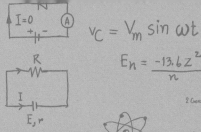
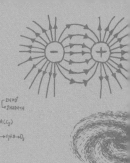

2. 상대적이어서 절대적인 상대성이론

 오늘은 상대성이론에 대해서 얘기하자꾸나.

엇, 그거 엄청 어렵고 괴상한 것 아니에요?

 얘들아 괴상하지도 않고 어렵지도 않단다.

상대성이론이잖아요. 어렵고 쉽고는 상대
적인 거예요.

 오! 세상 모든 것은 상대적인 것이란다. 그
것이 앞으로 할 이야기의 결론 중 하나지.
훌륭한데?

 ……

꼬시고 있어. 수업을 들으라고 이상한 말을 하는 중이야.

……

내가 움직이는 걸까, 우주가 움직이는 걸까

아주 흔한 자연현상과 그에 대한 케케묵은 논쟁에서부터 이야기를 시작해보겠습니다. 과연 지구와 태양 중 무엇이 움직이는 걸까요? 지구에서 관찰하면 운동하는 것은 명백히 태양입니다. 하지만 사람들은 태양이 정지해 있다고 말하지요. 지구가 돌고 있지만 느끼지 못할 뿐이라고 배웠으며 또 그렇게 믿습니다. 보이는 그대로 믿는 것이 유익하지 않다는 것을 인류는 수백 년을 고민한 끝에 깨달았기 때문입니다.

그런데 안타깝게도 이 광활한 우주에서 태양이 진짜로 가만히 있을 가능성은 그리 크지 않습니다. 태양은 은하라는 수많은 별로 구성된 집단의 일원인데, 은하의 구성성분 대부분은 은하의 한가운데를 축으로 삼아 돌고 있거든요. 게다가 이 우주에는 은하가 대단히 많고 은하끼리의 거리도 여러 가지 이유로 꾸준히 바뀌고 있습니다. 이렇게 생각해보면 과연 이 우주에 정지하고 있는 것이 있기는 한지 의심스럽습니다. 적어도 한 인간이 쉽게 판단할 수 없는 문제임은 확실합니다.

그렇다면 자연은 알고 있을까요? 광활한 우주의 끝을 직접 가보기는 커녕 볼 수조차 없는 인간과 달리 이 우주를 품고 있으면서 우주 그 자체인 자연은 진실을 알고 있을지도 모릅니다. 자신의 테두리 안에서 어떤 녀석이 움직이는지, 움직이지 않는지 알고 있을 수도 있지요.

상대성이론을 다루는 책마다 독특한 교통수단이 등장합니다. 떨어지는 엘리베이터가 나오기도 하고 우주선이 날아다니기도 하지요. 이 책에서는 기차입니다.

  물론 '안다'는 것의 의미를 확대해석하면 곤란합니다. 자연이 인격과 판단능력을 갖추고 있다는 뜻은 절대 아니지요. 가령 위 그림에서 나온 사람들이 다른 것은 아무것도 보지 못하고 오로지 맞은편의 기차만 볼 수 있다면, 그들은 어떤 기차가 움직이는지 알 수 없습니다. 서로 맞은편의 기차가 움직인다고 생각할 뿐입니다. 이때 시각적인 정보는 둘 중에 '실제로' 누가 움직이는지 판단하는 데 전혀 도움을 주지 못합니다. 오직 레일만이 어느 기차가 움직이는지 정확히 '알고' 있지요. 레일은 사람과 달리 뇌가 없어서 느끼고 생각하지 못할 뿐, 어느 기차가 움직이는지에 관한 정보를 있는 그대로 품게 됩니다.

  마찬가지 질문을 우주공간에도 던져 봅니다. 태양이 움직이는지 아니면 지구가 움직이는지 자연은 알까요? 태양이라는 기차와 지구라는 기차 중 어느 쪽이 움직이는지 언제나 일관성 있게 판단해줄 레일과 같은 절대적 존재가 있는지 묻는 것입니다. 이것은 단순히 제3의 기차를 찾는 것과는 다른 문제입니다. 제3의 기차에 탄 사람도 두 기차를 동시에 볼 뿐이지 그 둘 중 어느 것이 진짜 움직이는지 확인할 더욱 확실한 시각정보를 얻는 것이 아니니까요.

과학자들은 레일과 같은 역할을 하는 것이 있는지 찾기 시작했지요. 만약 그런 것이 있다면 그것을 기준으로 우주의 모든 움직임을 기술하기만 하면 자연을 완전히 설명하게 될 테니까요. 절대적인 기준이 마련되는 것이지요. 과연 그런 것이 발견되었는지, 과학자들이 어떤 방법으로 연구했는지 알아보도록 합시다.

우주의 절대적 기준을 찾아서

요점은 관찰자가 자신의 움직임을 판단할 수 있는 확고한 근거가 존재하는지 입니다. 만약 과학자들이 그러한 근거를 접하게 되면 그것이 어디에서 비롯되었는지 연구하고 밝히면서 신비로운 자연의 성질을 하나 더 알아가게 되는 것이지요.

이를 기차에 탄 승객에 비유하자면, 승객이 기차에 탄 채로 기차가 움직인다는 절대적인 근거를 찾는 일과 같습니다. 물론 이 기차는 곧 출발한다는 안내방송이나 화면에 표시되는 속도 등 인위적인 정보를 제공하지 않습니다. 이때 가장 확실한 것은 바로 기차가 레일 위를 움직일 때 만들어지는 소리입니다. 탑승자가 창밖의 경치를 보거나 헛된 흔들림을 느껴서 기차의 움직임을 착각할 때도 레일과 바퀴가 부딪쳐서 나는 소리는 가장 확실한 기준이 됩니다. 관찰자는 창문에 보이는 모습과 아무 상관없이 만들어지는 반복적인 소리를 통해 기차와 자신에게 절대적 기준이 되는 레일의 존재를 자연스럽게 추론하게 되지요.

똑같은 논리를 우주공간에도 적용할 수 있습니다. 우주공간에서 관찰자가 자신의 움직임과 연동하는 물리현상을 찾아낸다면 그것은 우주의 절대성에 관한 비밀을 푸는 열쇠일 가능성이 큽니다. 그 어떤 기상천외한 메커니즘을 바탕으로 일어나는 현상이라도 상관없지요. 운동여부를 정확히 판단해줄 수만 있다면 그것은 운동의 절대적 기준이 될 수 있는 존재가 일으키는 현상일 것입니다.

그런데 문제는 그런 자연현상을 찾기 힘들다는 것입니다. 인간의 오감이 반응할 수 없는 수준인 것은 당연하고요, 시중에서 살 수 있는 각종 계측 장비도 측정할 수 없습니다. 우주의 절대적 기준이 그렇게 쉽게 정체를 드러낼 만한 것이었으면, 최첨단 측정장비를 지구 밖으로 수없이 쏘아 올린 인류가 지금까지 모를 리가 없겠지요.

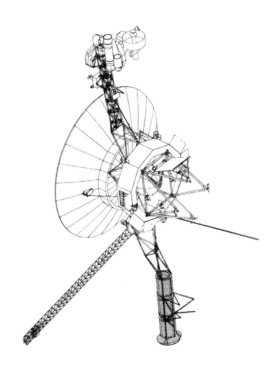

보이저 1호^{Voyager} 1입니다. 인간이 만든 물체 가운데 지구에서 제일 멀리 떨어져 있는 물체입니다. 지금은 빛의 속도로 수십 시간 가야 도착할 수 있는 거리만큼 지구에서 떨어져 있지요.

　물론 우주에 절대적 기준이 없을 가능성도 있습니다. 기차가 아무것도 없는, 심지어 별빛조차 없는 광활한 우주공간에서 움직인다고 가정해봅시다. 이제 기차는 레일 없이 움직입니다. 움직인다고 가정했으니까 움직이긴 움직이지요. 하지만 그것뿐입니다. 탑승자는 자신이 움직이고 있다는 증거를 찾을 수 없습니다. 기차가 무언가의 영향으로 덜컹거리지 않는 한 탑승자는 자신이 탄 기차가 움직이는지 알 수 없습니다. 움직임과 연동하는 현상이 존재하지 않는다면, 우주에는 절대적 기준이 없는 것입니다. 이런 우주를 상대적인 우주라고 부를 수 있겠지요.

　하지만 우주가 상대적이라는 것을 증명하는 일도 우주의 절대적 존재를 찾아내는 일만큼이나 어려운 일입니다. 존재하지 않는 것을 증명하는 일은 본질적으로 쉽지 않습니다. 존재하지 않는다고 철썩같이 믿고 있던 것이 어느 날 갑자기 떡하니 눈앞에 나타날 수 있지 않겠어요? 인류가 어떤 노력을 하든 간에, 아직 인류가 발견하지 못했을 뿐 사실은 존재하고 있을 최후의 가능성이 언제나 존재합니다. 물론 존재하지 않음을 논리적으로 빈틈없이 증명할 때도 있지만 흔한 일은 절대 아니지요.

빛이 품은 자연의 비밀
　사실 우주가 과연 절대적인지에 대한 질문은 꽤 오래된 질문입니다. 근대과학의 탄생과 거의 동시에 던져졌다고 해도 과언이 아닙니다. 일단 우주의 절대성에 대한 회의적인 생각이 늘어갔지요. 그러다가 19세기 말 즈음 본격적으로 우주의 성질에 대한 논쟁이 벌어졌습니다. 이즈음 과학자들은 빛을 파동으로 해석하는 법을 완성해 그 결과를 온전히 수학적으로 표현할 수 있었고, 또 이를 확인할 수 있는 실험수행능력도 갖추었지요. 덕분에 빛과 공간에 대한 다양한 사고실험을 할 수 있게 되었을 뿐만 아니라 검증까지 할 수 있게 되었습니다. 구체적인 연구가 이루어질 수 있는 토양이 완성된 것이지요.

여러 과학자가 다양한 방법으로 우주공간의 특성을 연구하는 데 이바지했지만 그중에서도 특히 20세기 최고의 물리학자인 아인슈타인을 언급하지 않을 수 없습니다. 그는 빛과 공간의 관계를 상상하면서 우주의 절대적 기준에 대한 훌륭한 관점을 창안해냈습니다. 그의 나이 16세 때였습니다. 아인슈타인의 상상은 파동의 모양을 유지해주는 원동력이 진동에 있다는 사실에서부터 시작합니다.

이 사진을 보면 수면이 움직이고 있다는 사실을 잘 알 수 있습니다. 저 상태로 정지해 있는 물을 만들 수는 없지요. 움직임은 파동이 모양을 유지하는 데 필수조건입니다.

파동은 진동을 통해 유지됩니다. 진동이 사라진다면 파동은 그 모양을 유지할 수 없지요. 빛도 파동의 일종이니까 진동이 있어야만 파동으로서 존재하고 또 움직일 수 있습니다. 그런데 만약 관찰자가 빛과 같은 속도로 움직인다면 빛은 어떻게 보일까요? 생각보다 심각한 문제가 발생하는데 빛과 같은 속도로 가고 있는 관찰자에게 빛은 변화하지 않고 정지해 있는 것처럼 보일 겁니다. 그런데 빛은 파동입니다. 따라서 정지한 빛이란 존재할 수 없지요. 빛이 빛으로서 유지될 수 없는 상황인 겁니다. 종합해보면 빛은 어떤 관측자가 볼 때는 잘 존재하는데 빛의 속도로 움직이는 다른 관측자가 볼 때는 '사라져야만 하는 녀석'이 되는 것이지요. 상당히 큰 모순입니다. 이때 빛은 존재할 수도 또 존재하지 않을 수도 없는 상태입니다. 16세 아인슈타인은 이 어색한 순간을 이해하지 못했습니다. 아마도 공부할수록 혼란스러웠을 것입니다. 당시의 과학은 저 문제에 대한 답을 준비해놓지 못했거든요.

그냥 저 파도 같다고 생각하면 안 돼요?

그러게, 저 파도랑 같은 속도로 지나가면서 본다고 파도가 사라지지는 않잖아요.

 그래, 하지만 빛과 저 파도가 완전히 같은 원리로 진행한다고 결론 내리기 전에 반드시 확인해야 할 것이 있단다. 비유를 통해 공부할 때 늘 조심해야 하는 것들이 이런 것이지.

파도와 같은 수면파는 관찰자의 운동여부와 아무런 상관없이 존재합니다. 그렇다면 빛도 관찰자와 상관없이 존재할 수 있을까요? 수면파와 빛은 결정적인 차이점이 있습니다. 이 차이점 때문에 수면파와 빛을 100% 동일한 것으로 볼 수 없지요. 수면파의 예에는, 빛을 예로 들 때는 없던 물이 존재합니다. 이 물은 수면파가 변화를 간직한 채 진행할 수 있도록 해줌으로써 수면파가 존재하는 데 필수적인 역할을 합니다. 자연스럽게 파동의 진행여부를 판단할 수 있는 기준역할을 하는 셈이지요. 요컨대 수면파에 있어서 물은 절대자인 셈입니다.

 나중에 다시 차근차근 다루겠지만, 이런 존재를 '파동의 매질'이라고 부릅니다. 즉 물은 수면파의 매질인 셈이지요.

그렇다면 16세 소년의 고민을 해결할 방법이 살며시 떠오릅니다. 빛에도 마치 수면파처럼 매질이 있다고 가정하는 것입니다. 그러면 두 예는 완전히 동일해져서 빛도 관찰자와 상관없이 존재할 수 있게 되죠. 빛이라는 파동의 존재여부는 절대자인 매질이 관장할 것이기 때문에 관찰자의 시각 따위는 불필요해집니다. 그러면 빛의 존재에 관한 모순이 깔끔히 사라지지요.

빛, 매질이 없는 파동?

 빛도 매질이 필요할까요?

빛의 매질이 만약 존재한다 해도 그것은 필시 눈에 보이지 않을 것입니다. 만져지거나 느껴지지 않으면서도 모든 공간을 가득 채우고 있어야 하지요. 빛이 진행하는 데 결정적인 역할을 하지만 다른 물체의 움직임을 일절 방해하지 않는 신기한 물질임이 분명합니다. 추정되는 성질이 이러하니 일반적인 방법으로는 도저히 관찰할 수 없을 것입니다. 어떤 식으로 발견해야 하는지조차 상상하기가 쉽지 않지요. 하지만 정말로 빛이 매질을 바탕으로 진행하는지는 어렵지 않게 알아볼 수 있습니다. 빛의 매질이 무엇인지 알아보는 일은 잠시 미뤄두고 그 존재여부만을 우선 명확히 밝히자는 것이지요.

빛이 매질을 통해 진행한다면 어떤 성질을 지니게 될지 생각해보는 것만으로 쉽게 답을 구할 수 있습니다. 잔잔한 호수에 떠 있는 배가 수면파를 만들고 있다고 생각해봅시다. 배가 만드는 수면파는 사방으로 고르게 퍼져 나갑니다. 하지만 배가 수면파를 만들면서 어느 한쪽으로 이동한다면 배에서 보는 수면파의 속도는 방향에 따라 달라집니다.

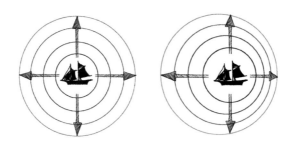

화살표의 길이가 배에서 보는 파의 이동 거리입니다. 화살표가 길수록 이동거리가 길다는 것이므로 그만큼 파의 속력이 빠르다는 것을 의미하지요. 그림처럼 움직이는 배 오른쪽에서 관찰한 파의 속력은 방향에 따라 다르다는 것을 쉽게 확인할 수 있습니다.

그렇다면 빛의 매질이 존재하는지 확인하기 위해 필요한 실험도 간단하게 설계할 수 있습니다. 바로 방향에 따라 빛의 속력차가 발생하는지 측정하는 것이죠. 만약 속력에 차이가 있다면 수면파처럼 매질이 존재하는 것입니다. 실제로 20세기 말에 그런 실험이 진행되었습니다. 과학자들은 두 방향에서 오는 빛의 속력차를 비교할 수 있는 장비를 만들어 그 차이를 조사했지요. '우주에 있을 절대자와 지구가 하필 속도가 같을 가능성은 매우 적고, 더군다나 지구는 계절마다 운동 방향을 바꾸니까 지구에서 빛의 속도를 방향에 따라 관측하면 분명히 차이가 나타날 것이다'라는 것이 과학자들의 생각이었습니다.

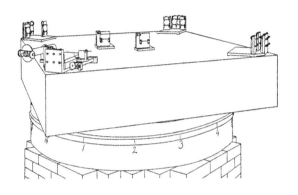

마이켈슨-몰리 간섭계입니다. 과학자들의 목적을 달성해주기 위해 고안된 장비입니다. 실험의 원리가 조금 어려운데요, 그래서 각종 시험에 자주 등장하는 녀석이지요.

　실험결과는 매우 놀라웠습니다. 과학자들은 그 어느 방향에서도 빛의 속도 차이를 측정할 수 없었습니다. 몇 년의 시간을 더 투자해 실험의 정밀도를 높이면서 몇 번을 다시 해봐도 결과는 마찬가지였지요. 이 놀라운 결과를 해석하는 법은 딱 두 가지입니다. 하나는 빛의 매질이 존재하기는 한데 실험하는 동안 움직임이 없었다고 생각하는 것입니다. 그러니까 장비 주변에 있는 빛의 매질이 장비와 늘 함께 움직여서 장비에 대한 상대적인 움직임이 없어졌다고 생각하는 것이지요. 우주의 절대적 존재가 있는데 그것이 하필이면 인간이 만든 실험장비와 속도가 같다는 얘기입니다. 이 기괴하리만큼 부자연스러운 결론 말고 가능한 결론이 하나 더 있습니다. 바로 빛의 매질이 없다고 생각하는 것입니다.

우주의 상대성을 인정하다

'빛은 매질이 필요치 않다'라거나 '우주에 절대자란 존재하지 않는다'라는 결론으로 우주를 설명하는 것이 가장 간단한 방법이라고 정식으로 처음 주장한 사람은 16세 때 빛의 진행에 관해 의문을 품었던 아인슈타인이었습니다. 그는 1905년 뛰어난 이론을 발표했지요. 바로 특수상대성이론입니다. 이 이론은 단지 실험결과와 수식적으로 잘 일치한다는 것 이상의 의미를 지니고 있습니다.

일단 이 이론은 우주에 절대적인 존재가 없다는 가정에서부터 출발합니다. 우주에는 움직임의 절대적 기준으로 삼을 만한 것이 단 하나도 없다는 얘기입니다. 이 말은 물리적으로 똑같은 것을 경험하는 관찰자 둘이 바라보는 세상은 서로 동일해야 한다는 뜻이지요. 예를 들자면, 우주 공간에서 등속으로 진행하는 두 기차의 탑승자들은 상대방이 움직인다고 생각합니다. 이 둘 중에 누가 움직이는지 완전하게 판별해줄 수 있는 절대적 존재란 없습니다. 상대방의 기차가 얼마나 빠르게 움직이는 것처럼 보이든 상관없이 모두 상대방이 움직인다고 생각하지요. 기차 안에 있는 사람은 자신이 운동여부를 모릅니다. 따라서 각 탑승자가 기차 안에서 어떤 물리적 실험을 한다고 해도 결과는 같아야만 합니다. 만에 하나 서로 다른 결과가 나온다면 그것으로 누가 움직이는지 알 수 있게 되므로 절대 그래선 안 됩니다. 이는 곧 두 기차 중 움직이는 것이 무엇인지

심판해줄 절대자가 존재함을 의미하는 것이고, 결국 우주에는 절대적인
존재자가 없다는 가정을 파괴하고 말 테니까요.

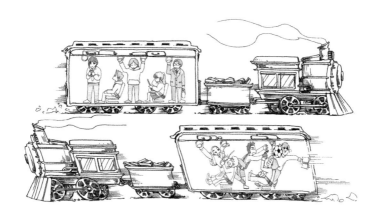

한 기차는 등속으로 움직이고 다른 기차는 점점 빨라지고 있다면 두 기차는 다른 물리적 상황에 있는 것입니다. 이런 상황에서는 누구의 속도가 빨라지고 있는지 각 탑승자가 어렵지 않게 알아낼 수 있지요. 특수상대성이론은 이런 상황에 대해 얘기하는 것이 아닙니다. 두 탑승자가 동일한 물리적 상황에 놓여 있어야만 합니다.

  이 가정은 일단 대단히 자연스럽습니다. 동일한 상태에 있다고 가정
한 두 탑승자에게, 우리가 미처 관측하지 못했던 기이한 차이점은 없다
고 생각하는 것뿐이니까요. 인간이 보통의 관찰을 통해 차이점을 발견할
수 없다면 실제 자연도 구별하지 못한다는 발상이지요. 이것이 얼마나
자연스러운 생각인지는 다시 한 번 기차에 탑승하는 것만으로도 충분히
알 수 있습니다. 우주를 여행하는 기차에 탄 탑승자는 사실 자신이 어느
기차에 탔는지도 구별하지 못합니다. 기차의 모양이 다르지 않다면 말이

지요. 그렇다면 탑승자가 어느 기차에 탔든지 물리법칙은 똑같이 관찰되어야 하지 않겠어요? 물론 그 모든 법칙을 하나하나 다 실험으로 검증할 수는 없지만, 자연스럽게 판단할 수는 있습니다. 바로 이 판단이 실제 자연이 하는 판단과 다르지 않을 것이라고 가정하는 것이 상대성이론의 가정입니다. 빛의 진행에 관한 이해하기 힘든 모순과 실험결과를 설명하기 위한 이론이 이처럼 자연스러운 가정에서 시작한다니 놀라울 따름이지요.

이 가정이 지닌 놀랄 만한 점은 또 있습니다. 어쩌면 더 놀라운 점일 수도 있지요. 사실 우주의 절대자가 존재한다면 각 관측자는 어떤 형태로든 조금씩 다른 물리현상을 경험한다고 여기는 것이 타당합니다. 인간이 측정하거나 경험하지 못했을 뿐 절대자와 맺고 있는 관계가 모두 약간씩 다르다면 그것 때문에 발생하는 결과도 다양해야 하지요. 이것은 심지어 모든 인간에게 개별적으로 적용될 것입니다. 결과적으로 각양각색의 관찰자 중 하나에 불과한 인간이 발견한 물리법칙의 지위는 한없이 추락할 것입니다.

반대로 우주가 완전한 상대성을 지니고 있다면 모든 관찰자는 우주를 동일하게 인식할 수 있습니다. 결과적으로 우주 안에 존재하는 모두가 동일한 물리법칙을 관찰하리라는 추론으로 이어질 수 있지요. 이로써 인간이 발견한 자연의 법칙, 물리법칙은 우주의 어디에서든 성립할 자격을 갖추게 됩니다. '자격'이라 함은 사실 그 법칙이 정말로 어디에서든 성립하는지 안 하는지 실제로 확인할 수 없기 때문입니다. 하지만 논리적으로는 이 광활한 우주에서 아주 작은 자리를 차지하고 있는 인류가 알아낸 법칙이 안드로메다은하에서도 똑같이 적용된다고 감히 주장할 수 있게 된 것이지요. 우주의 상대성을 주장함으로써 과학은 더 큰 절대성을 지향하고 있는 것입니다. 이렇게 생각하면, 상대성이론에는 가히 과학이론이 추구하는 최고의 가치 중 하나가 내재해 있다고 봐도 무방할 정도입니다.

이런 의미로 상대성이론을 절대성이론이라고 부르는 것이 더욱 적절하다고 농담하는 사람들도 있습니다. 사실 뭐 이름이야 어떻든 상관없지만 말입니다.

누가 봐도 같은 빛의 속력

아인슈타인은 이 자연스러운 가정에 오로지 단 하나의 가설을 더 추가함으로써 빛과 공간의 모호함마저 없애는 멋진 이론을 완성했습니다. 우주의 상대성이 보장되기 위해서는 한 가지 가설이 더 필요하다는 것을 알아낸 것이죠. 그는 일찍부터 빛의 진행에 관해 깊이 생각해왔던 터라 무엇이 부족한지 정확히 알 수 있었습니다. 그래서 추가된 가설이 바로 그 유명한 '광속불변의 원리'입니다. 말 그대로 빛의 속력이 동일하게 관찰되어야만 한다는 것이죠. 등속으로 진행하는 모든 기차에 탄 관찰자는 동일한 상황에 있으므로 측정하는 광속도 모두 동일할 것입니다. 느린 빛이나 빠른 빛이란 존재하지 않지요. 만일 한 관측자에게 광속의 다양성을 허용한다면 그가 '정지한 빛'이란 것을 접할 가능성이 생깁니다. 그러면 또다시 빛의 매질과 관련된 모순의 늪으로 빠지게 되지요. 따라서 모든 빛의 속력은 같아야만 합니다.

빛의 속력이 변하지 않는다는 가정의 의미를 명확히 알아야만 합니다. 빛의 속력이 변할 때도 있거든요. 실제로 빛은 공기 중을 진행할 때, 물속을 진행할 때, 유리를 투과할 때 전부 속력이 달라집니다. 하지만 원리가 말하는 바는 이런 상황이 아닙니다. '관찰자가 바뀌어도' 광속은 일정하다는 것이 이 원리의 골자이지요. 똑같은 상황 속의 빛을 관찰하고 있다면, 관찰자가 앞으로 가든 뒤로 가든 이 빛의 속력은 동일하게 측정됩니다.

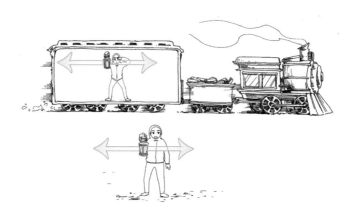

이 그림이 광속불변의 원리가 의미하는 바를 가장 잘 나타낸 예시입니다. 빛의 속도와 매우 가깝게 진행하는 기차에서 빛을 기차 뒤로 쏜다고 해서 빛의 속도가 느려지는 일은 일어나지 않습니다. 기차 앞으로 쏜 빛의 속력도 뒤로 쏜 빛의 속력과 동일하지요. 기차 밖의 관찰자가 보는 빛도 그냥 빛의 속도로 진행 중입니다.
이때 기차 밖의 상황은 매우 상식적입니다. 기차 밖의 관찰자가 뒤쪽으로 발사한 빛과 기차는 광속의 거의 두 배 속도로 멀어지고 당연히 기차 앞쪽으로 쏜 빛과 기차 사이의 거리는 매우 천천히 벌어지지요.

정리하면 특수상대성이론은 우주가 상대적이라는 큰 그림을 그리기 위해 두 가지 가정을 내세웠습니다. 하나는 등속으로 움직이는 모든 관찰자에게 물리법칙은 똑같이 관측되리라는 것이고요, 다른 하나는 등속으로 움직이는 모든 관찰자에게 광속도 일정할 것이라는 가정입니다. 아인슈타인은 단 두 가지 가설에서 시작해 모든 이야기를 풀어냈지요. 쉽게 설명할 수 없는 복잡한 현상이 있는데 이를 너무나도 단순명료한 생각을 바탕으로 설명한 셈입니다. 당연히 당시까지 관찰된 자연현상을 훌륭하게 설명하는 이론이었고요.

시간이 느리게 간다고?

역설적이게도 이처럼 단순한 가정으로 도출된 이론은 상식을 파괴하는 내용을 담고 있습니다. 사실 상대성이론의 두 번째 가정도 단순하고 명료할 뿐이지 아주 상식적인 것은 아닙니다. 움직이면서 무언가를 앞과 뒤로 각각 쐈는데 그 둘의 속도가 같다니 말입니다. 그런데 이 정도는 이제 시작에 불과합니다. 상대성이론은 일상의 상식을 철저하게 파괴합니다.

 과학자들도 자신의 생각이 상식에 반할 때 보통 사람들과 똑같이 두려움을 느낍니다. 단지 피치 못하는 순간이 닥쳤을 때 과학적인 사고를 할 뿐이지요.

특수상대성이론이 상식을 파괴한 가장 유명한 예가 바로 '시간지연' time dilation일 것입니다. 움직이는 관찰자의 시간이 더 느리게 흐르는 현상이지요. 정말이지 상식에 크게 반하는 얘기입니다. 하지만 꼼꼼하게 생각해보면 크게 당황스러울 만한 것은 아닙니다. 분명히 우주에 절대적인 기준이 없다는 것에서부터 얘기를 시작했기 때문에 다른 어떤 것들이 '약간' 변한다 한들 문제 될 것은 없습니다. 게다가 특수상대성이론의 가정에서부터 시간이 다르게 관측될 수도 있다는 결론을 이끌어내는 과정이 까다롭지도 않습니다.

이번에도 움직이는 기차가 큰 도움이 됩니다. 광속에 가깝게 빨리 움직이는 기차에서 빛을 앞으로 쏘면 빛은 기차에서 멀리 떨어지지 못합니다. 빛과 기차 사이의 거리는 빛이 실제로 진행했어야 할 거리보다 현격히 짧지요.

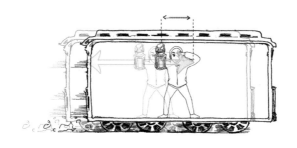

시간이 지나도 빛과 기차 사이의 거리가 벌어지지 않는다는 것은 기차에서 빛의 속력이 느리게 보인다는 것을 의미하지요. '상식적'으로는 말입니다. 그런데 이 그림이 바로 앞에 있던 그림이 보여주던 상황과 똑같다는 것을 혹시 눈치채셨나요? 다른 것은 오로지 화살표뿐입니다.

그런데 특수상대성이론의 가정에 의하면 모든 관찰자에게 빛의 속력은 똑같아야 하지요. 기차 안의 관찰자에게도, 기차와 빛을 동시에 관측하는 기차 밖의 관찰자에게도 광속은 동일하게 측정되어야만 합니다. 하지만 그림에서 보듯이 각 관찰자가 본 빛의 진행거리는 분명히 다릅니다. 빠른 기차 안의 관찰자가 보기에 빛은 정말이지 조금 전진했을 뿐이지요. 따라서 이 상황을 설명할 수 있는 가장 간단명료한 방법은 단 하나밖에 없습니다. 바로 빠른 기차 안의 관찰자가 느끼는 시간이 매우 짧다고 하는 것이죠.

간단합니다. 빛이 진행한 거리에 따라 관찰자가 시간을 재단한다고 여기면 된다는 얘기지요. '빛이 저만큼 진행할 정도의 시간이 지났다'라는 식으로 말이지요. 앞의 기차 그림을 예로 들자면, 빠른 기차에 탑승한 관찰자가 보기에 빛의 진행거리가 짧으므로 그에게 시간은 매우 조금 흐른 것입니다.

사람 눈에만 그렇게 보인다는 거겠죠? 진짜 시간이 느리게 가나요?

정말 저런 일이 일어난단다. 관찰자라는 사람은 그냥 교육용 장식이지. 실제로 시간이 느리게 가야만 특수상대성이론이 성립해서 우주의 상대성이 증명되지 않겠니?

아니, 그러면 실제 자연이 천천히 움직여요?

물론이지. 예를 들어, 200만 광년 떨어진 안드로메다까지 빛이 여행하는 데 200만 광년이 걸리지만 그것은 지구에서 빛을 봤을 때 얘기지. 만약, 빛의 속도로 여행하는 우주선이 있다면, 우주선은 안드로메다까지 눈 깜짝할 사이에 여행한 것이란다. 빠르게 움직이면 시간이 거의 흐르지 않으니까 말이지.

아무도 실험 못 하니까 막 던지는 걸지도 몰라.

그러게. 아무도 빛의 속도로 가보지는 못하니까.

안드로메다에 가보는 건 더더욱 불가능하고 말이지.

…….

상식파괴범 상대성이론

상대성이론은 시간에 대한 상식만 깨뜨린 것이 아닙니다. 공간에 대한 상식도 산산조각내버렸지요. 공간이라 하면 가로, 세로, 높이로 이루어지는 3차원의 세계를 말합니다. 그래서 공간은 만물을 담는 그릇이고 시간은 만물의 변화가 일어나는 흐름이라고 비유할 수 있습니다. 상식의 세계에서 공간과 시간은 서로 간섭하지 않는 각각 독립적인 존재이지요. 하지만 상대성이론에 따르면 3차원의 공간과 시간은 따로 존재하지 않고 서로 긴밀한 관계를 맺고 있습니다. 우주가 완전한 상대성을 갖기 위해서는 시간뿐만 아니라 공간도 절대성을 잃어버릴 필요가 있거든요.

과학자들은 시간과 공간이 맺고 있는 복잡한 관계를 시공간 space-time이라는 개념을 통해 표현했습니다. 우주를 묘사하면서 3차원의 공간에 시간을 하나 더 더해 4차원의 공간으로 묘사하는 것이 더욱 적절하다고 말할 때의 4차원 공간이 바로 이 시공간이죠.

이처럼 상대성이론은 상식을 철저히 파괴한 이론이지만, 동시에 실험적으로 철저히 검증된 이론이란 사실을 잊으면 안 됩니다. 그러니까 실제 자연은 인간이 상식적으로 쉽게 이해할 수 없는 부분을 품고 있는 것이죠. 특수상대성이론은, 이미 발표될 당시까지 보고되었던 실험결과들을 훌륭하게 설명했을 뿐만 아니라, 이후 새롭게 발견된 여러 자연현상까지 정확하게 설명하면서 꾸준히 성공적인 시간을 보내고 있습니다. 특히 1916년 발표된 일반상대성이론은 현재까지 나온 중력과 공간에 관한 이론 중 가장 훌륭한 이론이지요. 상대성이론의 공간에 관한 개념이 틀리지 않았음을 극적으로 전 세계 일반 대중에게 보여준 유명한 실험 대부분은 일반상대성이론과 관련된 것들입니다.

상대성이론이 예상한 바를 실험으로 보여준 대단히 유명한
사진입니다. 태양 때문에 빛의 경로가 바뀌는 것을 직접 관
찰한 결과이지요. 사실 아인슈타인이 한 첫 번째 계산결과
는 실험이 말해주는 양과 차이가 꽤 있었다고 합니다.

　마지막으로 상대성이론의 모든 논의가 정확한 수학적 표현으로 이루
어졌다는 것을 반드시 언급해야 할 것 같습니다. 상식적인 가정 두 개에
서 시작한 상대성이론은, 경이롭게도 구체적인 수식들과 바로 연결됩니
다. 그래서 관찰자의 속도에 따라 시간이 어떻게 변하는지, 그때 공간은
어떤 식으로 달라지는지에 대해 정확한 표현을 제시하지요. 이런 수학적
표현 덕에 과학자들은 다양한 현상을 자세하게 예측할 수 있었고 또 실
제 현상과 예측이 일치하는지 엄밀하게 검증할 수 있었습니다.

　단 한 가지 안타까운 점은 사용된 수학의 난이도가 만만치 않아서 여
기에 전부 풀어 적지 못한다는 것입니다. 시간이 어떻게 변하는지 정확

히 계산하는 일만 해도, 개념은 어렵지 않게 알아봤지만, 고등학교에서나 자세히 다룰 수 있는 수준이지요. 시공간 개념은 더욱 어려워서 충분한 수학적 훈련을 거친 후에야 비로소 익숙해질 수 있을 정도입니다.

상식도 파괴하는 이론이 수학적으로도 어려우니까 당시 사람들은 상대성이론을 실제보다 더 어려운 것으로 알았지요. 그래서 상대성이론을 완전히 이해한 사람은 몇 명 안 된다느니 하는 과장된 얘기들이 많이 돌아다녔다고 합니다. 하지만 그냥 다른 물리이론만큼 어렵습니다.

대단히 어려운 거네요!

그래. 하지만 '더' 어렵진 않단다. 적어도 물리학자들은 이해하고 있지. 너희도 어느 정도는 이해한 것이란다. 이해한 양이 조금 적어서 그렇지.

과연 …….

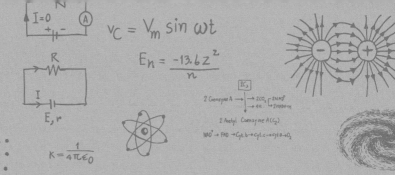

3. 입이 무거운 스포일러, 혼돈이론

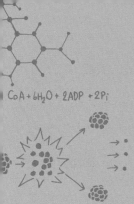

오늘은 양자역학에 대해…….

선생님! 제가 끝내주는 생각을 하나 했어요.

후…….

그러니까요, 빛의 속도로 가는 로켓에 타면
시간이 안 가는 거잖아요.

그렇지. 로켓에 타고 있는 너의 시계는 로켓에
안 탄 사람들의 시계보다 무한히 천천히 가지.

그럼 제가 그 로켓을 타고 한참 이따가 돌아
오면 지구에서는 시간이 한참 지나 있을 거
아니에요.

그렇지.

그럼 제가 그 로켓을 통해 미래의 지구로 갈 수 있겠네요? 그렇죠?

야, 그런 로켓을 만들 수가 없는데 그게 무슨 방법이라고.

근데 그렇게 미래로 가면 돌아올 땐 어떻게 할래? 로켓이 빛보다 빨리 움직이면 되돌아오는 건가?

 아니, 가만히 있으면 슬슬 미래로 가는데 왜 굳이 빨리 가려고 해. 친구도 없는 거기 가서 뭐하게?

……

계획대로 되지 않는 여행

시간여행이란 말은 의외로 오묘한 말입니다. 우리는 가만히 숨만 쉬고 있어도 일정한 속도로 미래로 가고 있습니다. 하지만 누구도 이것을 '시간여행'이라고 하지 않습니다. '여행'이라면 당연히 '여행하는 나'를 제외한 모든 것이 제자리에 있는 상태에서 나만 쏙 다른 곳에 갔다 와야 하는 것 아니겠어요? 이런 의미에서 숨만 잘 쉬면 할 수 있는 일상적인 시간여행은 완전히 낙제점입니다. 나와 나를 둘러싼 자연은 동일한 시간의 흐름에 몸을 맡겼을 뿐입니다. 시간과 함께 다 같이 이동하는 것에 불과하죠. 시간여행이라고 불리려면 적어도 이 흐름에서 빠져나와 원하는 부분을 들락날락할 수 있어야 합니다.

그러나 기술적으로 이런 조건들이 갖춰진대도 시간여행이 보통의 여행과 같아질 가능성은 거의 없습니다. 시간여행은 복잡한 문제를 일으키기 때문입니다. 시간여행이 어떤 모습일지 간단히 상상해보는 것만으로도 문제점을 바로 알 수 있습니다. 만약 '나'라는 존재가 시간여행을 위해 시간의 흐름에서 빠져나온다면 더 이상 '나'는 시간의 흐름 안에 존재하지 않습니다. 그 상태로 특정한 미래에 들어가면 그 미래는 '나'란 존재가 원래 있었을 미래와 같은 미래일까요? '나'가 사라진 미래가 여행 전 가보고 싶었던 미래일까요? 이는 여행계획을 다 짜고 집을 나섰는데 나서는 순간 계획했던 여행지의 풍경이 변하는 상황과 비슷합니다. 심지어 집을 나섰다는 바로 그 사실이 변화의 원인이기 때문에 변화를 피할 수도 없습니다. 이쯤 되면 여행지에 도달할 수 있을지 고민해야 하는 지경에 이르게 됩니다. 어설프게 미래의 자신이나 가족이 보고 싶다는 심산으로 여행을 나섰다간 낭패 보기에 십상이지요.

　물론 '나' 하나쯤 사라진다고 미래가 바뀔 것인지도 복잡한 문제입니다. 수십억 명 중에서 한 명이 있고 없고는 별로 중요한 문제가 아니라고 충분히 생각할 수 있습니다. '나'가 있고 없고는 미래에 영향을 미치지 않는다고 믿는 사람이 적지 않죠. 실제로 인간에게 정해진 운명이 있다는 운명론은 역사적으로 봐도 대단히 광범위하게 받아들여졌습니다. 종교에서 가끔 접할 수 있는 종말론, 예정설과 같은 것들이 좋은 예가 될 수 있죠. 그렇다면 이에 대한 과학적인 답은 무엇일까요? 과학자들의 생각은 상당히 자세하고 명확합니다.

자세하고 명확하다……. 정답이 있지만 이해하기 어렵고 복잡하다는 말을 돌려 말한 것입니다.

결정론과 운명론의 경계

과학자들에게 미래는 현재의 반영입니다. 기본적으로 미래는 현재의 조건에 의해 결정된다고 생각하죠. 넓은 의미로 모두 결정론자인 셈입니다. 그래서 과학자들은 과학이론의 가치를 확인할 때, 과학이론이 현재의 조건으로 미래를 얼마나 정확히 예측하는지를 중요하게 살핍니다. 예를 들어 공 두 개가 충돌할 때 일어나는 현상을 연구한다고 합시다. 과학자들은 우선 충돌 전과 후를 나누어 생각합니다. 그다음 과학이론을 이용해 충돌 전의 조건으로 충돌 후의 상황을 예측하지요. 이때 예측한 충돌 후의 상황이 실제 실험결과와 같다면 이론의 가치를 높게 평가하는 것입니다. 이런 식으로 과학자들은 주어진 초기조건으로 앞날을 유추해낼 수 있는 계산 또는 과학이론을 찾아냅니다. 만약 과학자들이 완벽한 성공을 거두어서 모든 상황을 예측하는 전지전능한 계산원리를 알아낸다면 우리는 자연의 원리를 완벽하게 알아낸 셈입니다. 과학의 목표 중 하나라고 할 수 있죠.

> 결정론은 운명론과는 다릅니다. 현재가 미래를 결정한다는 것이 결정론이라면 현재에 영향을 받지 않는 정해진 미래가 마련되어 있다는 것이 운명론이지요.

과학자들은 이런 믿음을 바탕으로 과학을 발전시켰고, 대부분 상당히 성공적이었습니다. 특히 태양계의 앞날을 예측한 일화는 극적이기까지 합니다. 천문학자들은 수년마다 한 번씩밖에 일어나지 않는 희귀한 천문현상을 정확히 예상해서 매해 초에 사람들에게 알려주죠. 일례로 2012년이 되자 한국천문연구원은 그 해의 볼만한 우주쇼로 6월 6일에는 금성이 태양 위를 지나가는 것처럼 보이는 금성일식이, 7월 16일에는 달이 목성을 가리는 목성식이 있다고 발표했습니다. 후자는 100년에 한 번씩 일어나는 일이라고 합니다. 그런데도 예측의 정확성은 이루 말할 수 없습니다. 어느 지방에서 몇 시부터 몇 분 동안 어느 쪽 하늘에서 볼 수 있는지까지 정확히 알려줍니다.

언제든 한국천문연구원 홈페이지에 가면 날짜별로 일어나는 천문현상을 확인할 수 있습니다.

천계의 일이라면 주기적으로 일어나는 일이 아니더라도 과학자들은 놀라운 정확도로 예측해냅니다. 1993년 3월 목성 주변을 도는 혜성 슈메이커-레비9이 우연히 발견되었는데 과학자들은 석 달 만에 이 혜성이 1994년 7월 목성과 충돌할 것이라고 계산해냈죠. 그리고 예상대로 충돌했습니다. 사실 일찍이 갈릴레오^{Galileo Galilei}와 뉴턴이 주장하고 증명했듯이 천계와 지구는 다른 세상이 아닙니다. 똑같이 만유인력이 작용하는 세상입니다. 그러니 과학자들의 환상적인 능력이 지상에서도 발휘될 수 있으리라 기대할 수 있습니다.

과학자들의 생각대로라면 온 세상은 기본입자로 구성되어 있습니다. 마치 행성처럼 각 기본입자는 고유한 위치와 속도 등 자신만의 상태를 가지고 있을 것입니다. 과학자들이 이 값을 알기만 한다면 천계에서처럼 분명히 지상에서도 환상적으로 예측에 성공할 것입니다. 각 입자가 현재 상태에 따라 다음 1초에 어떤 상태에 있을지만 밝히면 됩니다. 그리고 그 다음 1초 그리고 또 1초. 이런 식으로 지구의 미래를 완전하게 예측할 수 있습니다. 실제 자연도 그렇게 움직이겠죠. 금성이, 목성이, 혜성이 그런 것처럼 말입니다. 이처럼 과학자들이 바라보는 미래는 현재에 의해 결정됩니다.

미래가 결정되어 있다면요, 왜 맨날 일기예보는 틀려요? 이해가 안 되는데요?

오, 대단히 중요한 질문이다. 웬일로 좋은 질문을 하는구나.

......

신의 존재를 지워도 나비의 날갯짓은 남는다

미래가 결정되어 있다는 것과 그 미래를 알 수 있다는 것 사이에는 큰 차이가 있습니다. 미래가 결정되어 있든 말든 예측할 방법을 모른다면 미래를 알 수 없으니까요. 조금 잘 맞는다 싶으면 갑자기 처참하게 틀리는 일기예보가 가장 적절한 예입니다. 일기예보는 하루 뒤의 미래를 과학적으로 예측해내고자 과학자들이 온 힘을 다해 노력하는 분야지요. 그러나 매번 정확히 맞는 것은 아닙니다. 솔직히 말해 이 분야에서 인류의 능력은 아직 한참 부족하지요.

이 부족함을 정도의 차이로 인식할 수도 있습니다. 그러니까 대기 속 기체가 어떤 힘을 받아서 어떻게 움직이는지에 관한 원리는 대부분 (또는 전부) 알고 있으니까 그 원리대로 계산하기만 하면 유용한 결과를 언제든지 도출할 수 있다고 여기는 것이지요. 더욱 정확한 컴퓨터가 있으면 되리라는 생각, 더욱 정확한 측정이 이루어지면 해결되리라는 생각, 충분한 시간이 있다면 얼마든지 가능하리라는 생각 따위도 마찬가지입니다. 이런 생각을 계속 발전시키면 더욱 과감한 결론에 도달할 수 있습니다. 자연계의 기본원리를 알아냈으니 자연현상의 앞날을 알아내는 일은 시간이 오래 걸리는 성가신 작업일 뿐 본질적으로는 이미 해결됐다고 여기는 것입니다. 인류가 어태 알아낸 과학이론을 확신하는 사람이라면 이런 생각을 충분히 할 수 있습니다.

실제로 근대과학이 눈부신 성공으로 사람들을 매료시켰을 때 많은 과학자가 과학을 완성된 학문으로 생각했습니다. 프랑스 과학자 라플라스 Pierre-Simon Laplace의 일화는 너무나도 유명하죠. 나폴레옹 Napoléon Bonaparte이 그가 지은 책에 왜 신에 대한 언급이 없느냐고 묻자, 그는 "그런 가정은 필요 없습니다"라고 대답했습니다. 인류가 그 오랜 시간 믿어 의심치 않았던 신을 더 이상 필요로 하지 않게 된 것입니다. 그로부터 100년 후 물리학자 켈빈 경 William Thomson, 1st Baron Kelvin은 "이제 물리학에 새로운 발견은 없다. 그저 소수점 아래를 다듬는 정도의 사소한 문제만이 남았을 뿐이다"라는 말을 남겼습니다. 당시 물리학의 분위기를 전하는 데 이보다 좋은 말은 없을 것 같습니다.

켈빈 경이 정확히 저것과 똑같은 얘기를 하지는 않고 그냥 비슷한 얘기를 했을 가능성도 있습니다. 작금의 많은 책에서 마치 사실인 양 다뤄지고 있지만 확실한 출처는 없습니다.

그런데 이런 선대 과학자들의 발언은 이제 허풍이 되어버린 것 같습니다. 호언장담이 있은 후 100년 이상이 지났지만 아직도 과학자들은 100% 정확한 일기예보를 내놓지 못하고 있기 때문이지요. 그렇다고 절대 후대 과학자들이 손 놓고 놀고 있었던 것은 아닙니다. 발전한 점도 있지요. 하지만 선대 과학자들의 기대와는 약간 다른 방향이었던 것 같습니다. 후대 과학자들은 인간이 대기상태를 정확히 예측하지 못하는 이유를 새로운 관점으로 이해하기 시작했거든요. 과학자들은 자신들의 실패가 낮은 정확도나 계산능력의 부족 때문이 아니라는 것을 깨닫기 시작했습니다. 그들은 자신들의 한계가 오히려 과학적으로 탐구해야 할 대상이라고 인식하기 시작했습니다. 이와 관련된 현대적 이론은 아주 우연한 사건에서 비롯되었습니다.

'성공하지 못한 것에 대한 과학적 이유를 찾는다.' 독립된 쿼크 하나는 원래 볼 수 없는 것이라며 문제를 빙 돌아가는 방법으로 답을 구한 얘기가 다시금 떠오르지 않나요?

1961년 기상학자이자 수학자인 로렌츠Edward Norton Lorenz는 날씨를 예측하기 위해 컴퓨터를 이용하고 있었습니다. 그는 자세한 분석을 위해 비슷하거나 동일한 계산을 반복적으로 수행하고 있었죠. 당시만 해도 컴퓨터가 지금과 같은 수준이 아니었기 때문에 그는 시간을 절약하기 위해 0.506127이란 원래 숫자 대신 0.506을 입력했습니다. 그런데 결과가 상당히 신기했습니다. 0.1%도 안 되는 작은 값의 차이가 결과를 매우 달라지게 했기 때문입니다. 물론 처음엔 꽤 비슷했습니다. 하지만 시간이 지날수록 차이가 매우 커져서 도저히 비슷하다고 볼 수 없게 되었지요. 그는 처음에 이 재미있는 현상을 갈매기의 날갯짓 한 번에 날씨가 크게 변할 수 있다는 얘기와 함께 발표했습니다. 그 후 동료의 조언을 반영해 더욱 시적인 표현으로 수정, 나비의 날갯짓으로 단어를 바꾸었죠. 이 얘기가 바로 그 유명한 나비효과에 관한 일화입니다. 1972년 미국선진과학학회American Association for the Advancement of Science에 「브라질에서 나비가 날갯짓을 하면 텍사스에선 폭풍이 분다」'Does the flap of a butterfly's wings in Brazil set off a tornado in Texas?'란 유명한 제목의 글이 처음 발표되었죠. 그 후로 지역명만 바꾼 수많은 버전이 만들어졌습니다.

1963년 발표된 그의 논문을 보면 위상도의 모양이 마치 나비의 두 날개처럼 생겼죠. 일종의 언어유희인데요…….

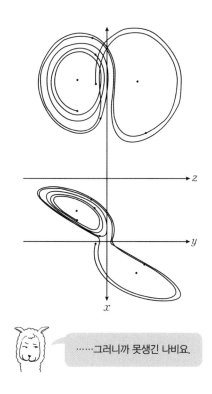

……그러니까 못생긴 나비요.

혼돈 그 자체를 연구하다

나비효과를 제대로 이해하기 위해서는 앞의 일화에 나온 0.1%의 의미를 더욱 명확히 알 필요가 있습니다. 누군가 컴퓨터로 혜성의 위치를 계산하고 있는데, 실수로 지구의 공전주기값을 1% 잘못 입력했다고 합시다. 그러면 1년 뒤 혜성의 위치는 1% 오차를 보일 것입니다. 만약 0.1% 실수했다면 0.1% 오차를 보일 것입니다. 혜성의 현재 정보를 자세히 알면 알수록 앞날에 대한 예측도 점점 정확해집니다. 결국 정확한 초기조건을 알아내기 위해 많은 노력이 필요하죠.

하지만 지구대기를 관찰할 때는 사정이 크게 다릅니다. 초깃값에 1% 오차가 있든 2% 오차가 있든 상관없습니다. 이 오차는 어느 순간 그 비율과 아무 상관없는 거대한 오차를 만들어내죠. 1년 뒤 대기의 실제 상태는 1%나 2% 오차를 크게 뛰어넘어 처음 추론한 상태와 완전히 다를 것입니다. 이처럼 나비효과의 가장 큰 특징은 미래의 상태가 작은 초깃값의 변화에 매우 민감하게 반응한다는 데 있습니다.

나비효과의 흥미로운 점은, 미래를 예측하지 못하는 이유가 자연의 원리를 얼마나 잘 이해하고 있는지와는 큰 상관이 없을 수 있다는 데 있습니다. 사실 날씨예측에 뛰어든 과학자들은 대기의 움직임과 관련된 자연법칙을 이미 상당 부분 이해하고 있습니다. 가령 로렌츠는, 수식 열두 개를 이용해서 미래를 예측하려고 했죠. 따라서 훌륭한 관측을 통해 초깃값들만 잘 설정한다면 분명히 정확한 내일 날씨를 알 수 있어야 함에도 현실은 그렇지 않다는 것입니다. 분명히 결정론적으로 미래가 결정되는 환경인데도 필연적으로 있을 수밖에 없는 초깃값의 오차로 예측의 불확실성이 엄청나게 커지기 때문이지요.

 인간은 자연의 현재상태에 대해 완전한 지식을 가질 수 없습니다. 이 얘기는 또 다른 얘기의 시발점이 됩니다. 그 얘기는 다음 장에 이어질 것입니다.

설령 과학자들이 '완전한 초깃값'을 알게 되었다고 해도 이를 이용할 가능성은 매우 적습니다. 20여ℓ의 공기, 그러니까 고작 가방 하나 정도의 부피를 채우는 공기 알갱이의 수가 10의 23승 개에 육박하기 때문입니다. 우주의 나이가 '고작' 10의 17승 초 정도에 불과하다는 것을 생각하면, 가방을 채운 공기 알갱이 각각에 초당 하나씩 번호를 붙인다고 해도 우주의 나이에 버금가는 시간이 필요하다는 것을 알 수 있습니다. 상황이 이러하니 완전한 초깃값을 알아도 아무것도 할 수 없다는 데는 이론의 여지가 없습니다.

이처럼 내재적인 질서가 분명히 존재해 미래가 결정되는 데도 주기성이 없고 변화무쌍할 뿐만 아니라 초기조건에 대단히 민감해 예측이 불가능한 현상을 혼돈Chaos현상이라고 부릅니다. 나비효과가 알려진 후 혼돈현상에 대한 연구가 활발히 이루어졌지요. 이제 예측 불가능성은 능력의 모자람을 나타내는 것이 아니라 자연의 특성이자 연구대상이 되었습니다. 과학은 이렇게 또 조금 풍성해졌습니다. 지금은 어떤 요인이 혼돈현상을 유발하며, 혼돈현상의 특징은 무엇인지 상당히 잘 이해하고 있지요. 과학자들은 혼돈현상이 일기예보에만 국한되지 않는다는 것도 알게 되었습니다.

시작은 미약하나 그 끝은 창대하리라

혼돈이라고 해서 아무 질서 없이 어지럽고 복잡한 것만 상상하면 곤란합니다. 혼돈이론에서 다루는 것들의 조건은 명확하게 정해져 있습니다. 일례로 내재적인 질서가 존재하지 않으면 혼돈현상이라고 하지 않아요. 그러니까 술에 취한 사람이 이리저리 지그재그로 걷는 건 그냥 무작위로 정신없이 일어나는 사건일 뿐 그것을 지배하는 물리법칙을 따라 일어나는 일이 아니죠. 이런 건 혼돈현상이 아닙니다.

그러니까 인간이 예측하기 불가능하면 혼돈현상이에요?

범주만 강조하자면, 예측 불가능한 여러 현상 중에 몇몇 성질을 만족하게 하는 것들을 혼돈현상이라고 가리키는 거지.

그런 현상이 실제 있어요?

실제 있겠냐. 그냥 인간이 예측하다 실패한다는 거지. 자연이 혼돈스러울 리 없잖아.

 실제 있는 것 맞아. 웬일인지 중요한 얘기를 오늘따라 잘 하네.

　인간이 예측하지 못한다는 게 미래가 정해져 있지 않다는 뜻은 절대 아닙니다. 어쩔 수 없는 한계, 즉 자연환경의 초기조건을 완벽히 알 수 없다는 한계에 부딪쳐 예측에 실패할 뿐입니다. 그렇다면 초깃값이 우연히도 자연과 완전히 일치한다면 그때의 예측은 대단히 성공적일 것이라고 추론할 수 있습니다. 또한 여러 초깃값으로 예측한 여러 미래의 모습도 전부 자연계에 있을 수 있는 미래의 모습 중 하나라는 추론도 할 수 있죠. 단지 초깃값이 다르기 때문에 실제로 재현되지 않았을 뿐이니까요. 그렇다면 자연이 실제로 나타내는 것 자체가 혼돈현상의 결과라고 할 수 있습니다. 만약에 초깃값이 아주 약간 다른 자연상태 '두 개'를 실제로 만들어서 시간이 지남에 따라 변하는 모습을 관찰한다면, 마치 인간의 예측처럼, 매우 다른 모습으로 변하는 것을 확인할 수 있을 거란 얘기죠. 만약 이게 사실이라면 혼돈현상에 대한 연구는, 예측의 실패를 변명하기 위한 수준을 넘어서서, 실제 자연현상을 이해하는 데 꼭 필요한 활동이 되는 것입니다.

물론 자연이 실제 혼돈현상을 따르는지 직접 실험해 증명하기는 쉽지 않습니다. 특히 날씨를 가지고는 사실상 불가능하죠. 대기상태를 실제로 거의 비슷하게 조성해놓을 수도 없는 노릇이니까요. 이럴 때 쉽게 포기하면 안 됩니다. 아무리 좋은 이론도 자연 속에서 실증되지 않으면 과학으로서의 가치는 0이기 때문입니다. 직접 실험이 불가능하다면 자연 속에서 알맞은 예를 찾기라도 해야 합니다.

인위적으로 초기조건에 민감한 계system를 만드는 것이 어려운 것은 아닙니다. 다음은 그 간단한 예입니다. 저런 구조물에 적당한 조건을 갖춘 힘을 주면, 혼돈현상을 보이지요. 하지만 자연계에 실재하는, 자연이 만들어 놓은 것을 찾아낸다면 그 가치가 더 크겠지요?

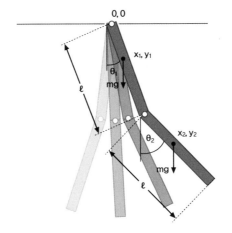

상황을 정리해보도록 하죠. 그러니까 자연 속에서 찾아야 할 예는 매 순간 비교적 단순한 원리를 따라 변하지만 그 결과가 미래에 매우 다양한 모습으로 나타나는 현상이죠. 문제는 다양한 미래가 동시에 표현되는 자연현상을 쉽게 상상하기 힘들다는 데 있습니다. 비가 내리면서 화창하기도 한 날씨는 없잖아요? 따라서 우리가 비교실험하듯 혼돈현상을 직접 관찰할 것이라는 기대는 안 하는 것이 좋을 듯합니다.

결국 최선의 방법은, 지나온 과정이 전부 다 기록되어 있는 자연현상을 찾아내는 것입니다. 그런 자연현상을 찾기만 한다면 분명 상당히 유용할 것입니다. 시간에 따른 변화가 모조리 기록되어 있어 과거가 미래를 어떻게 결정하는지 분석할 수 있으니까요. 기록 속 과거와 기록 속 미래를 분석해 여기에 혼돈현상이라고 규정할 만한 특성이 내재하는지 판단하면 되는 겁니다. 기록만 분명하다면 말이지요. 만약 매우 단순했던 현상이나 모습이 거대하거나 복잡하게 발전했다면 여기에 영향을 미친 자연현상은 혼돈현상일 가능성이 큽니다. 왜냐하면 혼돈현상은 단순한 구조물 내의 작은 차이를 매우 크고 복잡한 차이로 만들어주는 데 최적이기 때문입니다. 특히 복잡함을 만들기 위해, 그 복잡함과는 비교도 할 수 없는 단순한 원리를 이용한다는 면에서 가장 효율적이지요.

지나왔던 모든 과거가 기록되어 있으면서 시작은 미약하나 그 끝은 창대한 것, 바로 생명현상이라는 것을 어렵지 않게 눈치챌 수 있습니다. 생명체는 기본적으로 세포단위의 자기복제를 통해 고유의 모습을 형성합니다. 그렇게 만들어진 구조물 자체가 기록의 역할도 하고요. 실제로 생명현상으로 만들어진 구조물은 엄청나게 복잡하고 크더라도 대부분 하나의 세포에서 비롯되었죠. 씨앗을 생각해보면 생명체가 혼돈원리를 따른다는 것을 더욱 구체적으로 이해할 수 있습니다. 씨앗의 각 부분은 서로 멀리 떨어져 있지 않습니다. 아무리 떨어져 있어 봤자 고작 씨앗 크기만큼이죠. 하지만 그 씨앗이 자라서 나무가 되면 각 부분은 엄청나게 벌어집니다. 혼돈현상의 주요 특징 중 하나를 완벽히 만족하는 것입니다.

혼돈의 지문을 품은 생명체

우리는 복잡한 생명체의 모습을 일상적으로 늘 관찰하고 있습니다. 따라서 그중에 혼돈현상과 맥을 같이 하는 것을 찾는 일은 어렵지 않지요. 우리가 살펴볼 것은 브로콜리입니다.

그냥 살짝 데쳐서 생으로 먹는 것을 제일 좋아합니다. 너무 딱딱하고 굵은 줄기보다는 적당히 보들보들한 끝부분을 더 잘 먹지요.

왼쪽 그림은 브로콜리를 간단한 원리로 재현한 그림입니다. 그냥 보기만 해도 이 도형이 서로 닮은 도형들로 이루어졌다는 것을 알 수 있지요. 저 수학적 브로콜리는 특정한 비율에 이르는 순간 두 갈래로 나뉜다는 매우 단순한 원리를 따라 만들어진 것입니다. 완성된 수학적 브로콜리와 실제 브로콜리의 유사성은 꽤 높은 편이지요. 브로콜리와 같은 복잡한 구조가 얼마나 간단한 자기복제를 통해 완성되는지 매우 잘 보여주고 있습니다.

브로콜리의 성장과정에 내재한 혼돈현상도 수학적 브로콜리를 통해 확인할 수 있습니다. 그림에 있는 두 화살표는 시작할 때의 위치가 나중 가면 대단히 크게 달라져 있음을 시각적으로 잘 보여줍니다. 화살표의 시작점은 대단히 붙어 있죠. 그러나 시간이 흐르며 세포분열이 계속되자 화살표 끝은, 그러니까 두 세포의 '미래'는 대단히 다른 위치에 있게 됩니다. 때가 되면 두 갈래로 갈라지는 성장이 계속되는 한, 어느 두 점을 골라도 결국 그 둘 사이의 거리는 멀어질 수밖에 없습니다.

저렇게 간단한 원리를 통해 수학적 브로콜리의 모습은 무한히 거대하게 무한히 복잡해질 수 있는 것입니다. 과학자들은 비슷한 예를 더욱 많이 찾았습니다.

이렇게 만들어진 이론적 도형을 프랙털 도형이라고 합니다. 간단한 인터넷 검색만으로도 관련된 그림을 매우 많이 접할 수 있습니다. 자연현상과 닮은 프랙털 도형이나 프랙털 도형과 형태가 비슷한 자연현상을 담은 사진 모두 어렵지 않게 검색되지요. 산맥, 잎맥, 태양의 불꽃, 실핏줄, 해안선 사진 등이 유명한 예입니다.

　과학자들은 혼돈현상으로 설명할 수 있는 자연현상을 찾아내기도 하고 혼돈현상을 이용해 자연현상처럼 보이는 그림을 그리기도 합니다. 이런 수많은 예를 통해 어렵지 않게 결론을 내릴 수 있습니다. 자연현상 속에 혼돈현상은 실재합니다. 그냥 존재만 하는 정도가 아니라 인간의 주변환경을 조성하는 데 매우 핵심적인 역할을 하는 셈이죠. 혼돈이론을 연구하고 이해하는 것은 자연을 이해하는 핵심적인 일입니다.

결정된 미래

선생님, 그런데 뭔가 기분이 안 좋아요.

왜? 내용이 어렵니?

아뇨. 과학적 사실이 밝혔다는 게 고작 자연은 복잡하다는 거잖아요. 너무 복잡해서 예측할 수 없다니 무능하달까……. 뭐, 그런 기분도 들고…….

이를 발판으로 새롭게 알아낸 사실이나 큰 발견 같은 것이 있지 않을까요?

예측의 수준을 한 단계 업그레이드했다거나…….

얘들아. 그냥 이 자체가 신기한 거란다. '자연은 이런 거다' 자체에 한발 다가갔으니 그것 자체로 큰 거야. 과학자들이 쓸데없는 사실 알아내고 좋아라 하는 게 뭐 한두 번이니…….

…….

혼돈이론과 나비효과를 소개하는 대부분의 교양서가 명확히 하지 않는 것이 있는데요, 그것은 바로 미래가 결정되어 있다는 것입니다. 혼돈이론은 분명 현재의 조건에 의해 미래가 어떻게 결정되는지에 대해 얘기합니다. 그리고 현재의 조건에 미래가 대단히 민감하게 반응한다는 것을 알아냈죠. 하지만 그 사실이 미래가 현재의 조건에 의해 '유일하게 결정된다'는 사실을 부인하는 것은 절대 아닙니다.

혼돈이론은 미래를 완벽히 예측하는 일이 불가능한 이유를 설명해줍니다. 일기예보는 왜 만날 틀리는지, 결정된 미래를 왜 미리 알 수 없는지를 이해시켜줍니다. 그러나 미래가 자연의 원리와 초기조건에 의해 결정된다는 결정론을 절대 부인하지 않습니다. 혼돈이론이 정립되기 전이나 후나 과학자들은 미래에 대한 각자의 견해를 고수하고 있습니다. 즉 미래가 결정되어 있지 않다고 믿는 과학자들이 혼돈이론의 등장 때문에 생각을 바꾸거나 한 것은 아닙니다.

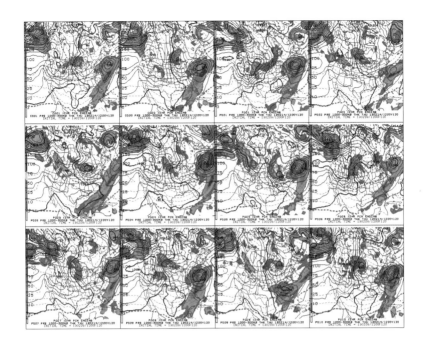

 실제 일기예보를 할 때는 여러 초깃값에 따른 예측을 한 다음에 그것들을 비교·분석합니다. 커다란 오차가 발생하기 전, 즉 예측이 유의미한 시점이 언제까지인지 알아내고 그 값들을 이용해 더욱 가능성이 큰 값을 알아내기 위함이지요.

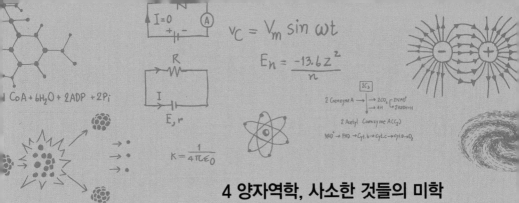

4 양자역학, 사소한 것들의 미학

자연의 초기조건, 즉 현재상태를 알아내는 유일한 방법은 바로 관찰입니다. 자연에 관해 연구하고 사색하려면 그것에 대한 정보가 우선 있어야 하지 않겠어요? 이런 의미에서 관찰은 과학의 시발점 노릇을 합니다.

또한 관찰은 이정표 역할도 하지요. 과학자들은 자신이 올바른 방향으로 나아가고 있는지 확인하기 위해 끊임없이 결과를 검토하는데 이 작업도 관찰을 통해서 이루어집니다. 관찰은 이처럼 중요한 것입니다.

그런데 관찰에 대해 얘기할 때 반드시 한 가지 알고 넘어가야 할 점이 있습니다. 관찰이 그렇게 쉽고 간단한 일이 아니라는 점입니다.

참을 수 없는 몸무게의 가벼움

일상적인 관찰은 언제 어디서나 할 수 있습니다. 과학활동은 언제 어디서든 할 수 있으니까요. 하지만 과학자들의 연구대상은 대부분 특이하기 때문에 쉽게 관찰을 허락하지 않습니다. 쉽게 눈으로 볼 수 있는 대상을 연구하더라도, 보통의 방식으로는 알기 어려운 성질을 주로 연구합니다. 하늘 위에 떠 있는 태양을 보더라도 태양의 나이를 알고 싶어 하는 자들이거든요. 게다가 종종 완벽에 가까운 관찰을 하려 하기 때문에 문제는 더욱 복잡해집니다.

대상을 정밀하게 측정하는 것은 절대 단순한 작업이 아닙니다. 그 자체로도 대단히 어렵고 심오한 문제이지요. 심지어 매우 평범하고 일상적인 대상에 관한 정보를 얻고자 할 때도 '완벽할 정도로 정밀하게' 측정하려고 한다면 난이도가 수직으로 상승합니다.

예를 들어 몸무게를 정확히 측정하고 싶다고 합시다. 그러려면 일단 아주 정밀한 저울을 구해야 합니다. 아주 적은, 상상할 수 없을 정도로 적은 무게도 감지할 수 있어야만 정확한 측정이 가능할 테지요. 그런데 저울이 이와 같은 능력을 갖추게 되면 이제 의도하지 않았던 문제들이 생기기 시작합니다. 제일 먼저 저울 위에 살짝 내려앉은 먼지들이 측정을 방해하기 시작합니다. 이 완벽한 저울은 먼지의 무게 같은 작은 변수까지도 측정할 수 있으니까요. 완벽한 측정을 위한 저울이라면 이 정도 능력은 있어야 하지 않겠어요? 마찬가지로 머리 위나 어깨 위에 붙어 있는 많은 먼지도 완전한 측정을 방해합니다. 이 외에도 보통의 저울을 사용할 때는 생각하지 않아도 되었을 법한 여러 가지 문제가 발생합니다. 지표면의 거의 모든 물체가 공기라는 유체 안에 있다는 사실조차 간과해서는 안 되지요. 공기는 풍선을 띄울 수 있을 정도의 부력을 발생시킵니다. 저울 위의 사람도 똑같은 힘을 받을 테고, 딱 그만큼 저울이 측정한 몸무게는 사람의 온전한 몸무게와 달라집니다.

나름 까다로운 문제가 적잖이 예상되지만 그렇다고 극복 불가능한 것은 절대 아닙니다. 사실 지금 언급된 어려움들은 의외로 간단하게 극복할 수 있지요. 측정이 이루어지는 공간에서 공기를 포함한 다른 것들을 제거하기만 하면 되니까요. 물론 저울 위에 올라갈 사람은 잠시 숨을 참도록 해야겠지요. 어느 정도 성공적인 해결책이라고 할 수 있습니다.

그런데 완벽한 측정은 여전히 불가능합니다. 문제를 정말 어렵게 만들면서도 해결할 방법은 떠오르지조차 않는 것들이 남아 있거든요. 공기조차 없는 환경을 만드는 일이 실제로 얼마나 어려운지는 잠시 생각하지 맙시다. 상상대로 공기가 하나도 없는 곳에 놓인 저울 위에 올라가더라도 정확한 측정은 이루어지지 않기 때문입니다. 이번에는 저울이 하나의 값을 가리킨 채로 가만히 있지 않죠. 저울이 표시하는 값은 살짝살짝 끊임없이 움직입니다. 그럴 수밖에 없습니다. 인간이 살아 있으려면 반드시 맥박이 뛰어야 하기 때문입니다. 아주 미세하지만 이 맥박으로 인간의 몸은 약간씩 움직이죠.

몸무게가 시간에 따라 변한다는 것을 고려하는 순간, 몸무게를 측정하는 문제는 이제 기술적인 영역을 넘어섭니다. 모든 어려움을 완전히 해결해 정확한 측정이 가능한 상태라고 가정하더라도 어느 시점에 측정한 것이 진정한 몸무게인지 정해야 한다는 사회적 문제가 남아 있으니까요. 사람은 먹고 마시고 숨쉬며 끊임없이 주변과 물질을 교환합니다. 그렇다면 어느 시점에 측정한 것이 진짜 몸무게일까요? 눈물이 어느 정도 말라 있을 때 몸무게를 재야 한다고 모두가 동의할 수 있을까요?

가까이 갈수록 멀어지는 온도

사람의 몸무게나 키 같은 것은 그래도 측정하기 쉬운 것에 속합니다. 필요한 기준을 충족할 만큼 열심히 측정하면 되니까요. 한데 '완전한' 측정 자체가 정말로 불가능한 물리량도 있습니다. 가장 대표적인 예가 바로 온도입니다. 온도를 측정하기 위해서는 온도계와 대상 간의 열교환이 반드시 있어야 합니다. 그러니까 몸의 열이 체온계에 전달되어야만 하지요. 접촉을 통해서든 적외선을 통해서든 반드시 에너지가 온도계로 유입되어야 합니다. 따라서 사람은 체온계에 열을 조금이나마 뺏기는 것이지요. 그 순간 사람의 온도는 미량이지만 바뀔 수밖에 없습니다. 측정 자체가 대상을 변화시키는 것이지요.

　보통 이 정도 양은 별로 중요하지 않지만, 극한의 상황에서는 이것이 문제가 될 수 있습니다. 실제로 극저온에서 실험할 때는 정확한 온도 측정에 늘 주의를 기울여야 하지요. 예를 들어, 온도에 따라 저항이 바뀌는 금속물질을 센서로 사용하는 경우, 저항값이 얼마인지 측정하는 방식으로 온도를 알아냅니다. 그런데 저항을 알아내려면 아무리 미량이라 해도 센서에 전류를 흘려야만 하기 때문에 문제가 생깁니다. 전류가 온도를 측정하려는 대상에 열을 전달하기 때문입니다. 대상의 온도를 정확히 알아내려고 센서를 가깝게 붙이면 붙일수록 대상의 온도는 전류의 영향을 더 많이 받습니다. 따라서 말 그대로 정확한 측정이란 불가능하다고 보는 것이 적절합니다. 엄밀히 말해서 측정 자체는 정교하게 할 수 있지만 측정이 이루어지기 전의 상태와 측정 중의 상태 그리고 측정이 이루어진 후의 상태를 동일하다고 장담할 수 없기 때문입니다.

이런 경우 먼저 센서를 작동시키고 그 상태에서 대상의 온도가 일정하게 유지되도록 한 후 온도를 측정합니다. 대상의 있는 그대로의 온도를 재는 것과는 또 다른 상태를 만드는 것이지요. 어찌 되었던 대상의 온도를 알게 된다는 목적은 달성하게 됩니다. 사진은 저온에서 시료의 특성을 측정하는 장치의 일부분입니다. 원하는 온도로 잘 조정되도록 온도계와 히터의 배치에 신경을 많이 쓴 티가 납니다. 이와 같은 장비들은 부분적으로 온도가 달라지면 실험하는 데 방해가 되니까 열교환이 잘 이루어지는 재질을 쓰지요. 그래서 열교환이 아주 잘 이루어지면서 크게 비싸지 않은 구리가 주로 사용됩니다. 이 장치도 색을 보니 구리를 사용했네요.

대상의 성질을 알아내려고 하는 순간 대상의 성질이 바뀐다니, 아마도 측정할 때 발생할 수 있는 가장 고약한 문제일 것입니다. 바뀌는 양이 일상에서는 신경도 안 쓸 작은 양일 수는 있지요. 하지만 미세한 양을 측정하는 과학실험에서 이런 것을 쉽게 무시하면 안 됩니다. 오히려 정밀함을 진정으로 추구하다 보면, 완전히 새로운 물리의 세계에 다가갈 수 있지요. '측정이 일상적 의미를 완전히 벗어나게 되는 상황'에 도달하는 것입니다. 이때 측정과 관련된 궁극적인 의문은 물리에 관한 근본적인 고민과 연결됩니다.

측정이 측정을 방해하는 순간

측정이 이루어지려면 정보가 인간에게 들어와야 합니다. 전자의 위치를 측정한다고 하면 전자가 어느 자리에 있다는 사실을 오감으로 감지해야 하지요. 눈을 크게 뜨고 전자에서 오는 빛을 보거나 손을 내밀어서 전자를 만져보는 행동은 그 정보를 받고자 함입니다. 그런데 한 가지 간과하고 있는 것이 있습니다. 전자가 어느 자리에 있다는 정보는 어떻게 만들어지는 것일까요?

애초에 그 정보가 만들어지지 않는다면 측정은 절대 이루어질 수 없습니다. 만약 정보가 만들어지지 않도록 전자를 공 안에 가둬버린다면 공 안 어디에 전자가 있는지 절대 알 수 없지요. 과학기술이 발달해 공이 빛의 움직임을 제어하게 된다면 공 자체도 우리 눈에서 사라질 것입니다. 빛이 눈에 들어와서 대상의 위치정보를 알려주는 상황은 그 빛이 대상에 관한 정보를 품고 있을 때만 가능한 것이니까요.

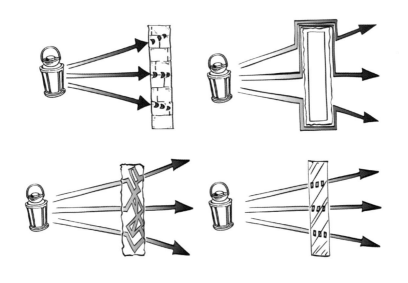

 벽 스스로 자기 뒤에서 오는 빛을 있는 그대로 자기 앞으로 쏠 능력만 갖추고 있다면, 사람은 눈앞에 벽이 있어도 그것을 전혀 눈치챌 수 없을 것입니다.

자연현상의 가장 기본이라고 할 수 있는 위치정보가 만들어지는 원리는 실로 간단합니다. 무언가가 대상을 살짝 건드리고만 오면 되니까요. 손을 내밀어서 전자를 만질 때, 즉 손끝이 전자와 닿는 순간 손이 충분히 예민하기만 하다면 손끝의 신경은 전자가 바로 여기 있다는 전기신호를 만들어서 뇌에 전달하겠지요. 빛도 마찬가지입니다. 태양이나 전등에서 만들어진 빛이 전자와 부딪친 후 인간의 눈에 들어올 때야 비로소 눈은 그 자리에 전자가 있다는 신호를 뇌에 쏘아 올리지요.

여기서 전자를 살짝만 건드려야 한다는 것에 주목해야 합니다. 그 작용이 정확히 어떤 형태로 일어나는지 인간은 시각적으로 상상하기 어렵습니다. 전자가 손끝과 만날 때 손과 충돌하는지 미끄러지듯이 훑고 지나가는지 알 길이 전혀 없지요. 확실한 것은 반드시 서로 작용을 주고받기는 해야 한다는 것입니다. 결국 전자의 위치를 측정하기 위해 전자를 툭 건드리는 순간, 즉 전자를 밀어낸 손이 자리한 곳이 바로 전자의 위치라는 말입니다. 측정이 바로 측정하려는 양을 변화시키는 상황과 비슷하게 이야기가 흘러가지요? 어쩐지 슬슬 불안해집니다.

그렇지만 전자의 정확한 위치를 측정하는 일이 불가능하지는 않습니다. 이론적으로 어느 정도 가능한 일입니다. 단지 측정과 동시에 질적으로 전혀 다른 현상이 일어날 뿐이지요. 정확히 무슨 일이 일어나는지 파악하는 것부터 알아야만 제대로 접근할 수 있습니다.

매우 상식적인 실험

사실 전자는 매 순간 자신의 위치를 노출하고 있습니다. 인간이 알지 못할 뿐입니다. 전자는 자기를 살짝 건드린 빛이 어디서 와서 어디로 가는지 전혀 알 필요가 없지요. 그 빛이 사람 눈에 들어가든, 카메라에 들어가든, 저 하늘로 올라가 우주까지 아무런 방해 없이 직진하든 신경 쓰지 않습니다. 전자에게 중요한 것은 누군가 자기를 건드렸다는 사실 뿐입니다. 사실 전자는 측정당할 때마다 측정이라는 '작용' 때문에 위치에 관한 정보를 살짝 내놓고는 자기 갈 길을 가게 됩니다. 이것은 분명히 '작용'

이기 때문에 어떤 종류가 되었든 전자에 변화를 일으킬 것입니다.

따라서 측정이란 어떤 것인지 명확히 관찰하기 위해서는 의도한 측정 외에 다른 작용이 일어나지 않도록 해야 합니다. 공기 등은 없고 전자만 희박하게 있는 공간이 필요하지요. 그렇게 어려운 기술은 아닙니다. 인류가 처음 전자를 감각적으로 경험한 것도 이와 어느 정도 유사한 상태를 만들면서 가능해졌는데 그 시기가 1800년대 중반이었지요. 이후 기술은 1800년대가 채 끝나기도 전에 전자에 질량이 있으며 그것과 전자의 전기적 성질의 관계까지 정밀하게 측정할 수 있는 수준으로 발전했지요.

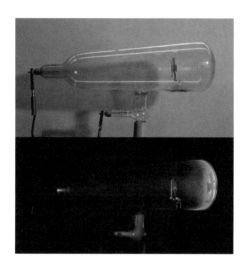

공기를 빼고 그 안에 전자를 만들어서 지나가게 하는 모습입니다. 과학자들은 1800년대 중반에 저와 같은 실험을 해서 전자를 관찰할 수 있었지요. 비슷한 시기에 우리나라는 무엇을 하고 있었을까요? 1876년은 강화도조약이 체결되던 해입니다.

전자가 듬성듬성 있는 공간을 만들었으면 이제 무언가로 전자를 살짝 건드려서 전자의 위치를 측정할 차례입니다. 그런데 손은 전자보다 너무 크니까 건드렸을 때 전자가 정확히 어디 있는지 알기 힘듭니다. 더욱 명확하게 전자의 위치를 알려주는 도구를 사용해야겠지요. 생각해보면 그런 도구를 만드는 일이 그렇게 어렵지는 않습니다. 구멍이 뻥 뚫린 얇은 판이면 충분하지요. 원리도 대단히 간단합니다. 전자가 드문드문 있는 공간에 판을 세워 놓으면 전자는 이리저리 움직이다가 구멍을 통과하게 되겠지요. 이 구멍을 통과하는 순간, 전자는 바로 그 구멍에 있다고 할 수 있습니다. 판이 2차원 평면이기 때문에 구멍 외의 다른 곳에는 절대 있을 수 없지요.

 실험을 조금만 더 세밀하게 조절해봅시다. 아래 그림을 보면서 얘기해보죠.

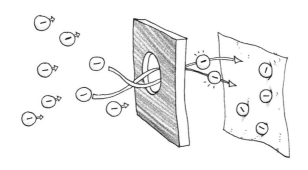

 그림처럼 전자는 왼쪽에서 자유롭게 다니고 있습니다. 그러나 전자가 저 구멍을 통과하는 순간에는 전자가 구멍 안에 있게 됩니다. 전자는 구멍과 모종의 작용을 해 위치를 저 구멍으로 한정하는 것이지요. 이렇게 전자는 구멍을 통해 측정됩니다.

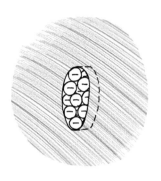

 물론, 구멍 뚫린 판을 이용해서 측정하면 전자의 위치는 평면적인 차원에서만 정확히 정해집니다. 판보다 앞에 있는지 뒤에 있는지는 알 수 없지요. 하지만 다른 부분에는 없고 판의 구멍이 있는 곳에만 존재한다는 것은 확실합니다.

구멍 뚫린 판의 그림자를 정확히 측정한다고 생각하면 이해하기 쉽습니다. 판의 오른쪽에 스크린을 설치하면 구멍을 통과한 전자가 그곳에 부딪치면서 구멍과 똑같은 모양을 만들 것입니다. 구멍을 지난 전자는 직진해서 필름에 정확히 닿아야 한다는 상식적인 추론이지요. 몇몇 전자가 구멍의 가장자리에 부딪치는 불운을 겪는다고 해도 큰 그림에는 변화가 없어야 합니다. 그런데 실제 실험결과는 이렇게 단순하지 않습니다. 우리의 예측을 가뿐하게 배신하지요.

매우 비상식적인 결과

바로 아래 그림이 실험결과입니다. 이 정도 결과를 얻으려면 상당히 많은 전자가 구멍을 통과한 후 스크린에 부딪칠 때까지 어느 정도 기다려야 하지요.

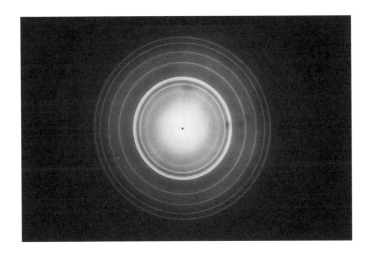

그림에서 어렵지 않게 이상한 점을 발견할 수 있습니다. 전자가 구멍 모양을 있는 그대로 스크린에 그리지 않은 것입니다. 전자가 보통의 공이었다면 구멍을 통과한 후 쭉 직진해서 정확히 구멍 모양을 다시 만들었어야 하지요. 하지만 전자가 만든 모양은 가운데가 제일 밝고 가장자리로 갈수록 점점 어두워지는 모양을 하고 있습니다. 게다가 이상하게 밝은 띠도 여러 개 있습니다. 도대체 이것을 어떻게 이해해야 할까요?

 스크린에 띠 모양이 생긴 이유에 대해서는 파동을 배우고 난 뒤에나 정확히 이해할 수 있습니다. 전자는 입자인데 파동을 배워야 한다는 것이지요. 참 신비한 일인데요. 이에 관한 것은 나중에 다시 언급할 것입니다. 아. 그리고 그림 정중앙의 검은 점은 신경 쓰지 마세요. 기술적인 문제로 생긴 점입니다.

이 현상에는 숙지해야 할 점이 두 가지 있습니다. 그중 하나는 전자 하나만 구멍을 통과시켰을 때 실험결과가 어떻게 되는지 입니다. 전자 하나만 구멍을 통과했을 때는 단 하나의 밝은 점만 찍힙니다. 예쁘게 한가운데 찍힌다거나, 그 하나의 전자가 엷게 퍼져서 스크린에 무늬를 만든다거나 하지는 않지요. 전자는 단 하나의 점만 만듭니다. 이때 이 전자가 저 많은 점 중에서 어떤 점을 만들지는 누구도 예측할 수 없다는 것도 중요합니다. 점의 위치는 실험할 때마다 다르게 나타나지요. 어떤 특정한 요인이 있어서 경향성을 나타내지도 않습니다. 그저 전자를 엄청나게 많이 통과시키고 나면, 스크린에 위의 그림과 똑같은 무늬가 만들어질 뿐입니다.

또 알아두어야 할 점은 구멍의 크기에 관한 것입니다. 똑같은 실험을 구멍의 크기만 바꿔가며 수행하면 재미있는 결과가 나옵니다. 구멍의 크기를 작게 만들면 작게 만들수록 전자가 더 넓게 퍼지는 것이지요. 구멍의 역할이 전자의 위치를 측정하는 것임을 생각해보면 이 결과는 상당히 재미있는 것입니다. 전자의 위치를 정확히 하려 할수록 전자가 어디로 갈지 부정확해진다는 것이니까요.

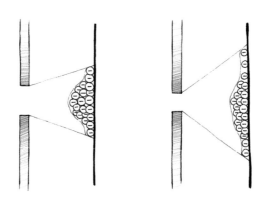

작은 구멍을 통과시켰을 때 한가운데로 직진하지 않고 옆으로 퍼지는 전자의 비율이 더 높아집니다.

상식의 한계를 넘어 전진한 전자

이 현상이 나타내는 자연의 본질을 오류 없이 판단하려면, 먼저 실험을 부분별로 이해하는 것이 좋습니다. 이 실험에서 구멍 자체는 전자의 위치를 측정하는 도구이고 구멍의 크기는 측정의 정확도를 의미하지요. 전자는 구멍이 뚫린 판을 통과해 스크린에 닿게 되는데 판을 통과하는 순간에는 당연히 구멍 안에 존재합니다. 결국 구멍이 작으면 작을수록 전자가 구멍을 통과하는 순간의 위치만큼은 더욱 정확하게 측정할 수 있는 것이지요. 만약 구멍의 크기를 딱 전자 하나의 크기만큼 작게 만들 수 있다면 ― 전자는 크기조차 정의하기 힘드니 당연히 불가능한 얘기입니다만 ― 전자가 구멍을 통과하는 순간의 위치를 정확히 측정하게 될 것입니다.

다음으로 전자가 스크린에 만든 모양을 이해해야 합니다. 전자가 옆으로 많이 퍼진다는 것을 고전적으로 이해하면 전자가 '퍼지는 방향의 속도'를 가지고 있다는 것입니다. 구멍을 통과한 전자가 직진한다면 전자가 옆으로 퍼질 이유는 하나도 없지요. 이것은 우리의 상식이기도 합니다. 특히나 단 하나의 전자만 구멍을 지나간다면 전자는 다른 전자들의 영향을 받을 일도 없기에 구멍을 통과한 방향으로 죽 직진해야겠지요. 그런데 구멍을 통과하면서 전자는 무슨 이유 때문인지 옆으로 퍼지는 방향의 속도가 생겨버렸습니다.

 몇몇 전자는 직진하지 않고 퍼지는 방향의 속도가 생긴 것처럼 행동합니다. 바로 아래 그림처럼 말입니다. 직관적으로 이해되지 않는 부분이죠.

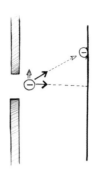

　실험결과는 곱씹어 생각할수록 신기합니다. 전자는 구멍을 통과하면서 알 수 없는 이유로 퍼지는 방향의 속도를 갖게 됩니다. 그런데 그 속도의 크기가 어느 정도인지는 아무도 알 수 없습니다.

　더더욱 놀라운 점은 구멍의 크기를 작게 할수록, 전자가 퍼지는 방향의 속도를 가질 가능성이 더욱 커진다는 것입니다. 물론 구멍의 크기를 작게 한다고 무조건 전자가 퍼지는 방향의 속도를 갖는 것은 아닙니다. 어떤 것은 직진할 테고 또 어떤 것은 많이 퍼지겠지요. 다만 분명한 건 구멍의 크기가 작아질수록 퍼지는 방향의 속도를 갖는 전자의 비율이 높아진다는 것입니다.

　이제 어느 정도 결론에 도달한 것 같습니다. 전자의 위치를 정확히 측정하기 위해 구멍을 더욱 작게 만들수록 전자는 멀리 퍼집니다. 전자가 어디에 맺힐지 정확히 측정하는 것이 구멍의 역할입니다. 그런데 일단 전자가 구멍을 지나는 순간 경로를 벗어나는 속도를 갖게 됩니다. 그것도 구멍이 작을수록, 측정을 정확히 할수록 그런 녀석이 많아지지요.

　큰 구멍을 이용해 위치를 부정확하게 측정하면 전자의 퍼지는 방향의 속도는 대부분 0입니다. 거의 안 퍼지지요. 그런데 작은 구멍을 통과한 전자들은 퍼지는 방향의 속도를 갖게 됩니다. 입자의 위치를 정확히 측정하려 할수록 입자의 속도가 다양해지니까, 결국 속도에 대한 정보는 얻기 힘들어집니다.

입자의 위치와 속도를 동시에 정확히 알아낼 수 없다는 것이 실험결과인 셈입니다. 위치를 정확히 알아내려고 구멍을 작게 만들수록 정확한 속도값을 측정해내는 것이 불가능해지는 것이죠.

뭔가 이상해요. 입자가 구멍을 통과해서 위치를 알았잖아요.

그렇지.

그리고 그 입자가 스크린에 부딪치면 속도도 알게 된 거잖아요.

오, 좀더 자세히 얘기해봐.

그러니까 어떤 입자가 구멍을 통과한 후에도 직진해서 스크린에 딱 점을 만들면, 구멍의 위치가 곧 입자의 위치가 되는 것이고, 그 순간 퍼지는 방향의 속도는 0이었던 것이지.

맞아. 정확한 얘기다. 그런데 중요한 것은 구멍을 통과한 다른 입자는 다른 속도를 갖는다는 거야.

그거야 당연하죠. 입자가 다르니까요. 그 다른 입자가 스크린 어디에 점을 만드는지 알면 그 입자의 속도를 또 알 수 있겠죠. 두 입자 모두에 대해 사실 완벽한 측정이란 게 이루어진 것 아닌가요?

아냐, 아냐. 지금 잘못 알고 있어. 입자가 어떤 속도 분포를 가질지는 오로지 구멍의 크기, 즉 위치를 얼마나 정확히 측정하느냐에 달려 있단다. 그리고 중요한 것은 바로 그 측정이 이루어지는 순간 입자의 속도가 정해진다는 사실이야!

구멍을 통과하는 순간 입자가 어떤 위치에 있었고 어떤 속도를 갖고 있었는지 나중에 제대로 측정한 셈이 아니고요?

음, 예를 들어줄게. 입자 크기와 똑같은 크기의 구멍이 있다고 해보자. 그러면 이 구멍을 통과한 입자는 통과 후에 어떻게 될까?

......

입자는 이제 어느 방향으로든 갈 수 있단다. 모든 방향의 속도를 다 가질 수 있다는 것이지. 물론 입자는 하나의 방향으로만 진행할 것이란다.
하지만 그 방향은 위치를 측정하는 순간 완전히 임의로 정해진다는 거야. 똑같은 조건에서 똑같은 전자를 똑같은 구멍에 통과시킨다고 해도 완전히 같은 속도를 가질 가능성은 거의 없다는 말이지.

측정을 하긴 했는데......

그렇지. 측정하긴 했는데, 속도측정을 통해 알게 된 정보가 입자의 원래 속도는 아닌 것이지. 이때 속도는 위치측정에 영향을 받은 값이라는 거야.

뭔가 어렵다.

듣고는 있는데 들리지는 않는 느낌이랄까.

음……

불확정성의 원리

바로 이것이 양자역학의 근간을 이루는 가장 큰 원리 중 하나인 불확정성의 원리입니다. '입자의 위치와 운동량을 동시에 정확히 알아낼 수 없다'는 말로 요약되지요. 사실 앞서 속도라고 표현했지만 운동량이라고 해야 옳은 표현입니다. 지금은 그냥 속도와 운동량 사이에 밀접한 관계가 있다고만 알고 있으면 됩니다. 그래도 더욱 정확한 의미를 알아볼 준비는 다 된 것 같습니다. 이제야 양자역학의 세계에 제대로 첫발을 디딜 수 있게 된 것이죠.

이 부분은 대단히 중요해서 시쳇말로 아무리 강조해도 부족합니다. 대단히 중요한 만큼 다시 한 번 간략하게 정리해보도록 합시다. 전자가 구멍을 지나가는 실험을 다시 한 번 뜯어봅시다. 이 실험은 실제 학자들이 수행하기도 했던 실험이니만큼 그 가치가 매우 높습니다. 이런 이유로 많은 대학교재에서도 이 실험을 다루고 있지요.

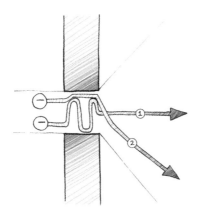

　그림처럼 구멍이 의미하는 바는 그 구멍 안에 전자가 있을 가능성이 크다는 것입니다. 다만 전자가 어느 길로 갔는지는 아무도 정확히 알지 못하지요. 1번 길로 갔을 수도 있고 2번 길로 갔을 수도 있습니다. 또는 이와 같이 경로를 예상하는 설명 자체가 비물리적일 수도 있어요! 중요한 것은 구멍 크기만 한 면적의 불확정성이 있다는 것입니다. 구멍을 통과한 전자의 위치는 동일하지 않습니다. 단지 통계적인 분포를 갖고 있지요.

　이 전자들은 속도의 분포도 갖게 되는데 그 값은 구멍을 통과해서 진행하는 방향과 밀접한 관계가 있습니다. 그림에서 구멍 오른쪽의 부채꼴 모양이 바로 전자가 진행할 수 있는 방향의 범위를 의미하는데, 이 범위가 바로 전자가 갖는 속도와 직결된 값이죠. 전자가 진행할 수 있는 방향은 저 부채꼴 안쪽에 집중되어 있지만 그 안에서 어느 방향으로 진행할지는 알 수 없지요. 저 안에서 전체적인 분포를 형성할 뿐입니다.

　만약 위치의 불확정성, 즉 위치의 분포를 줄인다면, 그때 속도의 분포는 커져서 부채꼴이 넓어집니다. 속도의 불확정성이 커지는 것이지요. 반대로 속도의 불확정성이 작아지도록 하려면 구멍의 크기를 키워야 합니다. 이제는 위치의 불확정성이 커지는 것입니다. 요컨대 위치의 불확정성과 속도의 불확정성은 절대 동시에 작아질 수 없습니다. 인간은 위치와 속도에 대한 완전한 데이터를 절대로 얻을 수 없지요.

 이것을 단순히 '인간의 측정한계'라고 생각하지 않는 게 중요합니다.

자연은 실제로 불확정한 상태에 있습니다. 전자는 이 측정을 인간이 하는지 판이 하는지 옆의 분자가 하는지 알 길이 없습니다. 그저 늘 일어나는 '누군가 자신을 건드리는 작용'이지요. 그런데 이 작용이 일어나는 순간 그 입자가 가질 속도는 확률적으로 정해집니다. 그 확률 안에서 어떤 속도를 가질지는 누구도 장담하지 못합니다. 인간만이 모르는 것이 아니고 자연도 모릅니다. 이렇게 확률을 이용해야만 여러 현상을 가장 말끔하게 이해할 수 있다는 것이 현대과학이 알아낸 사실입니다.

이상한 나라의 양자역학

불확정성의 원리는 양자역학으로 겨우 해석할 수 있는 자연의 신비한 성질입니다. 멀쩡한 전자의 위치와 속도를 동시에 알 수 없다니 말입니다. 양자역학이 아닌 고전적인 방법으로 100% 완벽히 이해하게 해줄 수 있는 간단하고 멋진 모델이 없지요. 그런 방법이 있었다면 그 방법으로 자연을 이해했겠지요. 복잡하고 어려운 양자역학이 만들어진 데는 그만한 필요가 있었기 때문입니다.

불확정성의 원리 말고도 양자역학의 다른 많은 가정이나 결과는 대단히 생소해서 쉽게 받아들이기 어렵습니다. 연구영역이 확대되면서 비상식적인 가정 없이는 도저히 설명할 수 없는 실험결과와 자연현상이 관찰되었죠. 어떤 것들은 학생들을 힘들게 하는 수준을 넘어 포기하게 하기도 합니다.

 양자역학을 가르쳐야 하는 사람들도 힘들긴 마찬가지입니다.

사실 발상의 전환이 필요한 시점입니다. 과학자들이 하는 얘기가 황당하게 느껴진다면 실제 자연이 황당하기 때문이라고 생각할 필요가 있는 것이지요. 상식이 자연을 이해하는 데 도움이 될 것이라는 편견에서 벗어나야 합니다. 따지고 보면 연구대상 자체가 일상적으로 경험할 수 없는 것이기 때문에, 일상을 통해 형성된 상식은 별 도움이 되지 않는 게 오히려 더 자연스럽습니다. 예를 들어 양자역학을 다루는 책에서 제일 중요한 예로 자주 소개되는 수소원자에 포섭된 전자 하나는 인간이 평생직접 보거나 만질 수 없는 존재입니다. 그러니 이 전자의 움직임이나 행동이 우리의 일상적 경험과 다르다고 해도 사실 별로 놀라울 것이 없습니다. 전자 하나, 빛 알갱이 하나, 원자로 이루어진 배열 등 양자역학에서다루는 것들은 하나같이 전부 비일상적이죠. 전자나 원자로 이루어진 물질의 특성이 일상적으로 이해할 수 있다고 해서 전자나 원자까지 일상적으로 이해할 수 있다고 믿을 근거는 전혀 없습니다. 전체가 갖고 있는 성질을 부분도 갖고 있을 것이라고 믿는 건 '분해의 오류'일 뿐이죠. 이렇게 생각하면 비일상적인 존재의 특성은 비상식적이라는 결론이 자연스럽습니다. 실제 실험결과 역시 자연스럽게도 대단히 비상식적입니다.

이처럼 양자역학에는 황당한 얘기가 가득합니다. 양자역학이라는 이름부터도 범상치 않지요. 양자역학은 '양'quantity을 다루는 방식에서 기존 이론과 큰 차이가 있습니다. 학자들은 미시적인, 정말 아주 작은 세상을 이해하기 위해 새로운 원리가 필요하게 되었습니다. 이 새로운 원리는, 기존의 학문에서 양으로 다루던 몇몇 물리량을 더 이상 양으로 다루지 않습니다. 예를 들어 기존에는 빛에너지를 일종의 파동으로 전달되는 에너지로 다루었습니다. 햇빛이 피부에 닿아서 피부가 까맣게 타는 것을 마치 파도가 몰려와서 모래밭에 에너지를 전달하는 것과 비슷하게 이해한 것이죠. 그렇지만 양자역학은 빛이 마치 알갱이처럼 뭉쳐 다닌다고 이해합니다. 빛 알갱이는 정해진 성질에 따라 마치 공처럼 특정한 에너지 단위로 뭉쳐진 채 피부세포를 때림으로써 그 에너지를 전달하지요. 연속적인 파도처럼 생각하는 것과는 근본적으로 다른 관점입니다. 이처럼 양자역학에는 기존 이론에서 '양'으로 다루던 물리량들을 마치 입 '자'처럼 불연속적으로 다룰 때가 많습니다. 양자역학의 '양자'도 학문의 이런 성질에서 유래되었죠.

선생님, 조금만 쉬었다 해요.

맛있는 거 사주세요. 선생님은 오늘 우리에게 간식을 사줄 운명인지도 몰라요.

 운명 같은 건 안 믿는데. 나에겐 자유의지가 있어.

지난 시간에는 미래가 정해진 거라고 하셨잖아요. 그럼 운명은 있고 자유의지는 없는 거죠.

 물론 나에겐 자유의지가 있어. 하지만 쉬는 시간이 아닐 때 수업을 끝낼 자유는 없는 평범한 일자리의 노예란다. 그러니 수업하자.

자유의지를 마음껏 발휘해보세요.

빨리 수업을 해서 양자역학에 대해 배워야 우리가
자유의지를 가졌다고 확신할 수 있단다.

…….

자유의지는 자유롭다

하지만 양자역학 덕분에 우리의 상식이 더 튼튼해진 부분도 있습니다. 진정으로 완전한 측정은 더욱더 큰 주제와 맞닿아 있거든요. 바로 미래가 결정되어 있느냐는 문제 말입니다. 만약 극한의 측정이 가능하다면 자연은 실제로 측정된 바와 같은 상태에 있다고 말할 수 있습니다. 그렇다면 자연법칙의 지배를 받는 이 세계는 초기조건으로 이미 그 미래가 결정되어 있다고 추론할 수 있습니다. 어느 순간 이 세상을 구성하는 모든 원자의 배치와 운동을 정확하게 측정할 수 있다면 그 이후의 미래는 물리법칙대로 정해질 것입니다. 대기를 이루는 기체분자 하나하나는 법칙대로 움직여서 내일 날씨를 만들 것입니다. 바닷물을 이루는 분자 하나하나도 법칙대로 움직여서 해류를 만들 것이고요.

인간이 알 수 없을 뿐 정해진 미래. 각 개별 분자가 자연에 내재된 물리법칙에 따라 움직이는 세상. 이와 같은 세상에선, 우리 몸을 이루고 있는 분자 하나하나도 예외가 아닙니다. 뇌세포를 이루는 분자도 역시 마찬가지지요. 결국 사람도 분자의 조합입니다. 이 개별 분자가 물리법칙대로 움직인다면 인간의 미래도 결정된 것입니다. 정해진 대로 행동하고 정해진 대로 생각할 수밖에 없습니다.

그렇다면 인간의 자유의지는 어디에 발붙여야 하나요? 사실 자유의지 따위 없다고 해도 행복하게 살 수 있습니다. 행복하도록 프로그램되어 있으면 되니까요. 문제없습니다. 하지만 범죄자는 어떻게 하죠? 그는 선택해서 죄를 지은 것이 아닙니다. 이미 죄를 지을 수밖에 없는 미래를 타고난 것이죠. 그렇다면 죄를 묻고 처벌할 근거를 찾기 어렵습니다. 이 불쌍한 영혼을 처벌하는 것도 운명일 뿐이라고 해야 하는 건가요?

자유의지와 결정론의 관계는 더욱 엄밀한 논증이 필요한 얘기이기는 합니다. 지금은 직관적이고 단순한 예만 다루는 것으로 만족합시다.

실제 자연도 사람과 마찬가지로 위치와 운동량을 정확히 '측정'하지 못합니다. 그러니까 자연은 이 두 물리량이 정해진 값을 갖고 있는 상태가 아닙니다. 단지 가능성만을 간직하고 있을 뿐이지요. 미시적으로 자연은 다른 대상과 작용할 때마다, 분명히 확률의 지배를 받고 있고 이것은 '어떠한 초깃값'으로 미래가 정해지는 것을 불가능하게 합니다. 따라서 미래는 결정되어 있지 않은 셈입니다. 인간에게 자유의지가 허락되지 못할 이유 역시 전혀 없지요.

결정되지 않은 미래

그렇다고 양자역학이 우리 삶과 상관없다고 생각하는 것 역시 오류입니다. 물론 미시적인 세상의 아주 작은 개별 입자는 그 물리량이 확률로 결정되지만, 저기서 날아오는 공의 궤적은 사실상 확률로 결정되지 않거든요. 눈으로 잘 보면 충분히 피할 수도 또 잡을 수도 있습니다. 하지만 미시적인 세상은 확률적으로 결정된다는 특징이 인간의 삶과 동떨어진 것은 아닙니다. 몇 가지 유명한 예를 들어보겠습니다.

하나는 터널링이란 현상입니다. 만약 전자가 우리 생각처럼 공과 같은 입자라면 아무리 얇은 벽이라도 절대 통과하지 못할 겁니다. 벽은 벽이니까요. 하지만 실제 전자의 위치는 확률로 정해집니다. 흔히 전자가 있을 법하다고 여겨지는 범위 전체에 존재할 확률이 분포되어 있습니다. 그래서 벽이 전자 앞에 있어도, 전자가 있을 법하다고 여겨지는 부분이 벽 너머까지도 포함한다면, 전자는 그 벽을 통과해 존재할 수 있습니다. 벽이 멀쩡히 있는데 통과하는 것이죠. 양자역학이 아니면 쉽게 설명하기 힘든 현상입니다.

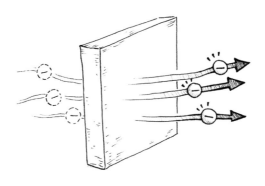

이런 일이 바로 여러분이 쓰는 스마트폰과 컴퓨터 속에서 매일같이 일어나는 현상입니다. 메모리나 칩의 회로를 작게 작게 만들수록 회로 내의 구조물들은 작아집니다. 그런데 무턱대고 작게 만들 수는 없습니다. 너무 작아지면 어느 순간 두께도 너무 얇아져 전자가 분포할 수 있는 영역이 벽 뒤로 생기게 됩니다 벽 너머로 전자가 마구 돌아다니게 되는 거이죠. 분명히 절연되어 전자가 통과할 수 없던 부분을, 단지 부품을 작게 만들었다는 이유만으로, 전자가 통과하기 시작하는 겁니다. 그러면 크기가 컸을 때 나타나던 성질과는 전혀 다른 현상이 나타나죠. 결과적으로 기기가 정상적으로 작동하지 못하게 됩니다. 크기가 아주 작은 부품들에서는 이런 현상이 필연적으로 발생합니다. 따라서 전자 부품들은 터널링 성질을 피하도록 설계되었죠. 물론 용도에 따라 이 성질을 이용하도록 설계된 전자 부품들도 있습니다. 양자역학이 일상적 공산품에서 적용되고 있는 것입니다.

또 다른 예는 방사능과 관련된 것인데요, 약간 덜 구체적이지만 조금 더 재미있습니다. 방사성 입자는 방사선을 방출하면서 안정된 상태로 변하는 입자를 뜻합니다. 이들 입자를 모아 놓으면 특정한 양의 방사선을 방출하죠. 그런데 이 자체는 원자 내에서 일어나는 매우 미시적인 현상입니다. 결국 양자역학적 원리를 따라 이 현상도 확률에 의존하게 됩니다. 따라서 입자가 방사선을 방출한다는 것은 정해져 있으면서도, 어떤 입자가 정확히 언제, 어디로, 어떻게 방출할지는 모르는 것입니다. 이 세상의 모든 방사선 입자는 각각 확률의 지배를 받습니다. 방사성 입자의 총 개수를 조사해, 방출되는 방사선의 양을 충분히 예측할 수 있더라도 정확히 언제, 어디로, 어떻게 방사선이 나올지는 알 수 없습니다. 개별 입자 중 어떤 녀석이 방사선을 방출할지 모르기 때문입니다. 따라서 누가 이 방사선을 맞을지도 확률에 따라 정해지죠. 그런데 불행히도 인간에게 방사선은 대단히 해롭습니다. 방사선에 의해 암세포가 생길 수도 있습니다. 그렇다면 인간의 건강도 일정 부분 확률에 의해 결정된다고 할 수 있겠네요. 재수 없이 방사선을 많이 맞은 사람은 안 그런 사람보다 암에 걸릴 확률이 더 높아지는 것이죠. 비록 정량적으로 추정할 수는 없지만, 미시적인 확률이 거시적인 변화를 유발하는 예로 삼기에 나쁘지는 않습니다.

인간의 의지도 마찬가지로 해석할 수 있습니다. 현대과학은 인간의 생각과 의지가 결국 뇌 안에서 세포끼리 주고받는 전기신호의 결과물이라고 설명합니다. 그런데 이는 미시적인 사건들의 합이죠. 그리고 미시적인 각 사건은 전부 확률의 지배를 받습니다. 결국 완전히 정해진 미래 같은 것은 없는 셈입니다. 인간은 자기 몸과 뇌 속에 미시적인 현상들을 품고 있음으로써 불확실한 미래를 현재로 만들고 과거로 흘려보내는 과정에 적극적으로 이바지하고 있죠. 인간은 스스로 자유의지를 행사하며 정해지지 않은 미래를 향해 조금씩 시간여행을 하고 있습니다.

확률, 과학을 위한 새로운 시각

시간여행에서 시작해서 미래, 양자역학 그리고 짧게나마 자유의지에 관련한 얘기까지, 이 긴 얘기를 끝맺기 위해 과학 그 자체를 언급하는 것이 적절해보입니다. 결정되지 않은 자연, 예측할 수 없는 미래. 마치 과학은 20세기를 거치면서 완전히 다른 형태로 바뀐 것만 같습니다. 하지만 전공교과과정을 따라 공부하다 보면 이 변화가 크게 느껴지지 않을 것입니다. 19세기 과학을 죽 배우다가 20세기 과학을 배우면 약간 더 어렵게 느껴질 뿐이지요. 새로운 교재로 책이 바뀌긴 하지만 어렵다는 생각이 앞서지 이질적이란 생각은 크게 들지 않습니다. 실제 연구현장에서도, 과학의 이런 특징들이 특별한 관심의 대상이 되는 일은 많지 않습니다. 19세기나 20세기나 과학자들이 하는 일의 성격은 크게 달라지지 않았을 것입니다. 가설을 세워서 현상을 이해하려 하고 예측을 통해 그 가치를 인정받으려 하는 본질은 전혀 달라지지 않았거든요.

실제로 많은 과학자가 양자역학도 결정론적인 과학이라고 말합니다. 과학자들은 자연을 바라보는 관점이 '자연의 미래'나 '자연의 조건' 때문이 아니고 '자연' 그 자체 때문에 변한다고 생각합니다. 기존에는 자연의 기본조건인 줄 알았던 입자의 위치나 속도 같은 것들이 다시 보니 자연의 본질이 아니란 것이죠. 자연의 본질은 확률 그 자체입니다. 과학자들은 현재를 나타내는 확률을 바탕으로 시간에 따라 그 확률이 어떻게 변하는지를 알아냅니다. 확률보다 어떤 현상이 실제로 발현되는지가 속세의 관심이지요. 과학자들은 그 확률이 어떻게 시간에 따라 전개되는지 확률 자체의 변화를 예측하고 관찰합니다. 이처럼 과학자들에게 자연과 과학은 여전히 결정론적입니다.

아니 왜 또 갑자기 결정론적이래요. 다시 미래가 결정되어 있다는 거예요? 아니면 아니에요? 들으면 들을수록 이상한데요.

어떤 느낌인지는 물리를 계속 배우다 보면 깨닫게 될 거야.

과학은 느낌이 아니고 지식 아닌가요?

이렇게 배우는 건 안 배우느니만 못한 거 같아요.

아냐, 아냐. 이렇게 큰 그림을 그리고 나중에 다시 배우면 한 번에 전부 다 배우려고 했을 때보다 훨씬 느끼는 것이 많아지지. 파동이나 빛에 관해서 아는 것이 더욱 많아지고 양자역학에 대해 한 번 더 이야기 나눌 기회가 있을 거란다. 그때 똑같은 주제를 한 번 더 얘기해보자. 이런 식으로 나아가다 보면 종국에는 어려운 수식도 전부 이해할 수 있게 될 테지.

……

……

조금 더 생각하기 2. 양자역학

축구공? 농구공? 축농구공?

구멍 뚫린 판을 이용해 양자역학적 측정의 의미를 설명하는 방법은 가장 전통적인 방식이고 또 널리 사용하는 방식입니다. 이 사고실험은 실제 학자들이 수행한 실험과 매우 유사한 형태일 뿐 아니라, 측정 외에 양자역학이 지닌 다른 의미에 대해서도 알 수 있다는 장점이 있지요.

 하지만 설명이 많이 필요해서 지루합니다. 양자역학이 고전역학과 어떻게 다른지 가장 중요한 핵심만을 짚어보도록 합니다.

골키퍼가 빠르게 날아오는 공들을 막고 있다고 해봅시다. 막고 보니 이 공이 축구공입니다. 뭐 당연하지요. 그런데 어? 열 개에 하나씩 농구공이 날아오네요? 그러면 보통 골키퍼는 공을 차는 녀석이 열 번에 한 번씩 축구공 대신 농구공을 차고 있다고 생각하겠지요. 골키퍼 손에 축구공이 있다면 '그 측정'은 이 공이 그 이전부터 죽 축구공이었다는 것을 보증합니다. 측정은 자연의 과거 상태를 올곧이 반영합니다. 이것이 바로 고전역학적 결론입니다.

하지만 양자역학적인 골키퍼는 다르게 생각합니다. 공이 농구공인지 축구공인지는 공을 잡았을 때 비로소 결정된다고 생각하지요. 날아오는 공은 9/10는 축구공이고 1/10은 농구공인 괴상망측한 혼합물입니다. 측정은 그 자체로 자연을 결정해주는 역할을 하는 사건입니다. 과거가 미래로 어떻게 흘러갈지는 이때의 확률이 결정해주지요.

골키퍼가 잡기 전의 공이 어떤 모양인지 인간은 알 수 없습니다. 그건 자연만이 알고 있지요. 인간은 그저 그 모든 가능성을 포함한 상태를 수식으로 표현할 뿐입니다. '90% 축구공+10% 농구공'이라고 말이지요.

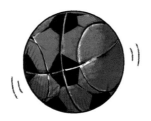

그 유명한 슈뢰딩거의 고양이도 이런 맥락에서 나온 겁니다. 양자역학이 상식과 얼마나 동떨어져 있는지 고양이를 예로 든 것이지요. 반은 살아 있고 반은 죽어 있는 고양이란 어떤 것이냐고 말입니다. 물론 질문 사이사이 양자역학적 장치들을 주렁주렁 달아놨습니다.

PART 2

자연의
아름다움에 대하여

:

과학은 '왜'라는 질문에 답하지 않습니다.
우리는 흔히 이론이 현상을 설명한다고 하지만 엄밀히 말하면 틀린
말입니다. 과학이론은 그저 정해진 원리를 이용해 현상을 묘사할 뿐입니다.
'나는 아무런 가설도 필요하지 않다'는 뉴턴의 언급과 연관이 있는 부분도
바로 이 지점이지요. 이론의 가치는 성공적으로 삼라만상을 묘사한다는
바로 그 자체에 있고 그것으로 충분하니까요.

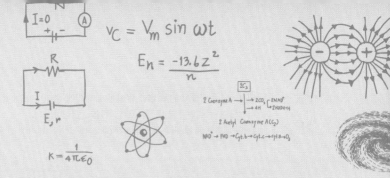

1. 아리스토텔레스부터 뉴턴까지, 운동량의 탄생

 축구공을 발로 뻥 차면 공이 앞으로 가요. 아주 상식적인 현상이죠. 근데 왜 그렇게 되죠?

발로 찼으니까요.

 아니, 그건 발로 찬 순간이고. 내 말은 발이 이미 공에서 떨어졌는데도 왜 앞으로 계속 가냐는 거지?

아니, 그런 뻔한 걸…….

 당연한 것을 괜히 설명해보려는 쓸데없는 시도야말로 학문의 시작이지.

관성 때문이잖아요.

내가 생각해보랬지 언제 답을 말하랬니. 이렇게 생각해보렴. 동생한테 설명한다고 생각해봐. 관성이란 걸 모르는 동생. 어떻게 설명할래?

동생하고 그런 얘기 안 해요.

동생 없어요~.

......

아리스토텔레스의 화살

실제로 자연과학은 이처럼 사소한 것을 설명하면서 시작됐습니다. 이미 기원전 4세기경 그리스의 철학자 아리스토텔레스^Aristoteles는 왜 공이 앞으로 나아가는지에 대한 답을 공 대신 화살을 가지고 정리했지요. 그의 설명은 이렇습니다. 화살이 앞으로 나아가면 원래 화살이 있던 공간이 일순간 공기가 없는 진공 상태가 되려 합니다. 따라서 더 뒤에 있던 공기가 진공이 생기지 않도록 앞으로 몰려듭니다. 이때 몰려든 공기가 그 기세로 화살을 앞으로 밀어내게 되지요. 즉 화살은 공기가 뒤에서 미는 힘으로 전진하는 것입니다.

아리스토텔레스의 운동이론은 일상적 관찰, 보통의 상식을 기반으로 하고 있기 때문에 설득력이 매우 강합니다. 운동이 있으면 그에 상응하는 원인도 있다는 대단히 일상적인 관찰을 있는 그대로 100% 받아들여서 이론화한 셈입니다. 사실 우리가 주변에서 쉽게 관찰할 수 있는 움직이는 것들은 거의 다 무언가가 밀어주는 것들입니다. 책을 한 권 옮기려고 해도 반드시 손으로 밀어주어야만 합니다. 그러니 화살 역시 무언가가 밀어주는 것이 분명한데, 보이지 않으니 그것을 공기라고 생각한 것입니다.

이 주장의 세부적인 부분도 일상에서의 관찰과 잘 부합합니다. 우선 우리 주변에는 공기나 바람이 밀어주는 것이 참 많습니다. 바람에 흔들리는 나뭇잎, 바람의 힘으로 가는 돛단배, 펄럭이는 옷자락 등 바람이 무언가를 움직이게 하는 일은 대단히 흔합니다. 화살 역시 바람의 힘을 받지 않는다고 할 이유가 하나도 없지요. 화살도 날아다니는 다른 모든 것과 같은 원리로 날아갈 텐데 단지 화살이 너무 빨라서 그 모습을 직접 관찰할 수 없을 뿐이죠. 결국 관찰의 획기적인 질적 향상을 이루지 않고서는 아리스토텔레스의 주장에 대한 반박은 곧 상식의 부정이 될 수밖에 없습니다. 주장을 일상적인 관찰과 상식 주변에 절묘하게 놓음으로써 든든한 지원사격을 받는 모양새죠.

아리스토텔레스는 다양한 분야에서 엄청난 업적을 남겼습니다. 비록 지금은 그가 남긴 오류를 얘기하고 있긴 하지만 그렇다고 아리스토텔레스를 얕잡아보는 치명적인 실수를 범하면 절대 안 됩니다. 그의 사상은 기독교나 이슬람교에 큰 영향을 미치면서 1,000년이 넘는 시간 동안 고스란히 후대에 전해졌죠.

현자의 생각 완성하기

그러나 아리스토텔레스의 운동이론이 지닌 문제점 역시 적지 않습니다. 무엇보다 이와 같은 방법으로는 이해할 수 없는 운동이 있다는 것이죠. 예를 들어 같은 화살이라 해도 앞으로 쏘지 않고 제자리에서 떨어뜨린다면 뒤따르는 운동을 이해할 수 없습니다. 운동의 방향이 왜 아래 방향인지, 사방팔방 중 왜 유독 땅을 향하는지 등의 질문에 만족할만한 답을 내놓지 못하는 것이죠.

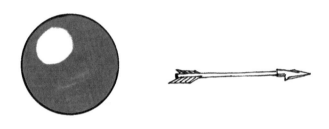

화살 대신 아주 매끄럽고 둥그런 이상적인 모양의 공을 공중에 살며시 놓는다고 상상해보면 무엇이 문제인지 어렵지 않게 확인할 수 있습니다. 이 공은 정말 이상적인 모양이기 때문에 공 옆의 공기는 자신이 공의 어느 부분에 있는지 알 수 없습니다. 공은 어느 방향에서 보나 전부 똑같이 생겼거든요. 공기는 자신이 공의 윗부분에 있든 아랫부분에 있든 또는 옆에 있든 전부 똑같이 생긴 공을 마주하게 됩니다. 따라서 공 주변의 공기는 공과 모두 동일한 관계를 맺게 되고 결과적으로 공에 대해서 전부 동일한 행동을 하게 됩니다. 그렇다면 어느 쪽의 공기도 공을 더 세게 밀거나 당기지 않을 것이라는 대단히 자연스러운 추론을 할 수 있습니다. 결국 공이 특정한 방향으로 치우치게 운동할 개연성이 사라집니다. 이

방법으로는 공이 아래를 향해 떨어지는 이유를 설명할 길이 없다는 뜻이
지요.

 아리스토텔레스는 세상을 이루는 다른 원리 때문에 이런 일이
일어난다고 설명했습니다.

　조금 더 자세히 따지고 들면 지금 공의 운동 방향이나 논할 한가한 때
가 아니란 것도 알 수 있습니다. 상황은 훨씬 더 심각합니다. 애초에 공이
움직임을 시작하는 것부터 자연스럽지 않거든. 손에서 살짝 놓는 순간
공은 분명 정지해 있을 것이기 때문에 주변에 어떤 진공도 만들어지지
않습니다. 진공이 없으니 추진력도 없죠. 결국 애초에 공이 운동을 시작
할 이유가 존재하지 않았던 겁니다. 그렇다면 과연 운동하는 물체가 공
기에서 추진력을 얻는다는 게 사실일까요?

　자연에는 수많은 종류의 운동이 있어서 날아가는 화살과 전혀 다른 움
직임이 많다는 것도 문제입니다. 날아가는 화살을 설명했던 방법으로 설
명되리란 기대감 자체를 버리게 만들 정도지요.

　예를 들어 밤하늘에 보이는 별들은 날아가는 화살은 고사하고 지상의
다른 어떤 것에서도 관찰하기 힘든 운동을 합니다. 누구 하나 밀어주거
나 당겨주지 않죠. 어떤 별들은 겉보기에 특별한 원인이 없는데도 하늘
의 한쪽 끝까지 갔다가 다시 돌아오기도 합니다. 지구와 가장 가까운 달
만 해도 주변에 아무것도 없는 공간에서 움직이고 있습니다. 과연 지상
의 움직임도 전부 다 설명하지 못하는 방법을 이용해 이것들을 다 이해
할 수 있을까요? 이와 같은 사례들은 운동에 관한 완전히 새로운 생각이
필요한 건 아닌지 고민하게 합니다.

공기와 같은 가벼운 물체가 크고 무거운 것들을 움직이는 원인이 될 수 있는지, 제자리에서 도는 팽이가 계속 움직이는 것은 어떻게 설명할 것인지 등 생각해볼 수 있는 재미있는 질문들이 많을 것입니다. 아리스토텔레스를 곤란하게 할 수 있는 질문 만들기에 도전해보세요.

임페투스, 훌륭한 준비운동

지금에야 상당히 발달한 과학이론을 알고 있으니 이전 시대의 이론을 조목조목 평가할 수 있습니다. 틀린 부분을 발견하는 데 아무런 불편함이 없지요. 하지만 기존 이론을 대체할 '대안 이론'이 없는 상황이라면 얘기는 달라집니다. 비판자는 반드시 새로운 이론을 요구받게 되죠. 아리스토텔레스를 비판하려는 사람 역시 같은 괴로움을 느껴야 했을 것입니다. 특히나 아리스토텔레스의 이론은 몇 가지 원리로 세상 전체를 얼기설기 엮어가면서 설명하기 때문에 그중에 하나만 콕 집어서 부정하기가 정말 어렵습니다. 실제로 그의 형이상학적 고찰은 생물학·윤리학·물리학에 이르는 방대한 영역의 연구들과 연관되어 있거든요. 아리스토텔레스의 이론을 부인하는 것이 얼마나 어려웠는지는, 인류가 새로운 운동이론을 만들기까지 걸렸던 긴 시간, 즉 고대 그리스부터 중세 유럽에 이르기까지의 1,000년에 달하는 시간 자체가 잘 증명해줍니다.

그렇지만 학자들이 오랜 기간 순응하며 조용히 있었다는 얘기는 절대 아닙니다. 실패를 거듭하면서도 끊임없이 새로운 운동이론을 만들었죠. 그중 가장 강력하게 도전했던 운동이론이 바로 임페투스impetus이론입니다. 이 이론에 따르면 화살은 처음 화살을 미는 힘에서 임페투스라는 '운동의 원인'을 충분히 전달받습니다. 화살은 전달받은 이 운동원인 덕분에 앞으로 날아갈 수 있지요. 화살의 속도가 줄어드는 이유는 갖고 있던 임페투스가 공기 중으로 조금씩 새나가기 때문이라고 설명했습니다.

임페투스이론은 더 '최신' 이론인 만큼 기존에는 설명하기 어려웠던 여러 운동을 이해할 수 있도록 해주었습니다. 일례로 팽이가 공기의 도움 없이 돌 수 있는 이유를 설명할 수 있습니다. 팽이는 처음 돌려질 때 충분한 임페투스를 전달받았기 때문에 그 임페투스를 전부 소진하기 전까지는 돌 수 있다는 식이죠. 같은 방식으로 제자리에서 아래로 떨어지는 공 역시 적절하게 이해할 수 있습니다. 공을 공중에 올려놓기 위해선 힘을 가해 공을 들어야 하죠. 이때 공에 임페투스가 전달되는 겁니다. 공이 떨어지는 건 그 임페투스를 소진하기 위한 운동인 것이죠. 하늘을 돌아다니는 별의 움직임도 마찬가지입니다. 그들은 거대한 임페투스를 갖고서 임페투스가 거의 소진되지 않는 우주라는 특별한 공간을 영원히 움직이는 것입니다.

임페투스이론은 나름 정교하고 복잡하게 발전했습니다. 그런데 결국은 틀린 이론이라는 것에 유의해야 합니다. 과학이론에 대해 공부할 때는, 필요 이상 많은 노력을 들여서 내용을 들여다보는 것이 적절하지 않을 수도 있습니다. 물론 원론적으로 많이 아는 것이 나쁠 것은 없지만요.

임페투스이론은 결국 사장된 이론이지만 여전히 많은 과학서적에서 단골로 등장합니다. 왜냐하면 아리스토텔레스의 운동이론과 이후에 등장하는 운동이론의 징검다리 역할을 하기 때문이지요. 단지 시기적으로 중간이라는 의미가 아니라, 각 이론과 조금씩 특징을 공유합니다. 그래서 임페투스이론을 다른 이론들과 비교해보면 운동이론이 갖고 있는 여러 성질을 더욱더 명확히 이해할 수 있죠. 먼저 아리스토텔레스의 운동이론과 비교해보면 임페투스이론이 아리스토텔레스의 이론과 기본적인 원리를 공유한다는 걸 확인할 수 있습니다. 임페투스이론 속에서 임페투스는 운동의 '원인'으로 작용합니다. 운동이 있으려면 원인이 있어야 한다는 고전적인 관점이 그대로 드러난 것이지요. 아리스토텔레스의 시각과는 동일하지만 현대과학과는 다른 부분입니다. 임페투스이론이 계속 발전하지 못했던 이유를 어렴풋이 짐작게 하는 대목이기도 하죠.

물론 임페투스이론 안에는 기존의 운동이론을 뛰어넘으려는 유의미한 시도도 분명히 존재합니다. 특히 두 가지 면이 돋보이는데요, 첫째, 운동이 유지되기 위해서는 누군가 밀어줘야 한다는 생각에서 드디어 벗어났다는 점입니다. 운동의 원인이 꼭 접촉을 통해 주어지는 추진력이 아니어도 된다고 생각한 것이죠. 현대 과학이론처럼 완전하지 않지만 비접촉 상태를 받아들였다는 것만으로도 높게 평가할 수 있습니다. 둘째, 임페투스가 그 이후 과학에서 사용한 개념과 수식적으로 완전히 동일하다는 점입니다. 이것은 임페투스이론이 과학의 발달에 영향을 미쳤다는 확실한 증거입니다. 비록 임페투스이론은 그 자체로 더 거창하게 발전하지 못했지만 의미 있는 방향으로 잰걸음은 하고 있었던 것입니다.

 중세사람들에게 아리스토텔레스의 이론을 대체하려는 임페투스이론이 어떻게 느껴졌을까요? 별들은 '천사'가 '밀어주기' 때문에 움직인다고 믿었던 사람들인데 말입니다.

뉴턴, 가장 거대한 이름

임페투스이론을 대체한 운동이론은 17세기 말엽에 완성되었습니다. 이 운동이론은, 이론 성립에 지대한 공을 세운 학자의 이름을 따서 뉴턴의 운동이론이라고 부르지요.

아이작 뉴턴 경Sir Isaac Newton. 세상의 물리학자 중 과연 그 누가 뉴턴의 이름 앞에 작아지지 않을 수 있을까요.

그는 1687년 출간한 『프린키피아』Philosophiae Naturalis Principia Mathematica라는 책을 통해 힘과 운동에 관한 이론을 완성합니다. 완성이란 말이 전혀 과장이 아닌 것이, 이 이론을 이용하면 사과가 나무에서 떨어지는 것부터 해와 달의 움직임, 혜성의 움직임, 조석 작용까지 우리가 일상에서 관찰할 수 있는 모든 운동을 일관성 있게 이해할 수 있었거든요. 뉴턴은 이 책을 통해 운동에 관한 근원적인 궁금증을 해결함으로써 당시 격렬하게 진행되던 힘과 운동에 관한 토론을 종식시켰습니다. 더 나아가 이때 성립된 이론은 이후 과학의 방향을 결정하기까지 했습니다.

과학 공부를 계속한다면 뉴턴이 얼마나 대단한 일을 했는지 알 수 있습니다. 물론 공부를 하지 않아도『프린키피아』가 출간 당시 받았던 평가를 보면 이 책이 얼마나 대단한지 알 수 있습니다. 유럽의 지식사회가 열광에 가까운 찬사를 보냈거든요. 수많은 지식인이 이 책을 이해하기 위해 달려들었습니다. 책의 진위를 판단하기 위해 위원회가 결성되기도 했죠. 초판이 출간된 지 40년이 지났는데도 개정판이 나올 정도로 인기는 시들지 않았습니다.

책이 엄청나게 어렵다는 것, 그것도 라틴어로 쓰였다는 것을 감안하면 당시 이 책이 얼마나 인기가 있었는지 추측해 볼 수 있습니다. 책으로서 인기가 없을 조건을 전부 갖추고서도 엄청난 화제를 불러일으킨 것이니까요. 물론 책이 라틴어로 쓰였다는 것이 어떤 느낌인지 정확히 알기는 어렵습니다만, 當時 讀者들의 氣分을 類似한 狀況을 假定해 推定해볼 수는 있습니다.

운동량이 가장 쉬웠어요!

『프린키피아』에서 대단히 중요하게 취급하며 항상 거의 제일 먼저 소개하는 물리량으로서 자연을 이해하는 데 가장 핵심적이고 기본적인 역할을 하는 개념이 바로 운동량momentum입니다. 임페투스와 같은 형태를 띤 것이 바로 이것이지요. 물리학자가 만들어낸 개념이라는 이유로 거리감을 느낄 필요는 전혀 없습니다. 앞서 아리스토텔레스가 그러했듯 대부분의 학자도 상식에 위배되지 않는 것에 가치를 두기 때문에, 가능한 한 상식을 따르도록 개념을 설계합니다. 운동량은 그중에서도 특히 직관적인 축에 속해서 일부러 마음을 닫지 않는 한 참 편하게 이해하고 받아들일 수 있습니다.

운동하는 '양'을 측정하는 기계를 만든다고 생각해보면 운동량이 얼마나 직관적인지 더욱 명확해집니다. 두 가지만 생각하면 되지요. 먼저 물체가 빨리 지나갈 때 이 기계가 큰 숫자를 내놓도록 할 지 아니면 물체가 천천히 지나갈 때 이 기계가 큰 숫자를 내놓도록 할지를 결정하는 겁니다.

당연히 빠를 때 큰 값이 나와야 하겠지요.

그렇죠. 이제 같은 속도로 가는 두 물체가 있다고 해봅시다. 더 큰 물체를 측정할 때 큰 숫자가 나오게 할까요? 아니면 더 작은 물체를 측정할 때 큰 숫자가 나오도록 할까요?

큰 물체요.

바로 이겁니다. 이 두 가지 성질을 만족하는 가장 단순한 형태의 수식이 바로 운동량의 정의지요.

$$p = mv$$
운 동 량 = 질 량 × 속 도

이렇게 정의된 운동량 p는 물체가 운동을 하지 않으면 0입니다. 운동을 하면 질량이 클수록 더 큰 값을, 속도가 클수록 더 큰 값을 갖도록 합니다. 다른 방법도 있을 수 있겠지만 더 단순한 방법은 아마 없을 겁니다.

단순하다고 해도 어렵긴 마찬가지네요.

어렵지 않아. 진짜. 저거 잘 봐라. p '=' m 'v' 다 합쳐도 네 글자다. 네 글자. 'university' 'tomorrow' 같은 단어는 잘만 외우잖아. 겨우 네 글자면 되게 쉬운 거지. 기껏해야 'and'나 'but'보다 조금 더 어려운 정도니까. 안 그래?

뭔가 좀 다른 거 같은데…….

…….

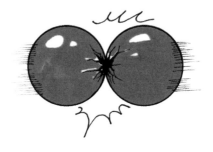

　1688년 영국왕립학회는 과학자들에게 각자 실험한 충돌현상의 결과를 다른 사람과 비교해달라고 요청합니다. 많은 과학자가 생각을 모은 결과 물체와 물체가 충돌할 때, 충돌 전후의 운동량 값이 변하지 않는다는 것을 곧 알게 되었습니다. 각 물체는 충돌함으로써 속도가 달라지지만 전체 운동량은 변하지 않는 것입니다. 이것은 두 물체가 충돌하는 현상 외부에서는 아무런 영향을 받지 않았기 때문이라고 이해할 수 있습니다.

　마치 친구와 나눠 먹는 김밥 같은 것이지요. 내가 많이 먹으면 친구가 덜 먹고 친구가 많이 먹으면 내가 덜 먹고. 엄마가 김밥 자체를 한 줄 더 말아주시지 않는 한 둘이 먹는 총 김밥의 양은 누가 많이 먹든지 간에 변하지 않습니다. 만약 이렇게 이해하는 것이 옳다면 충돌하는 두 물체의 종류나 크기에 상관없이 충돌 전후의 운동량은 변하지 않는다는 추론이 가능합니다. 김밥을 같이 먹는 친구가 바뀌더라도 둘이 먹는 김밥의 양은 늘 똑같은 것이죠.

　추론은 실험을 통해 잘 뒷받침되었습니다. 학자들은 비로소 물체의 운동에 관한 법칙 하나를 찾아낸 것입니다. 충돌과정을 느린 속도로 돌려서 직접 보지 않았는데도 운동량이 변하지 않는다는 규칙성을 찾아낸 것이죠. 그리고 운동량이 각 물체의 운동을 특징짓는 것처럼 보인다는 사실도 확인할 수 있었습니다. 이런 실험들은 운동량이 실제 세계와 유의미한 관계를 맺고 있다는 증거가 될 수 있습니다. 앞으로 공부를 계속할수록 운동량이란 개념의 유용함을 점점 더 알아가게 될 것입니다. 운동량을 통해서 자연을 이해하게 된 예가 정말 무궁무진하게 많기 때문입니다.

사실 당시 학자들의 관심은 충돌 후 속도가 어떻게 결정되는지에 집중되어 있었습니다. 충돌 후에도 운동량이 보존된다는 사실은 충돌 후 물체의 속도를 결정하는 두 가지 조건 중 하나였습니다. 아직 언급하지 않은 나머지 조건 하나와 관련된 물리량은 후에 '에너지'라고 불리게 됩니다.

현상 그 자체에 집중하다

운동량과 임페투스를 비교할 때 제일 재미있는 점은 겉보기에는 형태가 완전히 동일한 두 개념이 있는데 한 개념은 사장됐지만 한 개념은 현대과학의 초석이 되었다는 사실입니다. 과학적 개념은 그 형태뿐만 아니라 그것이 내포하고 있는 의미도 중요하다는 것을 잘 보여주는 예인 것이죠. 하나의 개념이 전체 이론에서 어떤 위치를 점하고 있는지, 본질적인 의미는 무엇인지, 사람들이 그 의미를 어떤 식으로 발전시키려 하는지가 그 개념과 그 개념을 포함하고 있는 이론의 미래를 결정한다는 것을 직접 증명한 셈입니다.

운동량은 학자들이 운동을 바라보는 개념 자체를 변화시켰습니다. 아예 질문 자체가 바뀐 수준이죠. 뉴턴의 운동이론 이전에는 아리스토텔레스의 이론이든 임페투스이론이든 전부 운동하고 있는 이유, 움직이는 원인을 설명했습니다. 관찰대상의 위치변화가 관심거리였죠. 하지만 뉴턴의 운동이론은 위치변화에서 벗어나 운동 자체에 관심을 집중했습니다. 학자들은 이제 운동을 그 특성이 운동량으로 표현되는 하나의 상태로 인식하게 되었습니다. 언뜻 비슷해보이지만 두 관점이 '변화가 없는 상태'를 어떻게 인지하는지 살펴본다면 그 차이가 명확해질 것입니다. 가령 상태변화 없이 가만히 있는 물체를 뉴턴의 운동이론은 '운동량의 변화가 없는 것'으로 봅니다. 그 이전의 이론들이 '자기 위치에 정지상태로 있는 것'으로 보았던 것과는 확연히 다르죠.

이처럼 뉴턴의 운동이론은 이전의 운동이론과 아예 다른 시각에서 운동을 이해합니다. 예를 들어 아리스토텔레스는 날아가는 화살이 어떻게 앞으로 갈 수 있는지 설명하려 했습니다. 하지만 뉴턴이 보기에 날아가기 시작한 화살은 아무런 방해가 없다면 같은 속도로 죽 날아가는 것이 '그냥' 당연합니다. 그게 바로 아무에게도 방해받지 않은 채 자기 상태를 유지하는 것이기 때문입니다. 결과적으로 뉴턴의 운동이론은 화살이 왜 날아가는지가 아니라 왜 멀쩡히 날아가던 화살의 속도가 줄어드는지를 궁금해합니다. 화살의 운동량이 일정하지 않고 줄어드는 현상이 오히려 문제인 것이죠.

이때 운동량은 운동상태를 나타내는 지표에 불과하다는 점을 명확히 이해해야 합니다. 운동량은 어떤 것의 원인이 되거나 이유가 되지 않습니다. 학자들은 뉴턴의 운동이론을 통해 운동에 원인이 필요하다는 생각에서 완전히 벗어났습니다. 이제 해와 달이 움직이기 위해 천사가 필요하다고 생각하는 사람은 더 이상 없습니다.

발상의 작은 차이, 거대한 발전

어떻게 보면 작은 발상의 전환이라고 생각할 수도 있지만 뉴턴의 운동이론은 이후 과학에 지대한 영향을 미쳤습니다. 이전의 과학과 질적으로 구분된 거대한 발전이 이루어졌지요. 사람들은 이때 성립한 과학을 그 이전의 과학과 구별해 '근대과학'이라고 부릅니다. 그 이전의 과학은 '고대과학'이라고 하지요.

요즘 학교에서 배우는 과학교과과정의 거의 모든 부분이 바로 이 시기에 확립된 근대과학의 결과물입니다. 그러니까 물리학에 대해 계속 알아가다 보면 자연스럽게 근대과학을 체득하게 되는 것입니다. 그리고 장담컨대 뉴턴이 다진 기초 위에서 정교하고 복잡한 체계가 만들어지는 과정을 공부하다 보면 놀라울 때가 한두 번이 아닐 것입니다. 한 개인이 '아무것도 모르던 상태'에서 새로운 진리를 알아냈다는 점을 생각하면 더욱 그러하지요. 비슷한 맥락에서 뉴턴과 같은 훌륭한 과학자들이 얼마나 깊이 탐구했기에 큰 업적을 남길 수 있었는지 알아보는 것도 큰 재미 중에 하나입니다.

조금만 더 생각하기 3. 뉴턴의 고민

과학자 뉴턴의 철학적 고민

뉴턴이 과학적으로 얼마나 뛰어난 업적을 많이 남겼는지, 그의 아이디어가 얼마나 번득이는 재치로 가득 찼는지 따위는 교과서와 많은 과학책에서 쉽게 접할 수 있는 내용입니다. 하지만 그의 사고 자체가 얼마나 깊이 있고 광범위한지는 종종 간과됩니다. 뉴턴이 했던 수많은 철학적 고민이 교육과정에 등장하지 않아 학생들에게 전달되지 못하는 것이지요. 말 그대로 철학적이라 과학시간에서 배제되는 겁니다.

하지만 뉴턴이 했던 철학적 고민을 통해 배울 수 있는 것이 많습니다.

예를 들어 모든 물리책 앞부분을 장식하는 속도라는 개념이 있지요. 이 개념은 정의 자체가 시간과 위치라는 개념을 필요로 합니다. 같은 시간 동안 누가 얼마나 더 많이 이동했는지가 바로 빠르기이니까요. 하지만 시간과 위치에 대해 정확히 설명하는 일은 대단히 어려운 일입니다. 그것이 무엇인지는 사실 누구도 잘 모르니까요. 뉴턴 역시 마찬가지였습니다. 그는 시간과 공간이 무엇인지 진지하게 생각했지만 답을 얻을 수 없었지요. 특히 연구대상이 저 우주에 있는 것들이었기 때문에 어려움은 배가 되었습니다. 일상에서야 우리의 오감과 상식이 시간과 공간에 대한 개념을 어느 정도 제공합니다. 하지만 저 우주에서도 그럴까요? 지구상의 관측자가 느끼는 1초가 달에 있는 관측자와 같은 1초일까요?

모두가 똑같이 측정할 수 있는 시간과 공간이 있는지 그리고 그것이 진짜 자연계에 '존재'한다면 인간이 그것을 알아낼 수 있는지에 관한 의문들은 명백히 철학의 영역에서 다뤄지던 것입니다. 하지만 뉴턴은 신중하게 설계한 사고실험을 책에 자세히 기술할 정도로 열심히 고민했습니다. 그리고 이런 절대적인 공간과 시간이 있음을 확신할 수 '없다'고 친절하게 설명했지요. 만약 있다 한들 그것을 인간이 알 수 있다는 보장은 없다는 말까지 했습니다. 중요한 것은 이런 안 좋은 상황에서도 뉴턴은 자신의 연구결과가 충분히 의미 있음을 책 전체를 통해 증명했다는 점입니다. 이것은 부인할 수 없는 사실이지요.

바로 여기에 짚고 넘어가야 할 중요한 부분이 있습니다. 우선 뉴턴 이후의 과학자들이 뉴턴처럼 시간과 공간에 대해 고민할 필요가 없게 되었다는 점입니다. 비록 뉴턴은 시간과 공간 그리고 인간의 인지에 대해 명확한 답을 얻지 못했습니다. 하지만 그 명확하지 않은 것을 토대로 내린 답이 너무나 명쾌하고 훌륭한 것이었지요. 우리의 관찰과 상식으로 자연현상의 기본원리를 탐구할 수 있다는 것이 증명된 셈입니다. 과장을 조금 보태면, 이로써 과학자가 철학적 고민은 안 해도 되는 세상이 온 것입니다. 이왕에 한 과장이니 조금 더 보태면 과학자와 철학자가 이제 서로 다른 일을 하게 된 것입니다.

역으로 생각하면, 뉴턴이 철학적 고민을 깊게 한 이유 역시 드러납니다. 그 이전에는 과학과 철학이 명확히 구별되지 못했거든요. 당시까지만 해도 과학사적 발전을 이룩한 인물 상당수는 훌륭한 철학자이기도 합니다. 고대 그리스의 아리스토텔레스는 말할 것도 없고 중세의 데카르트, 라이프니츠Gottfried Wilhelm Leibniz 등등이 모두 대표적인 예입니다.

게다가 20세기가 되면 시간과 공간에 대한 궁금증이 다시 과학의 영역에서 다뤄지게 됩니다. 관점을 약간 바꾸면 뉴턴이 시대를 앞선 질문을 던질 정도의 천재였다고 할 수 있지요. 뉴턴이 품었던 궁금증을 해결하기 위해 과학자들이 수백 년을 더 연구해야 했다고 생각할 수도 있습니다.

이 모든 것이 뉴턴의 왕성한 연구활동과 탐구욕과 꼼꼼함이 잘 드러난 예라고 볼 수도 있습니다. 진리를 향해 가는 길에 있는 모든 의문을 하나하나 다 점검해보는 연구자로서의 성실성을 잘 보여준 셈이죠.

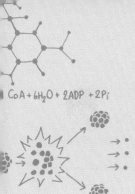

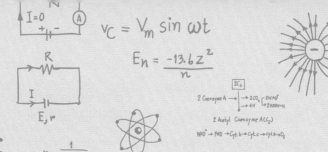

2. 과학의 기본 개념들

 뉴턴의 운동이론은 그 유명한 뉴턴의 3법칙으로 시작합니다. 첫 번째 법칙은 관성의 법칙이지요.

Zzz…….

 수업 시작한 지 얼마나 되었다고 자냐. 일어나거라.

쉬는 시간에 자던 잠이 아직 안 깬 거뿐이에요.

 오, 그럼 자던 잠 때문에 계속 잠이 온다는 얘기니까 관성의 법칙이다!

……

선생님. 그거 농담이에요?

선생님들은 재미없는 농담을 계속한다는 법칙이 있는 걸까?

재미없나?

뉴턴의 제1, 2법칙: 만들어진 힘

관성의 법칙은 물체의 움직임에 관한 첫 번째 법칙입니다. 뉴턴은 외부요인이 있지 않은 한 물체는 정지해 있거나 일정하게 운동한다는 것을 밝혀냈죠. 다시 말해서, 아무런 방해가 없다면 운동하는 물체는 그 운동을 계속 유지하려고 하고 정지해 있는 물체는 계속 가만히 있으려고 합니다. 그런데 운동량 개념을 이용하면 이 내용을 훨씬 간단하게 표현할 수 있습니다. 즉 물체가 가만히 있거나 일정하게 운동하는 상황 모두 '운동량이 변하지 않는 상태'로 정리할 수 있습니다. 결과적으로 관성의 법칙이란 '외부요인이 없으면 운동상태는 변하지 않는다'는 매우 자명해보이는 명제의 또 다른 진술입니다.

변화의 원인이 없으면 변화도 없다는, 동어반복 같은 이 진술의 의미는 여러 각도에서 음미할 수 있습니다. 운동상태에 변화가 있을 때는 그에 상응하는 적절한 외부요인도 있다고 해석할 수 있거든요. 이는 운동상태의 모든 변화에는 전부 원인이 있음을 의미합니다.

그렇다면 어떤 것들이 원인이 될 수 있을까요? 뉴턴은 바로 제2법칙을 통해 그것이 무엇인지 말하고 있습니다. 제2법칙은 가속도의 법칙으로도 불리는데요, 정확히 표현하면 다음과 같습니다. "운동의 변화는 외부 힘에 비례하며, 그 힘이 가해지는 직선방향으로 움직인다." 즉 힘이 바로 운동의 변화를 유발하며 힘의 크기에 따라 변화의 양이 결정된다는 뜻입니다. 이것을 식으로 나타내면 물리학에서 가장 유명하고 가장 중요한 식이 됩니다.

$$F = \frac{\Delta p}{\Delta t}$$

 일정 시간 Δt 동안 운동량의 변화 Δp가 크다는 것은 운동량의 변화를 유발한 힘이 크다는 것을 의미합니다.

　이것을 뉴턴의 제2법칙이라고 하지만 사실 법칙이라는 명칭은 적절하지 않습니다. 엄밀히 말하면 이 법칙은 '정의'라고 하는 것이 더 적절한데요, 보통 법칙이라 불리는 것들과 약간 다르기 때문입니다. 우선 '힘'이 존재하던 것이 아니라는 점에서부터 문제가 됩니다. 만약 힘이 질량이나 속도처럼 뉴턴의 운동이론과 상관없이 관측되는 것이었다면, 측정된 힘을 이용해 법칙이 잘 성립하는지 알아보는 게 가능했겠죠. 하지만 힘이란 것은 이 법칙을 통해서 비로소 처음 등장합니다. 그 이전엔 힘이란 것을 수치화해서 명확히 알 방법이 없었죠. 따라서 이 법칙은 힘의 정의라고 받아들이는 것이 옳습니다. 요컨대, 뉴턴은 제2법칙을 통해 운동상태가 바뀔 때 물체에 가해지는 작용 또는 그것을 가능하게 하는 작용을 힘으로 정의한 것입니다.

　주의할 점은 일상에서 힘이라고 어렴풋이 느끼는 무엇과 과학에서 말하는 힘과는 차이가 있다는 것입니다. 과학에서의 힘은 뉴턴의 제2법칙을 통해 정의된 개념으로서 엄밀하고 분명한 과학용어입니다. 그래서 우리가 일상적으로 쓰는 표현들, 예를 들어 '힘내' '아이고 힘들어' 따위의 표현에서 쓰는 힘과는 상당한 차이가 있습니다. 아예 관계없다고 보는 것이 옳습니다. 이렇게 보면 일상적으로 쓰는 힘과 과학에서의 힘의 차이를 제대로 인식하는 것이 힘을 이해하는 첫걸음이라고도 할 수 있을 것 같네요.

힘은 영어로 하면 force죠. 아마 이 말을 짧은 시간에 가장 많이 들을 수 있는 건 아마 영화 「스타워즈」일 겁니다. "May the force be with you!" 영화 속에서는 'the' force니까 우리가 아는 그 어떤 force도 아닙니다.

뉴턴의 제3법칙: 작용-반작용의 미묘함

뉴턴의 세 법칙 중 가장 할 말이 많은 법칙이 아마 제3법칙일 것입니다. 작용-반작용의 법칙이라고도 불리는 이 법칙은 물체에 가해지는 모든 작용이 반드시 반작용과 쌍을 이룬다고 설명하죠. 이때 반작용은 작용과 크기는 같지만 방향이 반드시 정반대입니다. 물론 여기서 작용은 힘을 말하죠.

예를 들어 손바닥으로 어딘가에 힘을 주면 손바닥도 반드시 같은 크기의 힘을 받게 됩니다. 무슨 물체를 미느냐와는 전혀 관계없습니다. 그 물체의 운동상태와도 전혀 상관없지요. 손바닥으로 벽을 밀든, 차를 밀든, 친구를 밀든, 손바닥은 정확히 자기가 민 만큼만 힘을 받습니다.

친구와 마주 보고 서서 손바닥을 맞댄 채로 서로 민다고 생각하면 더욱 이해하기 쉽습니다. 손바닥은 똑같은 힘을 주고받기 때문에 두 친구는 정확히 똑같이 밀립니다. 사실 이것은 서로 맞대는 신체부위와도 아무런 상관없기 때문에 손바닥끼리 접촉하고 있든, 손바닥과 얼굴이 접촉하고 있든 상관없지요.

 법칙을 처음 접하면 그 법칙이 어떤 내용인지 정확히 아는 것이 먼저입니다. 그것이 사실인지 여러 예를 통해 검증하는 것은 그 다음이지요. 그러고 나면 법칙의 깊은 의미도 알 수 있게 됩니다.

과학의 법칙과 개념을 제대로 이해했는지 알아보기 위해 문제를 풀어 보는 것도 같은 맥락에서 이해할 수 있습니다. 과학적인 추론을 제대로 수행해 합리적인 결론에 도달할 수 있는지 알아보는 것이죠.

이런 의미에서 유명한 문제를 하나 풀어볼까요? 작용-반작용 법칙을 이용하면 헷갈리는 상황을 만들기 쉽기 때문에 재미있는 퀴즈가 많이 만들어져 있지요. 말과 수레를 생각해봅시다.

말이 앞으로 가려면 수레를 앞으로 당겨야 합니다. 그런데 작용-반작용 법칙 때문에 수레도 말을 뒤로 당깁니다.

 …….

 근데 왜 앞으로 가지요? 말이 수레를 앞으로 당기는 만큼 수레도 말을 뒤로 당기는데 어떻게 앞으로 갈 수 있는 건가요?

네?!?!

개념을 옳게 숙지하지 못했다면 이 문제에서 틀린 곳을 찾아내기 쉽지 않지요. 이 문제는 힘이 작용하는 대상을 교묘하게 바꿔서 헷갈리게 합니다. 어떤 물체가 어느 방향으로 움직이는지 알기 위해서는 그 물체에 어떤 힘이 작용하는지만 따지면 됩니다. 다른 물체에 어떤 힘이 작용하는지는 생각할 필요가 없지요. 아니, 생각하면 안 됩니다. 즉 수레가 앞으로 가는 이유를 알고 싶을 때는 수레에 작용하는 힘만 따져야 한다는 말입니다. 말이 수레를 당기는 힘은 명백히 수레에 작용하는 힘이니까 계산에 넣어야 하지만 수레가 말을 뒤로 당기는 힘은 고려해선 안 됩니다.

수레를 중심으로 생각해보면 문제는 더 명확해집니다. 수레가 앞으로 가는 이유는 말이 수레를 앞으로 당기기 때문입니다. 이때 수레를 움직이지 못하게 방해하는 힘은 수레와 바퀴 사이의 마찰력이거나 공기와의 마찰력이겠지요. 수레는 앞에서 말이 끄는지 하마가 끄는지 알지 못합니다. 그저 어떤 힘이 자기를 앞으로 끌고 있고 그 힘이 다른 저항력보다 크니까 앞으로 갈 뿐입니다. 자기가 말을 뒤로 당기는지 말의 목을 조르는지 따위에는 아무런 관심이 없지요. 수레는 앞으로 잘만 갑니다.

말도 마찬가지입니다. 자신이 앞으로 가는 이유는 수레가 자신을 뒤로 당기는 힘보다 자신이 앞으로 나아가는 힘이 더 크기 때문입니다. 이때 말을 앞으로 가게 만드는 힘은, 다리와 발로 땅을 박차는 힘이죠.

요컨대 수레와 말 문제는 말장난으로 듣는 사람을 현혹한 것입니다. 작용-반작용 관계에 있는 두 힘, 그러니까 '수레가 말을 당기는 힘'과 '말이 수레를 당기는 힘'이 크기가 같고 방향이 반대인 것은 맞습니다. 하지만 두 힘은 작용하는 대상이 다릅니다. 하나는 수레에 작용하고 하나는 말에 작용하지요. 따라서 두 힘이 합해져서 효과가 0이 되는 일은 일어나지 않습니다. 각 대상에 작용할 뿐이지요. 실제로 수레가 앞으로 가지 않는다면, 두 힘 모두 각각 다른 힘으로 상쇄되는 것이지 두 힘끼리 작용해 상쇄되는 것은 절대 아닙니다.

운동량은 변하지 않는다

지금까지 뉴턴의 법칙이 어떤 내용을 담고 있는지 간략하게 알아보았습니다. 이제는 이해하기 힘든 것들에 대해서 생각해볼 차례입니다. 난이도가 조금 있으니까 집중해야 할 것입니다!

이론의 가치는 이론과 관찰결과가 일치할 때 그리고 자연을 바라보는 혜안을 제공할 때 생기지요. 뉴턴의 3법칙도 마찬가지입니다. 뉴턴은 이 법칙들을 이용해 두 물체의 충돌현상을 바라보는 올바른 관점을 제공했습니다. 또한 아주 중요하고 멋진 결과를 우리에게 알려주었습니다. 앞 장에서 살펴보았던 두 공의 예를 떠올려봅시다. 충돌하는 두 공은 충돌 후 각각 속도가 바뀌어 둘 다 운동량이 바뀌었는데 전체 운동량은 변하지 않았지요. 작용-반작용 법칙은 이 현상과 완전히 맥을 같이 합니다.

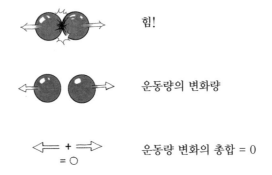

힘!

운동량의 변화량

운동량 변화의 총합 = 0

　충돌하는 순간 두 공은 힘을 주고받습니다. 그 힘이 얼마인지는 모릅니다. 충돌이 일어나는 찰나의 순간에 힘이 어떻게 변하는지도 알지 못합니다. 하지만 뉴턴의 법칙들을 하나씩 적용해보면 상당히 많은 것을 알아낼 수 있습니다. 충돌 전후로 두 공의 속도가 각각 바뀌었다는 매우 1차원적인 관찰만으로도 말입니다. 운동량의 정의 $p = mv$ 에서 알 수 있듯이 공의 속도 v 가 변했다는 사실은 곧 운동량 p 에도 변화가 생겼음을 의미합니다. 운동량에 변화가 있으니 뉴턴의 제2법칙을 적용하면 각 공에 분명히 힘이 작용했다는 결론을 내릴 수 있습니다. 애기는 이런 식으로 꼬리에 꼬리를 물고 이어집니다. 이번엔 작용-반작용 법칙이 뒤를 이을 차례입니다. 충돌하는 순간 각 공에 작용한 힘들은 크기는 같고 방향은 반대일 것입니다. 비록 그 힘에 관해 다른 것은 알 수 없더라도 이것만은 확실하다고 할 수 있습니다.

　힘에 대한 정보가 역으로 운동량의 크기와 방향에 대한 새로운 정보를 줍니다. 힘과 운동량의 변화량 사이에 어떤 관계가 있는지는 제2법칙에서 식으로 결정했으니까요. 앞에서 두 힘은 크기가 같다고 했죠? 그러니까 두 힘이 유발하는 운동량의 변화량도 크기가 같습니다. 피할 수 없는 결론이지요. 그런데 힘의 방향은 서로 반대라고 했습니다. 따라서 운동량의 변화가 일어나는 방향도 서로 반대겠지요. 그렇다면 충돌 전후의 전체 운동량에는 변화가 없을 것입니다. 두 공의 운동량에 각각 변화가 있기는 했지만 두 변화량의 크기가 같고 방향은 반대여서 결국 상쇄될 것이기 때문입니다. 한 공에 +3의 변화가 생겼으면 다른 공에서는 −3의 변화가 생기는 식으로 말입니다. 이것이 바로 충돌에 관여한 두 물체의 총운동량이 바뀌지 않는 이유에 대한 뉴턴의 설명입니다. 작용−반작용 법칙은 이처럼 관찰결과를 훌륭하게 설명해냅니다.

물체의 갯수를 늘릴수록 작용−반작용 법칙은 대단히 중요하고 훌륭한 도구로 쓰입니다. 크게 어려워지는 것도 전혀 아닙니다. 여러 물체가 복잡하게 얽혀있는 상황에서도 논리전개에 큰 차이가 없기 때문입니다. 힘을 주고받는 매 순간 작용−반작용 법칙이 성립한다면 아무리 많은 물체와 힘이 복잡하게 얽혀있다고 하더라도 운동량의 변화량은 또 상쇄돼서 0이 될 것이 자명하지요. 결론적으로 여러 물체로 이루어진 계系, system의 전체 운동량은 계 내부의 작용만으로는 바뀌지 않는다는 추론이 가능합니다. 이것이 바로 뉴턴이 『프린키피아』의 따름정리corollary에서 밝힌 것입니다. 물리이론의 가장 기본이 되는 법칙 중 하나인 '운동량보존법칙'이죠.

법칙 아닌 법칙

 이번에는 법칙 자체에 대해 질문을 던져봅시다. 정확히 짚어주지 않으면 공부를 오래 한 학생들도 종종 놓치곤 하는 문제입니다.

제2법칙과 제1법칙의 관계에 대해서 얘기해봅시다. 사실 제2법칙인 가속도의 법칙은 관성의 법칙을 포함하고 있습니다. 수식을 이용해 정리하면 더욱 명확한 의미를 알 수 있지요. 식을 이용해 제1법칙을 표현하면 '$F=0$이면 $\Delta p=0$이다'입니다. 제2법칙 $F=\dfrac{\Delta p}{\Delta t}$이 성립하면 당연히 성립해야 하는 것이죠. 우변의 Δp가 0이니까 당연히 좌변의 F가 0이어야 하고요. 따라서 제2법칙을 특수한 상황에 적용한 것이 제1법칙임을 더욱더 명확하게 이해할 수 있습니다.

식을 통해 알아보면 분명히 더욱더 명확합니다. 하지만 안타깝게도 항상 쉬워지는 것은 아닙니다.

　제2법칙은 법칙이 아니고 정의인데 제2법칙이 제1법칙을 포함하니까 결국 두 법칙 모두 엄밀한 의미로는 법칙이 아닌 셈입니다. 오로지 작용-반작용 법칙만 법칙이지요. 이것에게 법칙이라는 이름을 하사한 것은 뉴턴의 실수가 분명합니다. 물론 뉴턴을 위한 매우 간단한 변명을 지어낼 수도 있습니다. 뉴턴 시대에는 아직 과학이 고도로 발달되지 않아서 법칙, 이론, 가설 따위가 지금처럼 엄밀하게 정립되지 않았다고 말입니다. 실제로도 『프린키피아』에는 '나는 가설을 설정하지 않는다'Hypotheses non fingo는 구절이 있는데요, 이때 가설은 현대의 과학자들이 밥 먹듯이 설계하는 가설과는 약간 다른 의미로 쓰였죠.

　하지만 이런 변명은 무언가 살짝 부족해보이는 것이 사실입니다. 분명히 조금 더 그럴듯한 이유가 있을 것 같습니다. 어떤 배경이 있는지 지금부터 살짝 생각해봅시다.

이쯤에서 이 조심성 많은 천재 노총각의 실수가 진짜 그의 단순한 실수였다고 인정할 용기가 없다는 사실을 고백해야 할 것 같습니다.

실수 아닌 실수

뉴턴이 이런 실수를 한 이유를 가늠해보려면 우선 검토범위를 뉴턴의 책만으로 한정 지을 필요가 있습니다. 그러면 이런 오류가 드러나지 않기 때문입니다. 책 속에서 뉴턴은 그의 법칙들을 언급하기 전에 분명히 힘이란 "정지해 있거나 일정한 속도로 직선운동하는 물체의 상태를 바꿔줄 수 있는, 물체에 가해지는 작용이다"라고 정의definition합니다. 따라서 그의 책 안에서 가속도의 법칙은 훌륭히 법칙의 지위를 누릴 수 있습니다. 이뿐만 아니라 질량과 속도에 관한 법칙들도 진짜 법칙이 될 수 있도록 여러 물리량이 잘 정의되어 있죠. 책의 논리 안에서 뉴턴의 법칙들은 진짜 훌륭한 법칙으로 존재할 수 있습니다.

그런데 문제는 여기서 발생합니다. 발달한 과학의 눈으로 보니 뉴턴이 법칙을 세우기 전에 내렸던 힘과 질량 등에 관한 정의가 적절하지 않다는 것입니다. 가장 대표적으로 질량에 대한 정의를 예로 들 수 있습니다. 뉴턴은 질량을 밀도에 부피를 곱한 것이라고 정의합니다. 현대적 관점과는 큰 차이가 있죠. 요즘에는 밀도보다 질량과 부피를 더욱 기본적인 것으로 여깁니다. 따라서 질량과 부피로 밀도를 정의하죠. 뉴턴처럼 밀도로 질량을 정의하는 사람은 아무도 없습니다.

물론 뉴턴이 질량에 대해 지금과 다른 관점을 가졌다고 해서 그가 모자란다고 할 수는 절대 없습니다. 21세기가 막 시작된 지금까지도 질량의 근원이 무엇인지 진지하게 연구 중인 과학자들이 있거든요. 질량의 본질을 아직도 탐구 중이란 말입니다. 그 과정에서 상당히 많은 과학적인 관점이 질량에 대한 여러 개념을 제공했습니다. 관성질량, 중력질량, 양자역학에 관한 질량 등 질량에 대한 개념은 상당히 다양합니다. 세상을 이루는 근본인 것은 분명하지만 아직까지도 근원에 대해서는 알지 못하는 것이죠. 결국 뉴턴은 본인 이후로도 수백 년 동안 인류가 풀지 못한 문제 때문에 오류를 범한 것뿐입니다. 뉴턴의 법칙들은 일반적인 생각보다 훨씬 더 근본적인 문제에 대한 고민을 담고 있으며 따라서 훨씬 더 어렵습니다. 뉴턴으로서도 완전무결한 답을 만드는 것은 불가능했을 것입니다.

요컨대 뉴턴이 실수라고 자각할 수 없었던 시대적 한계가 있었던 셈입니다. 과연 뉴턴이 이 변명을 좋아할지는 모르겠습니다만.

완벽한 세트 메뉴

그렇다면 현대과학은 질량의 본질을 무엇이라고 생각할까요? 약간 역설적으로 느껴지겠지만 적지 않은 사람은 뉴턴의 운동법칙들이 질량을 정의한다고 여깁니다. 같은 힘을 받아도 질량이 큰 물체일수록 속도변화는 적을 거라고 말이지요. 만약 두 물체를 충돌시킨다면 각 물체는 작용-반작용 법칙에 따라 같은 크기의 힘을 받습니다. 따라서 운동량의 변화량은 같지요. 그런데 속도의 변화량에 차이가 생긴다면 그것은 두 물체의 질량이 다름을 의미합니다. 예를 들어 충돌 후 한 물체는 속도가 2m/s만큼 변하고 다른 물체는 속도가 4m/s만큼 변했다면 속도가 2m/s만큼 변한 물체가 4m/s만큼 변한 물체보다 질량이 두 배 크다는 식이지요.

이처럼 질량이 뉴턴의 법칙들을 통해 정의되고 측정된다 해도 아무런 문제가 없습니다. 물론 모든 물체의 질량비는 알 수 있지만 절대적인 질량이 얼마인지는 알 수 없지요. 그렇지만 가만히 생각해보면 절대적인 길이나 절대적인 시간도 존재하지 않습니다. 인간이 편의를 위해 임의로 단위를 정해서 사용 중일 뿐이죠. 자연이 그 값을 어떻게 생각하는지는 알 수 없지만 인간이 사용하는 데는 아무 문제가 없습니다. 질량도 마찬가지로 인간이 그냥 기준을 정하면 됩니다. 아무 물체나 하나 골라서 이

것이 바로 1kg이라고 선언한 뒤 이걸 기준으로 모든 물체를 측정하면 되는 것이죠.

질량이 클수록 힘이 가해져도 속도는 조금 변합니다. 따라서 질량이 속도를 유지하려는 성질을 나타낸다고 볼 수 있죠. 이런 의미로 뉴턴의 운동법칙으로 정의된 질량을 '관성'질량이라 부릅니다. 이에 반해 우리가 채소가게에서 재는 질량은 지구가 채소를 당기는 힘을 측정해 그 값으로 미루어본 질량입니다. '중력'질량이라고 부르지요.

질량의 정의가 절대적이지 않아도 살아가는 데는 아무 지장이 없지만 뉴턴의 법칙들이 갖는 위상에 대해서는 또다시 재고해봐야 합니다. 저런 식으로 생각하면 작용-반작용 법칙도 사실상 질량에 대한 정의가 되므로 법칙의 지위를 상실하기 때문입니다. 운동량이 정의되어야 제2법칙에 따라 힘이 정의될 텐데요, 운동량이 정의되기 위해선 질량이 정의되어야 합니다. 그런데 이 질량은 제3법칙을 통해 드러나는 것입니다. 그렇다면 제3법칙을 올곧이 '법칙'이라고 할 수 있을까요?

시간과 공간의 존재를 의심하지 않은 덕에 속도와 속도변화는 안다고 가정할 수 있습니다. 이점이 그나마 다행입니다.

뉴턴의 운동이론을 이와 같은 자세로 분석할 때 가장 주의해야 할 점은, 뉴턴의 운동이론의 가치를 낮게 평가해서는 안 된다는 것입니다. 뉴턴이 '법칙' 세 개만으로 자연을 이해할 수 있는 가장 기본적이고 훌륭한 방법을 제시했다는 점에는 의심의 여지가 없기 때문입니다. 비록 정의를 법칙으로 잘못 명명했지만 이때 확립된 개념들은 그가 설정한 서로 간의 관계를 그대로 유지하면서 지금까지도 물리학에서 핵심적인 역할을 수행하고 있습니다. 따지고 보면 지금 문제가 되는 것은 개념 사이의 관계를 정리한 법칙이 아니고 개념 자체를 정의한 용어들에 불과합니다. 그러니 어찌 되었든 변하지 않는 것은 서로 연관된 개념들의 세트를 뉴턴이 완성했다는 것이죠. 그 세트 속 개념들은 서로 도와가며 완전하게 작동함으로써 환상적인 성과를 만들어냈습니다. 따라서 뉴턴의 법칙들의 가치는 여전히 위대합니다. 그 위상에 조금의 흔들림도 없죠.

기초공사 끝!

이제 과학의 세계를 막 열어젖혔습니다. 근대과학의 근간이 되는 법칙의 기본개념을 알아봤을 뿐 아니라 숨은 의미도 알아봤죠. 그리고 그것들을 숙지하는 방법까지 간략하게 훑어보았습니다. 그러니까 이제 과학을 공부할 준비가 끝난 셈입니다. 앞으로 수많은 법칙과 이론, 현상에 관한 추론을 학습해 과학이 자연을 어떻게 기술하는지 살펴볼 차례지요. 같은 이유로 정규교육과정에서는 이 부분부터 새로운 것들이 쏟아지듯 등장합니다. 마치 기초공사를 끝낸 뒤 고층 건물을 올리는 것과 비슷한 상황이지요. 새로운 법칙, 정리, 엄청난 양의 문제 등이 한밤중의 동해 오징어떼 마냥 우글우글합니다.

이 책도 그와 같은 흐름에서 완전히 동떨어져 있지는 않을 것입니다. 그렇지만 정규교육과정처럼 숨 가쁘게 달릴 만할 이유는 전혀 없지요.

가끔 주변을 둘러보는 질문으로도 다음 질문을 향해 나아갈 수 있거든요. 예를 들어, 우리는 이번 꼭지에서 작용–반작용 법칙이 어떤 것인지, 의미는 무엇인지, 관찰결과와는 어떻게 부합하는지 알아봤습니다. 하지만 단 한 번도 '왜' 성립하는지에 대해선 얘기하지 않았죠. 관찰결과를 기술할 수 있다는 것, 운동량보존법칙과 같은 선상에 있다는 것 등을 폭넓게 다뤘지만 왜 자연에 이런 법칙이 있어야 하는지는 묻지 않았습니다. 그렇다면 이것이 우리의 다음 질문이 될 수도 있는 것입니다. 머릿속에 떠오르는 의문에 정해진 답이 있는지, 답과 관련된 진술이 과학이라는 범주 안에 있는지 따위의 걱정은 정규교육을 관장하는 분들을 위해 남겨놓는 것이 좋을 듯합니다.

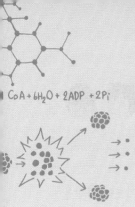
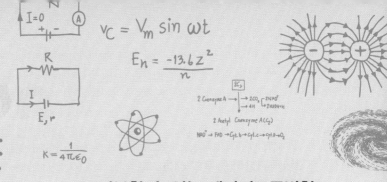

3. 거부할 수 없는 에너지보존법칙

여태 뉴턴의 3법칙이 어떤 내용인지 알아봤습니다. 그렇지만 뉴턴의 3법칙에 대해 모든 것을 다 알아봤다고 할 수는 없습니다.

아직도 안 한 얘기가 남아 있는 건가요? 대단히 어려운 얘기인가 봐요. ㅠㅠ

아니, 어렵고 안 어렵고의 문제가 아니란다. 아예 종류가 다른 질문이지. 그러니까 3법칙 자체에 어떤 의미가 있는지, 학자들이 그것을 어떻게 받아들이고 있는지 따위의 문제를 말하는 것이야. 교과서만 봐서는 알 수 없는 부분이랄까.

?

쉽게 얘기해서 이런 얘기란다. 3법칙이 무엇인지는 알았지만 우리는 3법칙이 왜 성립하는지는 알지 못하지. 과연 3법칙은 왜 성립하는 것일까?

과학, 귀납적 탐구의 산물

과학은 '왜'라는 질문에 답하지 않습니다. 우리는 흔히 이론이 현상을 설명한다고 하지만 엄밀히 말하면 틀린 말입니다. 과학이론은 현상을 설명하지 않습니다. 그저 정해진 원리를 이용해 묘사할 뿐입니다. 충돌을 예로 들면 과학적으로 예상한 충돌결과가 실제 결과와 일치하는지 확인할 뿐입니다. 이때 운동량보존법칙이 왜 올바른 결과를 도출하는지는 설명하지 않습니다. 그저 운동량보존법칙을 이용하면 모든 충돌과정을 아무런 무리 없이 재구성할 수 있다는 게 전부입니다. 이런 식으로 온갖 자연법칙에도 적용할 수 있기에 그 법칙이 자연의 근본 원리를 설명한다고 강하게 추정할 뿐입니다. 운동량보존법칙이 왜 존재하는지에 대해서는 아무런 얘기도 하지 않은 셈이죠.

이때 강조할 것은 왜에 대한 물음이 과학적 가치를 따질 때 필요조건이 아니라는 점입니다. "나는 아무런 가설도 필요하지 않다"는 뉴턴의 언급과 연관이 있는 부분도 바로 이 지점이지요. 그는 자연을 있는 그대로 묘사할 수 있는 수학적 원리를 찾아냈고 그것에 있는 그대로의 가치를 부여했습니다. 가치를 더하기 위해 왜 이런 법칙들이 성립하는지에 대한 이유를 갈구하지 않았습니다. 눈에 보이지 않는 가설이나 이유, 존재를 상정하거나 가정하지 않았죠. 이론의 가치는 성공적으로 삼라만상을 묘사한다는 바로 그 자체에 있고 그것으로 충분하니까요.

 많은 사람이 뉴턴의 법칙과 '신'과의 관계에 대해 물어봤습니다. 뉴턴의 저 언급은 그에 대한 대답이라고 보는 것이 가장 적절합니다.

과학은 결국 자연현상을 관찰하고 그것을 성공적으로 재구성할 수 있는 원리를 찾아내는 것입니다. 마치 형사가 사건현장을 재구성하듯 말입니다. 이런 의미에서 과학이론은 본질적으로 귀납적입니다. 연구의 출발이 연역적인 추론이나 합리적인 추측일 수는 있습니다. 하지만 연구의 최종결과물인 이론은 자연현상을 얼마나 잘 묘사할 수 있는지에 따라 가치가 달라지기 때문에 귀납적인 성격에서 벗어날 수 없습니다. 이것을 다르게도 이해할 수 있습니다. 만약 과학자들이 모든 현상을 묘사할 수 있는 이론을 만들었다고 합시다. 그렇다면 과학자들은 이성의 진정한 승리를 선언할 것입니다. 연역적으로 유도한 다른 결론이 더 적절해보인다면서 새로운 이론을 만들 확률은 거의 없습니다. 과학이론의 가치는 자연현상 하나하나를 설명하면서 커지는 것이지 저 위에 있는 어떤 원칙에서 뚝 떨어지는 것이 아니기 때문입니다.

연역적 힌트는 보너스

재미있는 것은 아주 드물지만 마치 연역적으로 이론을 얻은 것처럼 보일 때도 있다는 것입니다. 물론 본질이 귀납적이라는 사실 자체는 변하지 않습니다. 하지만 묘사가 아닌 '설명'으로 여길 수밖에 없는 상황이 있기는 있습니다.

독일의 여류학자 뇌터Max Noether가 좋은 예인데요, 그녀는 1915년 뇌터의 정리를 통해 운동량보존법칙을 더욱더 강력한 원칙에서부터 유도해냈습니다. 그녀는 "한 장소에서 관측되는 물리현상은 한 발짝 옆에서 관측되는 물리현상과 동일하다"는 가정에서 출발했습니다. 그러니까 교실 앞에서나 교실 뒤에서나 물리법칙은 동일하다는 내용입니다. 과학을 공부하면서 이 가정을 무시할 수 있는 사람이 있을까요?

이 가정이 없으면 교실에서 물리를 가르치는 것 자체가 의미가 없지요.

반박할 수 없는 이 가정을 통해 뇌터는 '연역적으로' 변하지 않는 물리량이 있음을 증명해냅니다. 그리고 그것이 기존에 알고 있던 운동량과 동일하다는 것을 밝혔지요. 즉 학교에서 성립하는 물리법칙이 집에서도 성립한다는 게 사실이라면 운동량보존법칙은 반드시 성립한다는 것입니다. 이 정도면 진짜 설명이라고 인정할 만합니다. 훗날 과학이 발달하면 이 가정이 늘 성립하는 것은 아니라고 밝혀질지도 모르지요. 더불어 21세기에는 왜 이 가정이 성립하는 듯 보였는지도 설명해줄 겁니다. 물론 지금 글을 읽는 독자 중에도 더욱더 기본적인 가정에서 출발해야만 만족할 사람이 있을 수 있습니다. 하지만 지금 이 가정은 '우리에게 의미 있는 과학'이라는 것을 구성하기 위해 필요한 최소한의 수준입니다. 지금 이 자리에서 알아낸 법칙이 바로 옆자리만 가도 성립하지 않으면 어디에 쓸모가 있겠어요? 과학이론을 구성하는 가정 중에 이것을 넘어설 만큼 강력한 가정이 있을리 만무합니다. 뇌터는 이렇게 운동량보존법칙을 더욱더 근본적인 원인에서부터 묘사하는 데 성공했습니다.

대칭성, 자연의 숨은 원리

뇌터의 정리는 이렇게 의미가 크지만 이 책을 통해 100% 숙지하는 일은 불가능에 가깝습니다. 완전히 이해하는 것은 대학생이 된 후에나 가능한 일이거든요. 뇌터의 정리를 있는 그대로 읽으면 "어떤 미분 가능한 물리계 작용의 대칭성은 하나의 보존법칙에 대응된다"입니다. 전공자용 증명과정이나 수식을 직접 보지 않고도 얼마나 어려운 내용일지 어렴풋이 짐작되지요. 자세한 내용과 증명과정 등은 일정한 수준의 수학적 훈련 없이는 따라갈 수도 없습니다. 그런데도 굳이 소개하는 이유는 이 법칙에서 대단히 중요한 결과들을 얻을 수 있기 때문입니다.

다행히 내용만을 정확히 아는 것은 그렇게 어렵지 않습니다.

뉴턴의 정리를 요점만 간단히 정리하면 '대칭성이 하나 확보될 때마다 보존되는 양이 하나 있다'는 것입니다. 여기서 대칭성의 의미가 중요합니다. 물리학에서 대칭성이란 특정한 변환이 있었는데도 변화가 없을 때를 지칭하거든요. 예를 들어 칠판을 바라보는 학생의 위치를 바꾸면 글씨와 학생 사이의 거리는 분명히 전부 변환됩니다. 모두 특정 거리만큼 위치가 변하지요. 하지만 칠판에 쓰여 있는 글자의 의미는 바뀌지 않습니다. 칠판 글씨의 의미가 학생들에게 '자리에 대한 대칭성'을 가지는 것입니다.

옛날에는 선생님이 졸거나 떠드는 애들에게 분필을 던지기도 했죠. 이때 선생님이 던진 분필의 명중률은 자리에 대한 대칭성이 없습니다.

운동량보존법칙에서의 대칭성도 이것과 똑같이 이해할 수 있습니다. 자연을 바라보는 관찰자의 위치가 변하면 모든 자연현상도 정확히 그 위치만큼 자리를 이동한 것처럼 보입니다. 하지만 과학의 원리는 바뀌지 않습니다. 특히 위치만 이동하고 방향은 바뀌지 않는다는 가정하에 이 대칭성을 '평행이동에 대한 대칭성'이라고 합니다.

물리학자들은 관찰자가 경험할 수 있는 수많은 종류의 변환에 대해 연구합니다. 그중 몇 개는 쉽게 상상할 수 없는 것이어서 대칭성이 있는지 쉽게 파악할 수 없기도 하지요. 하지만 아주 잠깐만 생각해봐도 대칭성이 있다고 짐작할 수 있는 변환도 있습니다. 특히 '평행이동에 대한 대칭성'만큼 직관적인 것도 있는데요, 바로 '시간 이동에 대한 대칭성'이 그것입니다. 이름에서 짐작했겠지만 이 대칭성은 곧 '어제 발견한 물리법칙이 오늘 발견한 물리법칙과 같다'는 것을 의미합니다. 유의미한 과학을 구성하기 위해 이 가정이 옳아야 함을 쉽게 반박할 수 없죠. 물론 앞날은 모르는 것입니다. 어제와 오늘은 같을지언정 30억 년 전과 오늘은 약간 다르다는 사실이 갑자기 밝혀질지도 모릅니다. 인간이 왜 이 변화를 느끼지 못하는지 더 발달한 과학이 알려주는 날이 올 수도 있습니다. 하지만 인간의 역사가 시작된 이래 여태까지는 이 가정이 어긋났던 적은 없다고 봐도 무방합니다. 앞으로도 꽤 오랜 시간 없을 것 같습니다. 이렇게 시간에 대한 대칭성을 인정하면 이번에도 보존되는 물리량이 반드시 있어야 합니다. 뇌터의 정리가 연역적으로 증명했으니까요. 학자들은 이때 보존되는 물리량이 바로 자기들이 '에너지'라고 부르던 것임을 알게 되었습니다.

 대칭성을 하나 더 생각할 수 있습니다. 생각해보세요. 어려운 증명은 학자들한테 미뤄두고 우리는 아이디어만 냅시다.

충돌 그리고 충돌 그리고 또 충돌

'에너지'를 처음 발견할 때부터 이런 개념을 갖고 있었던 것은 아닙니다. 에너지도 실험과 관찰을 통해 유추한 물리량 중 하나거든요. 예를 들어 진자운동을 관찰하면서도 에너지라는 개념에 접근할 수 있습니다.

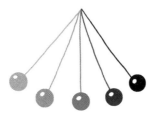

　왼쪽으로 올라간 상태에서 진자가 운동을 시작하면 속도가 빨라지면서 오른쪽으로 움직입니다. 속도는 점점 빨라지다가 오른쪽으로 치우치면 점점 줄어듭니다. 어느 순간 속도가 0이 되면서 멈추는데 이때 높이는 맨 처음 운동을 시작했을 때의 높이와 같습니다. 게다가 움직임이 계속되면 다시 원래 자리로 돌아오는데 이상적인 진자라면 꼭 처음 순간처럼 원래 위치로 돌아와서 멈춥니다. 마치 무언가가 진자가 운동을 멈출 때마다 일정한 높이에 있게 하는 것 같습니다. 그 무언가의 양이 일정해서 운동의 일관성도 유지되고 있다는 느낌을 주는 것이죠. 그러나 이 물리량이 앞서 살펴봤던 운동량과 다르다는 것은 분명합니다. 움직임을 시작할 때의 운동 방향과 움직임이 끝날 때의 운동 방향이 서로 반대이기 때문이죠. 중간과정에서도 속도의 크기가 계속 변하기 때문에 운동량은 계속 바뀝니다. 운동량보존법칙이 이 운동을 이해하는 데 적합한 도구라고 볼 수 없는 것이죠.

　충돌하는 두 공의 예도 학자들이 에너지라는 개념을 명확히 하는 데 결정적인 역할을 했습니다. 앞선 장에서는 충돌 전후의 운동량이 일정하다는 것만 확인했습니다. 그러나 이것만으로는 충돌 전의 조건을 이용해 충돌 후의 속도를 알 수 없다는 게 문제입니다. 충돌 전과 운동량이 동일하더라도 충돌 후의 모습은 너무나 다양하기 때문입니다.

 수학시간에 자주 쓰는 말로는 이렇게 표현할 수 있습니다. 식은 하나인데 미지수는 두 개다. 이럴 때는 대체로 무한히 많은 해가 존재하죠.

　그러나 자연은 여러 가지 충돌 시나리오 중 하나만 선택합니다. 따라서 학자들에게도 딱 하나를 선택할 근거가 필요합니다. 그래야만 자연을 똑같이 묘사할 수 있으니까요. 18세기에는 활력보존의 원리가 바로 학자들의 해법이었습니다. 라이프니츠가 제일 처음 주장한 이 원리는 각 물체에 mv^2의 값을 다 더하면 충돌 후에도 그 값이 변하지 않는다고 밝히고 있죠.

　이때 운동과 관련된 개념으로 등장한 활력은 운동에너지라고 불리는 것과 형태가 매우 유사한데요, 훗날 약간의 수정을 거쳐 에너지로 발전할 수 있었습니다. 오늘날 과학은 여러 가지 역학적 현상을 에너지를 이용해 대단히 성공적으로 설명하고 있죠. 앞서 진자의 예도 에너지와 에너지보존법칙으로 완전히 이해할 수 있습니다.

 운동과 관련된 에너지, 즉 운동하는 물체가 갖는 에너지는 $\frac{1}{2}mv^2$로 정의됩니다.

물리학의 삼총사, 에너지와 일과 열

보존되는 게 두 개였네요.

 그렇지, 매우 잘 이해했구자. 에너지도 대단히 중요한 것이란다.

그런데 전 운동량은 처음 들었어요.

에너지는 들어봤는데요.

 아……, 그렇지. 그 말도 맞아. 운동량이 조금 덜 유명하긴 하지…….

맞아요. 우리가 에너지 문제, 에너지 문제 하지 운동량 문제라곤 안 하잖아요.

로봇도 에너지가 없다고 하지 운동량이 없다곤 안 하죠.

 이유는 간단한단다. 그건 실제로 운동량 문제가 아니기 때문이지.

어떤 운동이 있으려면 운동량과 에너지가 다 있어야 된다는 것 같은데요. 그럼 둘 중에 하나라도 없으면 문제죠. 왜 에너지만 문제에요? 운동량은 많아서 문제가 없는 건가요?

아냐, 아냐. 그건 조금 잘못 짚은 것이란다. 운동량이 많아서가 아니라 운동량은 에너지와 성질이 다르기 때문이지. 운동량은 벡터양이고 에너지는 스칼라양이란다. 일단 내가 정지해 있는데 움직이고 싶다고 하자. 이때 내가 운동량을 갖기 위해서는 옆에 있는 물체에 반대방향의 운동량을 주면 되지. 그때 정확히 두 운동량의 크기가 같다는 게 운동량보존법칙이야. 그러니까 운동량이란 것은 부족이고 말고의 개념이 아예 없단다. 필요하다면 바로 반대방향의 운동량을 만들면 되니까. 그런데 에너지는 다르지. 에너지는 내가 움직이는 순간 생겨버리거든. 그러면 어디선가 줄어야 하는데 어떻게 줄이느냐가 문제가 되지. 내 옆에 물체가 움직이고 있다면 그 녀석한테 얹혀서 운동에너지를 가져다 쓰면 되겠지만 만약 옆에 녀석까지 정지하고 있다고 가정하면…….

⋮

아우 어려워요. 그만, 그만. 뭔 소린지 모르겠어요. 그래서 왜 배가 고플 때 에너지가 없다고 하는 거예요, 운동량이 없다고 안 하고요?

그게 바로 핵심이란다. 그건 네가 뱃속에 저장하는 게 운동량이 아니라 에너지이기 때문이지.

운동량도 저장하면 되잖아요.

그게 안 되는 게 운동량이란다. 운동하는 양이기 때문에 운동을 멈추고 어딘가에 고정되는 순간 그 값은 없어지게 되지.

에너지는 에너하는……지……. 에너지는 뭐죠?

후~ 다시 처음으로 돌아가야 하는데. 우선 시간에 대한 대칭성이……

에너지는 이후 일과 열이라는 개념과 합쳐지면서 점점 더 중요한 개념으로 자리 잡아갑니다. 애초에 힘과 물체의 운동을 다루는 역학과 열은 다른 영역이라고 생각했죠. 하지만 에너지는 마치 모든 영역에 걸쳐있는 공통분모처럼 작용해 이들 전체가 큰 그림으로 완성되는 데 중요한 역할을 합니다. 그 시작은 18세기까지 거슬러 올라가죠. 당시 캐번디시Henry Cavendish는 활력과 열의 관계에 대해 언급했는데 에너지라는 개념이 확립되기도 전에 이미 열과의 관계에 대한 합리적인 추측을 구성하기 시작한 것입니다. 이후 수많은 학자가 에너지와 열이 깊은 관계가 있음을 점차적으로 밝혀냅니다.

사실 에너지가 역학, 즉 일과 맺는 관계는 직관적으로도 짐작할 수 있습니다. 힘이 가해지면 정지했던 물체는 속도가 빨라지죠. 결국 그 물체의 운동에너지는 증가할 테고 그렇다면 이때 작용한 힘과 운동에너지 사이에 모종의 관계가 있을 거란 추론이 충분히 가능합니다. 이때 과학자가 할 일은 역학적으로 '일'과 '운동에너지'를 각각 명확히 정의해서 이 둘의 관계가 자연현상과 합치하도록 하는 것이 되겠죠. 실제로 코리올리 효과로 유명한 코리올리Gaspard-Gustave Coriolis는 역학적 일과 에너지의 관계를 이론적으로 정립하면서 운동에너지의 적절한 표현법을 명시했습니다.

일과 운동에너지의 관계는 일의 정의를 수학적으로 배우고 간단한 수식을 이용하면 큰 어려움 없이 바로 증명할 수 있습니다.

거의 동시대의 학자들이 열도 에너지와 깊은 관계가 있음을 엎치락뒤치락하면서 밝혀냅니다. 열기관이 학자들에게 많은 영감을 준 것이 분명합니다. 석탄을 태울 때 생기는 열로 일을 발생시키는 열기관을 보며 결국 열과 일 사이에 일정한 형태의 상호변환이 가능한 것은 아닐지 추측했을 테죠. 실제로 에너지와 관련된 당시 연구에는 기술자들이 적극적으로 참여했다고 합니다.

결국 모든 결과를 아우를 에너지보존법칙의 등장은 사실상 시대의 요구에 가까운 것이었습니다. 일, 열, 에너지가 하나의 값이라고 제일 먼저 제안한 사람은 마이어^{Julius Robert von Mayer}입니다. 비록 명확한 증명이나 결과를 제시하는 데는 실패했지만 성공적으로 아이디어를 제공했던 것만큼은 분명합니다.

이때 각자 자신만의 아이디어를 가지고 독립적으로 연구한 학자가 두 명 더 있습니다. 그중 한 명이 바로 줄^{James Prescott Joule}입니다. 처음에는 전기에너지와 열 모두를 아우르는 연구를 하던 그는 역학적인 일이 열로 바뀔 수 있다는 것에 연구를 집중하게 되었죠. 그가 역학적 일과 열의 관계를 정밀히 측정하기 위해 수행한 실험은 매우 유명해 교과서에서도 매우 자주 소개됩니다. 그는 이 실험을 통해 역학적 일이 열로 변환된다는 것을 직접 증명했을 뿐만 아니라 둘 사이의 관계를 결정하는 수치, 일명 '열의 일당량'도 알아냈습니다.

나머지 한 명은 헬름홀츠^{Hermann Ludwig Ferdinand von Helmholtz}입니다. 그는 에너지보존법칙이 자연계 일반에서 성립하는 법칙이라고 주장했죠. 물리학자이자 생리학자인 그는 에너지보존법칙을 바탕으로 음식에 있는 화학적 에너지가 우리 몸을 따뜻하게 하는 열에너지와 몸을 움직이는 기계적 에너지로 바뀐다고 생각했습니다.

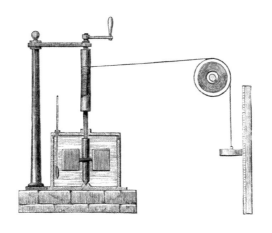

줄이 고안한 실험장치입니다. 추가 내려가는 운동 때문에 상자 안의 물의 온도가 올라가게 되지요. 줄은 이 값을 정밀하게 측정해 '열의 일정량'을 알아냈습니다.

형태를 바꾸는 에너지

배고플 때 운동량이 아니라 에너지를 섭취해야 하는 이유에 대한 답이 나온 셈입니다.

에너지의 전체 값이 보존된다는 것과 더불어 에너지의 형태가 전환 가능하다는 것도 에너지보존법칙에서 매우 중요한 점입니다. 에너지는 다른 물리량들과 다르게 형태를 전환할 수 있습니다. 따라서 저장이 가능하고 필요할 때 꺼내 쓸 수 있죠. 생명체가 바로 그 증거입니다. 많은 생명체가 다른 생명체를 취해서 필요한 에너지를 얻습니다. 그리고 필요할 때 필요한 형태로 다시 전환해 쓰곤 하죠. 다리를 움직여 앞으로 가기 위해 앞으로 가는 운동량이 있는 음식을 먹을 필요는 없습니다. 음식을 먹고 소화하기만 하면 됩니다. 화학에너지를 운동에너지로 전환하는 복잡한 메커니즘이 이미 우리 몸 안에 있기 때문이죠. 그 메커니즘이 아무리 복잡하더라도 운동량이 있는 음식을 먹어야 하는 것보다는 편할 것입니다.

인류는 에너지의 이런 특징을 의도적으로 잘 이용하고 있습니다. 열기관을 개발한 18세기 이후 열에너지에서 운동에너지를 끌어내 사용하는 일이 본격화되었습니다. 이때 많은 학자와 발명가가 확립한 열기관의 이론적 메커니즘은 지금의 내연기관과 거의 일치합니다. 그 후 빛에너지, 전기에너지, 핵에너지 등으로 연구가 확장되었죠. 21세기에도 에너지 관련 기술개발은 멈추지 않고 진행 중입니다.

아무 의미 없는 인생, 마음껏 낭비하려면

에너지보존법칙을 처음 주장한 세 과학자에게는 공통점이 있습니다. 처음에는 전문가들에게 무시당했다는 것입니다.

세 학자는 모두 에너지가 변환하면서 서로 일정한 관계를 형성하는 일관성에 주목했습니다. 재미있는 것은 각자가 주목한 현상이나 실험방법, 연구동기, 결과정리 방식이 모두 달랐다는 겁니다. 각기 다른 방식으로 연구를 진행했으나 결과적으로 같은 주장을 하게 되었다는 것은 이론의 신빙성을 높여주죠. 그런데 역으로 생각해 셋 중 누구도 자연의 모든 현상을 다 관찰한 다음 결론을 내리지 않았다는 것에 주목할 수도 있습니다. 즉 몇몇 실험을 통한 추론으로 자연현상의 일반적인 원리를 알아냈다는 겁니다. 위대한 법칙과 발견도 귀납적으로 형성된다는 뜻이죠. 이후

카르노Nicolas Léonard Sadi Carnot나 클라우지우스Rudolf Julius Emanuel Clausius 등의 연구로 에너지보존법칙은 점점 더 지금의 과학교재에 나와 있는 형태로 진화하지만 그 근본은 바뀌지 않았습니다. '에너지보존법칙'의 성질은 귀납적입니다.

따라서 종종 에너지보존법칙에 위배되는 놀라운 시도를 하는 사람들의 논리가 완전히 허무맹랑한 것은 아닙니다. 과학자들이 미처 관찰하지 못한 자연의 귀퉁이에 에너지가 보존되지 않고 샘솟는 현상이 숨어 있을지도 모르죠. 하지만 이런 생각을 품고 시간과 돈을 쓰는 것은 에너지보존법칙이 막 성립되던 시기라면 모를까 현재로서는 너무나 인생을 낭비하는 도전입니다. 왜냐하면 그사이 뇌터가 있었으니까요. 이제 에너지보존법칙에 어긋나는 자투리가 자연에 있다는 주장은 '어제와 오늘 사이의 물리법칙에 변화가 있다'는 주장과 동치가 됩니다. 물론 어제와 오늘이 동일하다는 것도 귀납적인 것입니다. 왜 어제와 오늘이 동일한지는 아무도 모르죠. 하지만 반박할 용기를 갖출 만큼 합리적인 근거를 찾기란 불가능에 가깝습니다.

 1990년대 후반만 해도 영구기관을 발명했다면서 교수님 방으로 서류봉투가 날아들곤 했답니다. 요즘은 어떤지 모르겠네요.

조금 더 생각하기 4. 귀납

실직의 걱정이 없는 과학자

과학이론은 궁극적으로 귀납적이기 때문에 많은 현상을 설명할수록 그 가치가 올라갑니다. 이 점은 이론으로 설명할 수 없는 현상이 발견되면 이론의 가치를 다시 생각해봐야 한다는 사실과도 일맥상통하지요. 앞서 아리스토텔레스의 운동이론으로 설명할 수 없는 운동들을 제시함으로써 새로운 운동이론의 필요성을 강조했던 것이 좋은 예입니다. 이론의 가치가 딱 이거 하나로만 좌우되는 것은 아니지만 크게 볼 때 이론이 얼마나 많은 현상을 설명하는지는 중요한 문제입니다. 실제로 과학자들이 더욱 본질적인 이론과 그렇지 않은 이론이 있다고 생각하기 때문이죠. 보통 사람들이 보기에는 별 차이가 없어보인다고 하더라도 말입니다.

뉴턴의 운동이론과 카오스이론을 비교해봅시다. 카오스이론이 훌륭한 이론임은 두말할 나위도 없이 사실입니다. 하지만 그 가치가 뉴턴의 운동이론보다 크다고는 아무도 감히 얘기하지 못하지요. 심지어 카오스이론이 뉴턴의 운동이론을 이용한 분석으로는 유용한 정보를 얻지 못할 때 사용하는 이론인데도 말입니다. 뉴턴의 운동이론은 고전적인 힘이 작용하는 모든 세계에 적용 가능한 이론이기 때문이죠.

어떤 이론이 자연의 여러 현상을 설명하고 있다면 그것이 실제로도 자연의 본질과 맞닿아 있을 가능성이 큽니다. 그래서 학자들은 가치가 큰 과학이론을 두고 '더욱 본질적인 이론'이라는 표현을 쓰곤 합니다. '더욱 강력한 법칙' '더욱 강력한 이론'이라고 표현하기도 하지요. 과학을 공부하다 보면 어느 순간 이와 같은 수식어가 대단히 잘 어울린다고 생각하게 되는 시점이 옵니다.

더욱 강력한 이론에 대한 학자들의 갈구는 상상 이상으로 강력합니다. 멀쩡히 있는 이론들을 통합하는 더 높은 차원의 이론을 만들기도 하고, 별것 아닌 것처럼 보인 몇몇 사고실험을 합쳐서 위대한 이론으로 완성하기도 합니다. 더욱 본질적인 이론이 언제 어떤 계기로 나올지는 아무도 예단할 수 없죠.

과학이론이 귀납적이라는 사실은 기존에 관찰하지 못했던 새로운 현상을 관찰했을 때 과학자들이 취하는 태도에서도 대단히 잘 드러납니다. 관찰영역이 넓어지면 기존의 과학이론은 반드시 검증받게 됩니다. 기존의 이론으로 새로운 현상을 묘사할 수 있는지 확인해봐야 하는 것이죠. 연역적으로 유도된 법칙이라면 겪지 않았을 고초입니다. 만약 기존의 이론으로 만족스러운 설명이 안 된다면 과학자들은 기존의 이론을 개량하거나 아니면 새로운 이론을 만들 필요성을 느끼게 됩니다.

과학의 이러한 특성 덕에 과학자들은 할 일이 없어질 걱정 따위는 전혀 하지 않습니다. 새로운 자연현상이 계속해서 발견될 것이기 때문입니다. 인류가 발견이라는 행위를 멈추지 않는 한 과학자들이 할 일은 고갈되지 않을 것입니다. 그런데 그런 날이 인류에게 쉽게 찾아올 것 같지는 않네요. 아직도 인류에게 모습을 드러내지 않은 자연현상이 무궁무진할 뿐만 아니라, 인간의 알고 싶은 욕구도 끝이 없으니까요. 인류는 꾸준히 먼 우주, 깊은 바다 그리고 매우 작은 세계까지 자연을 계속 한 껍질 한 껍질 벗겨내고 있습니다. 만에 하나, 아니 천만에 하나 이 발견의 행진에 끝이 올지도 모르죠. 그러나 누구도 그 끝이 반드시 있다거나 언제쯤 올 거라고 장담할 수 없습니다.

 인류는 아직 뱀장어가 어디서 어떤 방식으로 산란하는지조차 모릅니다. 그런데 모든 것을 알게 되는 날이라고요? 푸흡!

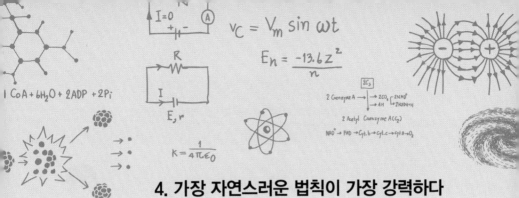

4. 가장 자연스러운 법칙이 가장 강력하다

많은 학자가 일찍부터 열에 대해서 연구했습니다. 차가움과 뜨거움이 인간의 가장 기본적인 감각 중 하나라는 것을 생각하면 당연한 일이지요. 그러다가 18세기에 증기기관이 등장하면서 열역학이라는 학문이 형성되었습니다. 산업이 발달하면서 많은 사람이 증기기관의 작동원리는 무엇인지, 어떻게 하면 기관의 효율을 높일 수 있는지 따위를 고민했지요. 그러면서 에너지 총량은 일정하다는 생각이 싹텄고 또 실제로 증명했습니다. 증기기관처럼 열을 이용해 일하는 장치를 열기관이라고 하는데요, 열역학 분야의 상당부분이 열기관 연구에 할애되어 있습니다.

하지만 많은 연구가 그러하듯 열에 대한 연구도 처음부터 올바르게 전진했던 것은 아닙니다. 당장 차갑고 뜨겁다는 감각 자체를 해석하는 것조차 쉬운 일이 아니거든요. 그래서 19세기가 오기 전까지 많은 학자가 '열소'phlogiston라는 일종의 물질이 관여해 열이 생기는 것이라고 믿기도 했습니다.

열소? 그건 뭐에요?

아냐, 아냐. 열소는 몰라도 된단다. 과학사를 배우거나 과학 철학을 배울 때 주로 다뤄지는 주제지. 열소 개념이 어떻게 극복되었는지 흥미롭거든.

아 그래요? 그럼 안 배운다는 거네요.

뭘 배우던 난 수식만 안 나오면 돼.

열소에 관해서도 배우면 좋긴 한데 뭐 열에 관해선 그것 말고도 배울 것이 많단다. 제대로 된 개념을 배우기도 바쁘니까 역사적인 얘기는 잠시 뒤로 젖혀놓자 이거지. 사실 우리는 모두 하나를 가르치면 열 개를 헷갈리는, 보통의 선생과 학생 사이잖니?

………

온도의 정체를 밝혀라

아니, 왜 또 그래. 사실이잖아. 하나를 가르쳐주면 열 개를 깨닫는 것聞—知+은 『논어』에나 나오는 천재들 얘기고, 보통은 하나를 배우면 알던 것 마저 헷갈리지. 물리는 특히 그래. 하나를 배웠을 때 하나를 헷갈리느냐 두 개를 헷갈리느냐의 차이지. 누가 덜 헷갈리느냐 경쟁이랄까?

뭔가 찝찝한데 반박을 못 하겠다.

헷갈리는 게 문제가 아니라 까먹는 게 문제일지도 몰라요.

선생님이 잘못 가르쳐서 그래요!

 하긴, 내가 훌륭하게 잘 가르쳤으면 그러지 않을 수도 있지. 근데 내 생각엔 물리가 그냥 어려워서 그런 것 같아. 물론 새롭게 알아내는 것보다야 알려진 사실을 배우기가 훨씬 쉽지. 하지만 그 내용을 깊이 있게 이해하는 것은 쉬운 일이 아니지. 예를 들어 열은 뭐지?

그렇게 어려운 문제는 아닌데요? 열은 에너지예요.

 그게 열이 무엇이냐는 질문을 받은 100명 중 99명이 하는 오답이란다. 열이 에너지의 한 형태이긴 하지만 그것 자체가 열이 무엇인지란 질문에 답은 안 된단다.

에너지도 뭔지 모른다고 하시지 않으셨어요?

 아니, 에너지의 존재는 받아들이고서라도 말이야. 그러니까 에너지란 개념을 사용해도 된다고 하자고. 그럼 열은 뭐지?

뭔가…… 뭔가…… 기분이 안 좋아.

　열에 대한 얘기는 온도에 대한 얘기랑 반드시 붙어 다닙니다. 그런데 온도 자체도 정확히 정의하기가 쉽지 않습니다. 인간의 다른 오감과 마찬가지로 부정확한 면이 있거든요. 예를 들어 한밤중에 밖에 나가서 이것저것 만져보면 나무는 차갑지 않지만 철봉은 차갑습니다. 이 둘은 밤의 공기와 평형을 이루었기 때문에 온도가 같아야 하는데도 말입니다.

특히 차갑고 뜨거운 정도의 기준을 정하기가 쉽지 않습니다. 길이나 무게는 임의의 물체를 기준으로 정하면 됩니다. 자나 추와 같은 물체가 바로 그것이지요. 하지만 일정한 온도의 물체는 갖고 다닐 수 없습니다. 어떤 물체든 온도가 변하지 않도록 하기가 쉽지 않고 모두가 동의하는 기준을 정하는 것도 어렵지요. 결국 온도란 무엇을 측정한 결과인지부터 정확히 알아야 이 모든 문제를 해결할 수 있습니다.

물론 물의 끓는점과 어는점을 기준으로 온도를 측정할 수도 있지요. 하지만 여기서 만족할 수는 없습니다.

내 머릿속 메뚜기

결론부터 말하자면 온도는 물체의 내부에너지를 표현한 것입니다. 내부에너지라니 다소 생소할 수도 있습니다. 하지만 열역학 교재마다 반드시 등장하는 중요한 개념이지요. 그 의미는 이름에 잘 드러나 있습니다. 물체에 전달된 에너지가 전부 바깥으로 배출되지 않았다면 나머지 에너지는 물체 내부에 남아 있어야 하지요. 그렇게 물체 내부에 저장되는 에너지가 바로 이름 그대로 내부에너지입니다. 예를 들어 가스불로 젓가락을 데우면 에너지는 분명 젓가락으로 전해지지요. 하지만 젓가락의 운동에너지나 위치에너지가 증가하지는 않습니다. 그런데도 에너지는 보존되어야 하니 에너지 대부분은 젓가락에 흡수되었다고 생각하는 것이 적당하겠지요. 이때 흡수된 에너지는 젓가락의 형태, 속도, 회전 등 외부적인 요인과 아무런 관련도 맺지 않습니다. 외부변수와 관련이 없기 때문에 내부에너지라고 하지요. 예상했듯이 젓가락은 흡수한 에너지 덕에 온도가 올라갑니다.

그러니까 거의 모든 상황에서 온도는 내부에너지와 깊은 관계를 맺습니다. 하지만 단순히 내부에너지의 양을 있는 그대로 수치화하는 것은 아닙니다. 예를 들어 컵 한 잔만큼의 물은 가스불로 5분만 데워도 매우 뜨겁게 만들 수 있습니다. 하지만 목욕탕에 가득 찬 물은 같은 조건으로 데워도 별로 뜨뜻해지지 않을 겁니다.

각각에 불이 준 에너지는 모두 같으니까 에너지보존법칙에 따라 물이 흡수한 에너지 역시 같습니다. 한 잔의 물이나 목욕탕의 물이나 가열을 통한 내부에너지 변화량은 전부 같습니다. 하지만 온도는 당연히 컵 속의 물이 훨씬 높습니다.

온도와 내부에너지의 이런 아리송한 관계를 이해하기 위해 물체가 에너지를 어떻게 간직하는지 머릿속에 그림을 그려볼 필요가 있습니다. 전혀 어렵지 않아요. 물체 내부에 에너지를 저장할 수 있는 통이 여러 개 있다고 생각하면 됩니다. 다만 통의 개수가 물체마다 다 다를 뿐이지요. 물질의 종류에 따라 달라지기도 하고 컵과 욕조의 물처럼 양 때문에 달라지기도 합니다. 통으로 물체를 비유했으니 이제 에너지를 적절한 것으로 비유할 차례입니다.

 메뚜기가 통에 들어옵니다. 벼메뚜기도 아니고 좁쌀메뚜기도 아니고 일명 내부에너지 메뚜기.

내부에너지가 늘어나는 과정은 모여 있는 통에 메뚜기를 잡아넣는 것과 매우 비슷합니다. 메뚜기의 총 마릿수가 내부에너지의 양이 되겠지요. 그렇다면 온도는 무엇일까요? 온도는 통 하나에 담긴 메뚜기의 마릿수와 같습니다. 다시 말해서 온도란 내부에너지의 밀도를 측정하는 값인 셈입니다. 물론 메뚜기가 각 통에 최대한 균일하게 나뉘어 들어간다고 전제해야겠죠.

 숫자를 대입하면서 예를 들어봅시다. 약간 골치 아픈 듯해도 한 번 정신 차려서 읽고 나면 이보다 더 확실하게 알 방법이 없지요.

　통이 100개인 곳에다가 메뚜기 100마리를 잡아넣으면 통 하나당 메뚜기 한두 마리만 담길 겁니다. 빈 통이 종종 눈에 띌 정도로 밀도가 낮은 것이죠. 따라서 내부에너지는 메뚜기 100마리만큼 증가했지만 온도는 한두 마리 정도만 증가했습니다. 별로 증가하지 않은 것이지요. 이번에는 통이 두 개 정도밖에 없는 곳에다가 메뚜기 100마리를 넣는 사고실험도 해봅시다. 내부에너지는 똑같이 메뚜기 100마리만큼 늘었지만 통 하나에 들어가는 메뚜기의 숫자는 50마리 정도로 앞의 실험보다 크게 많아졌죠. 이것이 바로 온도와 내부에너지의 차이입니다. 당연히 통이 100개인 곳보다 통이 두 개인 곳의 온도가 훨씬 높아집니다. 욕조 안의 물과 한 잔의 물이 같은 에너지를 받고도 온도가 다르게 오른 이유는 이렇게 이해할 수 있습니다.

헌 통 줄게, 새 통 다오

 다들 뒷다리가 실한 애들이라 정신없을 정도로 팔딱팔딱 뛰어다니네요.

통과 메뚜기의 비유를 확장하면, 온도가 다른 두 물체 사이에서 에너지가 이동하는 현상도 쉽게 이해할 수 있습니다. 앞서 사용했던 '메뚜기 100마리가 통 100개에 있는 물체'와 '메뚜기 100마리가 통 두 개에 있는 물체'를 다시 한 번 떠올립시다. 이제 메뚜기가 자유롭게 뛰어다닐 수 있게 물체를 연결해봅시다.

이제 통 개수는 총 102개가 되었습니다. 통 두 개에 초만원으로 들어차 득시글거리던 메뚜기들은 갑자기 살판났습니다. 널찍한 통 100개가 옆에 새로 생겼기 때문이죠. 옆 통으로 이동하는 녀석이 많아져서 머지않아 통 102개에 메뚜기 200마리가 대충 고르게 퍼질 것입니다. 그러면 통 100개에 메뚜기 100마리가 있던 물체는 메뚜기의 밀도가 두 배 가까이 증가한 셈입니다. 당연히 통 두 개에 100마리가 있던 물체는 메뚜기의 밀도가 많이 줄어들었겠죠. 결과적으로 두 물체가 처음 지녔던 메뚜기 밀도의 중간값이 됩니다. 온도가 다른 두 물체가 에너지를 교환하며 중간온도에서 평형을 이루는 과정과 완전히 동일하지요.

이와 같은 방식으로 현상을 이해하면 열이 무엇인지에 대한 답도 구할 수 있습니다. 이미 언급했듯이 열은 에너지의 한 형태입니다. 메뚜기는 에너지를 상징하니까 이동하는 메뚜기가 바로 열이지요. 하지만 통 안에서 뛰고 있는 메뚜기는 열이라고 하지 않습니다. 그것은 내부에너지입니다. 요컨대 우리가 흔히 열이라고 부르는 것은 이동할 때의 에너지입니다. 메뚜기처럼 말이죠. 열은 그래서 다음처럼 정의할 수 있습니다.

 열은 온도차에 의해 이동하는 에너지입니다.

차가움과 뜨거움을 느끼기까지

이제 우리가 느끼는 온도의 정체가 무엇인지 과학적으로 설명할 수 있습니다. 사실 손의 느낌은 온도와 크게 상관없습니다. 손이 느끼는 것은 온도가 아니고 에너지의 이동이지요. 열이 손에서 빠져나가면 차갑다고 느끼고 열이 손으로 들어오면 뜨겁다고 느낍니다. 만약 짧은 시간 동안 많은 에너지의 이동이 있으면 그것을 격렬하게 느끼지요. 매우 차갑다는 것은 덜 차가운 것보다 에너지가 격하게 빠져나가는 상태입니다. 이런 생각은 일상의 경험과도 일치합니다. 내 손과 온도가 같은 물체를 만지면 열의 이동이 없을 테니까 그 순간 손은 뜨겁다거나 차갑다고 느끼지 않습니다.

그렇다면 나무를 철봉보다 더 따뜻하게 느끼는 것도 이해할 수 있습니다. 둘 다 야외에 있다면 분명히 같은 온도입니다. 따라서 손과의 온도 차도 같지요. 하지만 온도 차가 같다고 나무와 손 그리고 철봉과 손 사이의 에너지교환량이 같은 것은 아닙니다. 손과 물체 사이의 에너지교환량은 온도 차뿐만 아니라 표면의 성질에 의해서도 좌우되니까요. 아무리 온도 차가 많이 나더라도 에너지가 물체의 표면을 통과하지 못하면 에너지는 하나도 전달되지 않지요. 그러면 인간의 손은 어떤 신호도 뇌에 보내지 않고 결과적으로 물체의 차가움이나 뜨거움을 느끼지 않게 됩니다.

그런데 나무와 비교해서 철봉은 열을 매우 잘 통과시킵니다. 물론 이것은 대부분의 금속이 지닌 성질이지요. 그래서 손과 닿으면 신나게 열에너지를 교환합니다. 당연히 손은 열에너지에 해당하는 신호를 열심히 뇌에 쏘고요. 바로 이것이 추운 날 금속이 나무보다 더 차갑게 느껴지는 이유입니다.

메뚜기가 설명하는 열역학 제2법칙

통과 메뚜기 비유의 가장 좋은 점은 이 비유로 자연계의 근본을 이루는 또 하나의 법칙도 설명할 수 있다는 것입니다. 흔히들 열역학 제2법칙이라 부르는 '엔트로피 증가의 법칙'에 대한 기본 아이디어를 제공하지요. 이렇게 얘기하면 엔트로피라는 새로운 물리량을 또 배워야 하는 게 버겁게 느껴질 수도 있을 것 같습니다. 그런데 다행스럽게도 열역학 제2법칙은 표현하는 법이 많아서 그중 간단한 것 하나만 정확히 알면 됩니다. 나머지는 서서히 알아나가도 문제없습니다.

통과 메뚜기의 비유를 통해 확실히 아이디어를 얻을 수 있는 표현은 "열은 온도가 높은 곳에서 낮은 곳으로만 흐른다"입니다.

한 통에 들어 있는 메뚜기의 '숫자'가 온도이기 때문에 위의 법칙을 다르게도 쓸 수 있습니다. '메뚜기는 빡빡한 통에서 널찍한 통으로만 움직인다'라고 말입니다. 널찍한 통 100개와 빡빡한 통 두 개를 붙여놨을 때 전자는 더 널찍해지고 후자는 더 빡빡해질 리 없다는 뜻입니다.

팔딱대는 메뚜기들과 통을 상상해보면 사실 상당히 자연스러운 모습입니다. 메뚜기들은 당연히 널찍한 쪽으로 퍼져나갈 것입니다. 하지만 과학자들에게 '당연하잖아' 식의 태도는 직관일 뿐 근거로는 부족합니다. 자연의 어떤 성질이 메뚜기의 저런 행동을 정당화하는지 체계적인 설명을 할 필요가 있죠.

지금부터 조금은 정량적으로 생각해봅시다. 아마 이 책에서 가장 머리 아프고 복잡한 부분이 아닐까 생각합니다.

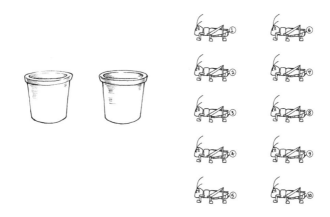

앞에서 나온 통 102개 중 100개를 버리고 메뚜기도 90마리는 잠시 치운 다음에 간단하게 생각해봅시다. 남은 메뚜기 열 마리에 1번부터 10번까지 번호를 매깁니다. 이제 메뚜기가 통 두 개에 들어갈 방법이 몇 가지나 되는지 순서대로 적어보겠습니다.

왼쪽 통에 메뚜기 열 마리가 전부 몰려 있을 때는 딱 한 번입니다. 전부 다 한 통에 들어가면 그것으로 끝이죠.

다음으로 왼쪽 통에 아홉 마리가 있고 한 마리만 오른쪽 통에 있을 방법은 열 개입니다. 1번 메뚜기가 오른쪽에 있을 때, 2번 메뚜기가 오른쪽에 있을 때, 그다음엔 3번 메뚜기……. 이렇게 열 개가 된다는 것을 어렵지 않게 확인할 수 있습니다.

이번엔 왼쪽에 여덟 마리가 있고 오른쪽에 두 마리가 있을 때를 셀 차례군요. 1번 메뚜기와 2번 메뚜기가 오른쪽에 있을 때, 2번과 3번, 3번과 4번…… 그리고 1번과 3번, 2번과 5번……. 메뚜기 열 마리 중 두 마리가 오른쪽에 있을 때는 결국 열 마리 중에서 두 마리씩 짝 지우는 방법의 수와 같습니다. 세보니까 어이쿠! 45개나 됩니다.

총 45개

이제 왼쪽에 일곱 마리, 오른쪽에 세 마리가 있는 방법을 셀 차례인데요, 어쩐지 매우 많을 것으로 예상되지요? 자그마치 120가지입니다. 이쯤 되면 일일이 세는 것은 거의 불가능하지요. 이런 식으로 여태 센 것과 앞으로 세야 할 것을 한번 표로 정리해볼까요? 표로 정리하면 의외로 간단합니다.

왼쪽 통에 메뚜기 숫자	오른쪽 통에 메뚜기 숫자	방법의 수
10	0	1
9	1	10
8	2	45
7	3	120
6	4	210
5	5	252
4	6	210
3	7	120
2	8	45
1	9	10
0	10	1

계산결과는 물론 하나하나 세어 본 것이 아니고 공식을 이용한 것입니다. 가능한 경우의 수를 빠짐없이 세는 방법은 어렵지 않게 배울 수 있습니다. 하지만 지금 중요한 건 그 공식 자체가 아닙니다. 차라리 하나하나 세어볼 수 있는 패기와 끈기가 더 중요할 것 같네요.

통 두 개와 마음대로 뛰어노는 메뚜기 한 마리가 있을 때, 어느 통이든 메뚜기가 머물 확률은 50%로 똑같습니다. 메뚜기는 생각 없이 움직이니까요. 그리고 이때 메뚜기가 분포할 방법의 수는 총 두 개입니다. 통 두 개에 메뚜기 열 마리를 풀어놓았을 때도 마찬가지입니다. 각 통은 메뚜기가 머물 확률을 동일하게 갖습니다. 그리고 그 방법의 수는 1,024개이지요. 여기서 1,024는 표에 나온 방법의 수를 다 합한 숫자입니다.

다시 한 번 메뚜기가 생각이 없다는 점을 강조합니다.

물론 그 누구도 메뚜기가 어느 순간 어떤 분포로 있을지 정확하게 예측할 수 없습니다. 즉, 어느 순간 갑자기 사진을 찍었을 때 메뚜기가 1,024개의 모습 중 어떤 모습을 하고 있을지는 아무도 모릅니다. 그것은 메뚜기 마음이니까요. 하지만 한 가지 확실한 것은 저 1,024개가 전부 동일한 확률을 갖고 있다는 점입니다. 만약 사진을 1,024보다 훨씬 큰 숫자, 예를 들어 100만 번 정도 찍어서 상태별로 나눈다면 1,024개의 모습은 모두 비슷한 분량의 사진을 갖게 될 것입니다.

그런데 사진을 나누는 기준이 달라지면 얘기도 크게 달라집니다. 만약 '메뚜기가 두 통에 동일하게 있을 때'와 '메뚜기가 한쪽 통에 몰려 있을 때'로 사진을 나눈다고 합시다. 이 둘 중 어느 것도 아닌 상태는 잠시 논외로 하고 맙니다. 답은 표 안에 있습니다. 표를 살펴보면 두 통 안의 메뚜기 숫자가 같을 때는 방법의 수가 252개입니다. 반면 한쪽 통에 몰릴 때는 왼쪽에 몰릴 때랑 오른쪽에 몰릴 때 두 개에 불과하죠. 이처럼 방법의 수 차이가 100배 이상 납니다.

방법의 수가 많다는 것은 그 일이 일어날 확률이 높다는 것을 뜻합니다. 즉 '메뚜기가 두 통에 균일하게 있을 가능성'은 '한쪽으로 몰릴 가능성'보다 100배 이상 크다고 말할 수 있게 되는 것이지요. 인위적인 조작이 없다면 자연에서는 가능성이 큰 일이 일어나겠지요? 이제 메뚜기가 왜 한곳으로 몰리지 않고 통에 넓게 퍼지는지 이해했습니다. 그것이 일어날 확률이 가장 높은 사건이기 때문입니다.

이 예를 실제 자연에 적용해봅시다. 실제 자연에 통은 몇 개나 있고 메뚜기는 몇 마리나 될까요?

　그런데 솔직히 1/100은 별로 작은 숫자가 아니어서 가끔은 일어날 수도 있을 것 같습니다. 아주 가끔 메뚜기가 '자연스럽게' 한쪽으로 몰리는 것이죠. 순전히 산술적으로만 계산해보면 오지선다 문제를 순전히 찍어서 연속으로 세 번 맞추는 확률과 비슷합니다. 배 아프게도 주위에 그런 친구들 종종 있죠? 그러니까 가끔 한 통에 몰릴 것도 같습니다.

　하지만 통의 개수를 조금만 늘리면 얘기가 달라집니다. 이렇게 개수를 늘리면 실제 자연과 조금 더 비슷해지지요. 딱히 많이 늘릴 필요도 없습니다. 앞의 예에서 통의 개수를 딱 다섯 개로 늘려보도록 하겠습니다. 그러면 한 통에 몰리는 경우의 수도 통의 숫자와 같은 다섯 개가 되지요. 하지만 메뚜기가 각 통에 딱 두 마리씩만 들어갈 방법의 수는 엄청나게 늘어납니다. 자그마치 945개입니다. 이로써 메뚜기가 한 통에 몰릴 가능성은 두 배 이상 작아졌습니다. 단지 통이 조금 늘었을 뿐인데 말입니다.

　실제 물체에서 통의 숫자는 더더욱 커지기 때문에 확률의 차이도 점점 더 벌어집니다. 자연계에서 우리 눈에 보이는 대부분의 물체는 엄청나게 많은 통을 갖고 있는데 작게 어림잡아도 10^{23}개 정도입니다. 왜냐하면 기체 분자 약 20ℓ, 그러니까 우유통 두 개 정도에 들어가는 기체분자의 숫자가 대략 6×10^{23}개거든요. 그러면 확률의 차이가 얼마나 벌어질지 상상하기도 힘들지요. 너무 어마무지하게 큰 숫자여서 실제로 어느 정도 차이가 생기는지 파악하기가 여간 어렵지 않습니다.

　여기서는 딱 메뚜기 1,000마리와 통 100개로만 실제 확률의 차를 계산해봅시다. 각 통에 열 마리씩 고르게 들어가는 경우의 수만 셈해보자는 얘기지요. 실제 자연계랑 비교하기에는 턱도 없이 작은 숫자이지만, 이 정도의 셈만 해도 여기에 옮겨 적기 힘들 정도입니다. 자릿수가 1,752개나 되는 엄청난 숫자거든요. 자릿수가 1,752개, 그러니까 0이 1,752개 달린 숫자입니다! 100억 년에서 200억 년 사이라고 추정되는 우주의 나이를 초로 환산해도 자릿수는 열네 자리 정도에 불과합니다. 만약 메뚜기들이 눈에 안 보일 정도로 빨리 움직여서 자리바꿈을 초당 열 번씩 해도 우주의 나이가 다 가도록 모든 경우의 수를 다 해보지 못할 정도입니다. 이쯤 되면 메뚜기가 한쪽으로 몰리는 일은 정말, 매우, 상당히 일어나기 힘든 일이라는 게 확실해보입니다. 불가능하다고 봐도 무방할 정도지요. 심지어 여러 가지 조건을 실제 자연보다 이루 말할 수 없이 엄청나게 작은 값으로 설정해 추정한 결과인데도 말입니다.

 결국 열역학 제2법칙은 '불가능할 정도로 확률이 낮은 일은 잘 일어나지 않는다'라고 정리할 수 있습니다. 복잡한 원리도 없고 이해하기 힘든 부분도 없습니다. 열역학 제2법칙은 본질적으로 그냥 자명한 것입니다.

메뚜기는 아무 생각이 없다

'시간의 흐름에 따라 자연계는 항상 그 가능성이 큰 방향으로 흘러간다.'

위의 언명은 열역학 제2법칙의 의미를 잘 표현하고 있습니다. 자연이 어느 방향으로 흐를 것인지에 대한 기술이지요. 에너지가 보존된다고 해도, 운동량이 보존된다고 해도, 자연은 일어날 가능성이 희박한 방향으로는 흐르지 않습니다.

그런데 어쩐지 가능성을 정확히 수량화해야 과학으로서 완성될 것 같습니다. 과학자들은 곧 가능성의 크기를 나타내는 '물리량'을 정의했지요. 이때 수학의 힘을 빌려 몇 가지 성질을 만족하도록 했습니다. 가능성이 커지면 정의된 물리량도 커져야 한다는 원칙이 지켜지도록 말이지요. 그러면 열역학 제2법칙을 또다른 말로 기술할 수 있게 됩니다. 사실 단어와 술어만 살짝 바꾸는 수준입니다.

'시간의 흐름에 따라 정의된 물리량이 커지는 방향으로 자연계는 흐른다.'

이제 '정의된 물리량'에 멋진 이름을 붙이면 열역학 제2법칙은 가장 유명한 표현이 됩니다.

'시간의 흐름에 따라 엔트로피는 항상 커진다.'

이 법칙은 질량보존법칙이나 에너지보존법칙 같은 것들보다 훨씬 강력한 법칙입니다. 설명과정에서 가정한 것은 오로지 '메뚜기는 생각이 없다'는 것뿐이었습니다. 그리고 이것은 과학의 대상이 되는 거의 모든 물체가 갖고 있는 성질입니다. 사실상 아무런 전제 없이 사건의 가능성을 셈해본 셈이지요. 이처럼 아무런 전제가 없다는 것은 법칙이 성립할만한 특별한 상황을 따로 정해놓고 살펴볼 필요가 없다는 뜻이죠. 항상 성립한다는 뜻입니다. 교과과정에서 여러분이 배웠던, 또는 앞으로 배우게 될 많은 법칙 중에서 이 정도로 강력한 법칙은 거의 없습니다.

조금 더 생각하기 5. 엔트로피

물리작명소

과학책을 보면서 왜 괜스레 어려운 말을 만들어 쓰는지 의아해본 경험은 누구나 있을 것입니다. 특히 엔트로피 부분을 접하면 그런 생각을 더 많이 하지요. 단순히 공부할 것이 늘어나는 데서 오는 투정이 아닙니다. 친숙한 말을 사용하면 안 되는지 진지하게 고민할 때도 있으니까요.

그런데 어렵더라도 새로운 말을 정의해서 쓰게 되면 나름의 이점이 있습니다. 엄밀하게 용어를 정의해놓음으로써 오류의 가능성을 최소화할 수 있거든요. 학문을 깊이 연구할수록 이런 '엄밀한 용어'들 덕을 크게 봅니다. 자연도 어렵고 아리송한데 쓰는 말까지 엄밀하게 정의하지 않았다고 해보세요. 큰 혼란이 발생할 것입니다. 따라서 비록 처음 배울 때는 시간과 노력이 적지 않게 들기야 하겠지만 그걸 감내하고 난 후에는 큰 덕을 볼 수 있게 되지요.

생각을 바꿔보면, 학자들이 어떤 물리량을 어떤 식으로 새롭게 정의하는지 살펴보는 것에서 재미를 찾을 수도 있습니다. 잘 정의된 물리량은 학문이 깊어질수록 그 의미가 커지고 후대에도 널리 사용하게 되거든요. 반대로 작은 착각 때문에 후대에 쓰기 불편하게 정의한 물리량이 있기도 합니다. 따라서 어떤 물리량을 어떤 식으로 정의해야 하는지 파악하는 통찰력이 학자들에게 요구되지요. 이름을 새로 짓기도 하니까 창의력이 필요한 작업이기도 합니다. 잘못하면 쿼크처럼 되지요.

 다음 인용을 통해 클라우지우스의 작명 센스를 보도록 합시다.

1865년, 그는 엔트로피를 "변형용량"이라고도 불렀으면 "변형"을 뜻하는 그리스어 "그로페"와 에너지란 말의 어원이며 "활동" 또는 "동작"을 뜻하는 그리스어 "에네르게이아"의 첫 두 글자를 따서 "entropy"라는 용어를 만들었다.

• 양승훈, 「물리학과 역사」, 청문각

어원을 보니까 지금까지 설명한 엔트로피하고 별 상관없이 지어진 듯하지요? 왜냐하면 처음 엔트로피라는 개념을 확립할 때는 수학적으로 지금 설명한 것과는 전혀 다른 형태였기 때문입니다. 본문에 설명한 방법으로 엔트로피를 이해하는 것을 엔트로피의 통계학적 해석 또는 확률적 해석이라고 하는데요, 처음 엔트로피라는 개념이 생긴 후 수십 년이 지나 볼츠만이 완성한 것입니다.

열역학 제2법칙 발견에 선구적인 역할을 한 사람을 하나하나 거슬러 올라가다 보면 카르노 열기관으로 유명한 카르노를 만나게 되지요. 그는 열기관의 효율과 온도와의 관계를 통찰한 논문을 쓴 인물입니다. 안타깝게도 그의 논문은 그가 요절한 후 적지 않은 시간이 지나서야 주목받게 됩니다. 이때는 클라우지우스가 열역학 제2법칙을 발견하는 데 결정적인 역할을 했지요. 클라우지우스는 오랫동안 노력해 1850년 마침내 엔트로피를 수학적으로 정리해 정의할 수 있었습니다.

PART 3

과학의 중심에 선
실험들

·
·
·

실험은 종합예술입니다. 실험 하나가 성공하기 위해서는
수많은 조건이 조화롭게 작용해야 하지요. 성공한 실험의 각 요소는
모두 중요한 역할을 하기에 하나라도 빠져서는 안 되지요. 따라서 과학자는
실험의 모든 부분에 정성을 쏟아야 합니다. 실험이 복잡하고 어려워질수록
디테일한 고민과 정성이 필요한 것은 당연한 이치지요. 이런 사항은
실제로 실험을 수행할 때 대단히 중요하게 생각하는 부분입니다.

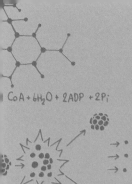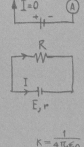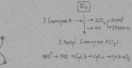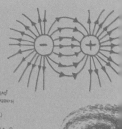

1. 예술적인 과학실험

 누구나 한 번쯤 밖에서 본 옷의 색깔과 실내에 들어와 다시 본 옷의 색깔이 약간 다르게 보이는 경험을 해봤을 겁니다.

맞아요. 어떤 조명 아래 가면 색깔이 막 이상해지기도 해요.

그런 데 가서 돈 꺼내보면 돈에 줄 같은 거 생긴다.

 그렇다면 물체의 색을 물체의 성질이라고 할 수 있을까요?

아이고, 공부의 시작을 알리는 질문이구나~

......

 ......

빛을 볼 수만 있다면!

새로운 연구를 하는 학자들에게 반드시 필요한 것이 창의력입니다. 남들과 다른 생각을 해야만 기발한 시도를 하게 되고, 그래야 새로운 사실을 알 수 있으니까요. 이것은 큰 구상을 할 때나, 작은 어려움을 극복할 때나 언제든 성립하는 말입니다. 특히 까다로운 연구를 수행한 학자들의 연구과정을 되짚어보면, 창의적인 생각이 얼마나 가치가 큰지 잘 알 수 있죠. 빛에 대한 탐구도 마찬가지입니다. 과학자들에게 빛은 연구하기 매우 까다로운 것이었는데요, 따라서 빛의 본모습을 알기 위해서라면 그들의 연구를 처음부터 하나하나 살펴보는 것만큼 좋은 방법도 없습니다.

빛은 만져지지도 않고 맛도 냄새도 없습니다. 게다가 관찰도 쉽지 않습니다. 빛을 보는 것은 너무 쉽지만 도마 위의 고등어처럼 요리조리 뜯어볼 수 없다는 의미입니다. 역설적인 상황이죠. 빛은 눈으로 들어오거나 아니면 아예 지나쳐서 안 보이거나 둘 중 하나이지요. 발표할 때 사용하는 레이저 포인터를 생각하면 이해하기 쉽습니다. 빛나는 빨간 점이 정면의 벽에 맺힐 뿐 빛이 지나간 경로가 직선으로 빨갛게 빛나지는 않습니다. 가끔 그 경로가 보이는 이유는 공기 중에 있는 먼지들에 부딪친 빛의 일부가 경로를 바꿔 눈으로 들어오기 때문이지요. 완전무결하게 아무것도 없는 공간이라면 빛이 진행경로 옆으로 새나가는 일 따위는 일어나지 않습니다.

> 그러니까 우주선이 쏜 레이저가 벌겋게 우주공간을 날아다닌다거나 레이저로 된 칼이 반짝반짝 빛나는 건 죄다 거짓말입니다. 레이저도 빛의 일종이니까요. 우리 눈에 그렇게 보이는 무기가 진짜 존재한다 해도 아마도 레이저가 아닌 다른 무엇일 겁니다. 단지 거기서 빛이 날 뿐이죠.

빛의 이런 성질은 과학자들을 난감하게 만듭니다. 빛의 성질이 상식에서 벗어날수록 본질을 탐구하기 위해 발휘해야 하는 상상력의 크기도 커져야만 하니까요.

뉴턴도 도전자 중 한 사람이었죠. 뉴턴은『프린키피아』보다는 덜 유명한 책『광학』Opticks에서 빛에 대한 연구결과를 정리했습니다. 그는 빛이 매우 작은 알갱이거나 그런 형태로 진행하는 어떤 것이라고 여겼습니다. 엄청난 창의력이죠. 직접 본 적도 따로 만져본 적도 없는 무언가로 이루어졌다는 주장 자체가 대단히 과감합니다. 물론 현대 과학자들의 시각과는 큰 차이가 있습니다. 그렇지만 뉴턴의 생각을 조금 더 쫓아가 보는 일은 바람직합니다. 뉴턴의 근거는 무엇인지, 관련된 논의가 어떻게 발전했는지 등의 얘기를 단지 결과가 틀렸다는 이유만으로 사장시켜버리기에는 너무 아까우니까요.

 뉴턴이 이때 주장했던 가설을 '빛의 입자설'이라고 부릅니다.

뉴턴의 주장은 빛의 본질이 단단한 공이라는 것입니다. 그의 가설에 따르면 빛 알갱이는 매우 작고, 단단하고, 완전해 벽과 이상적으로 충돌합니다. 그래서 공이 벽에 튕긴 후의 속력은, 튕기기 전과 완전히 같습니다. 따라서 공을 여러 방향으로 벽에 던지면 튕길 때 면과 수평을 이루는 방향의 속도는 전혀 변하지 않고 오로지 면과 수직을 이루는 방향의 속도만 변합니다. 마치 매우 딱딱한 공이 매우 미끄러운 벽에 부딪칠 때와 형태가 같지요. 이렇게 빛의 성질을 가정하면 이 가설 속 공의 궤적은 빛의 반사경로와 완전히 일치하게 됩니다.

 빛의 굴절도 같은 가설로 설명할 수 있습니다. 이번에는 공이 튕기지 않고 벽을 뚫고 들어간다는 것만 다르지요. 빛으로 추정되는 이 딱딱한 공은 벽을 뚫고 들어갈 때도 반사될 때처럼 수평방향의 속도가 변하지 않습니다. 매우 얇고 미끄러운 휴지를 생각해보세요. 뚫고 들어가는 일 때문에 공이 힘을 받을 일은 거의 없습니다. 그런데 뚫고 들어간 곳에서 이 공은 모종의 영향을 받아 수직방향의 속도가 바뀝니다. 그래서 공의 방향이 오묘하게 바뀌게 되는 것이죠. 속도가 바뀌는 양만 잘 결정된다면 공의 궤적은 빛의 굴절경로와 완전히 일치하게 됩니다.

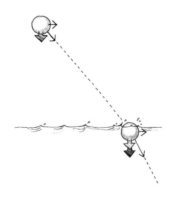

그림에서 위는 공기이고 아래는 물입니다. 그러니까 공의 방향이 빛의 진행방향과 같다고 하면 이 그림은 빛이 공기에서 물로 진행할 때의 그림인 셈이죠.

이렇게 빛의 반사와 굴절현상은 뉴턴의 가설로 이해할 수 있습니다. 따라서 뉴턴이 이 가설을 근거로 자신의 주장이 옳다고 주장한다면 그의 판단은 논리적으로 옳습니다. 만약 인간이 접할 수 있는 광학적 현상이 반사와 굴절밖에 없다면 그리고 이 현상을 관찰할 도구가 눈밖에 없다면 뉴턴의 결론은 더 이상 수정할 것이 없습니다. 뉴턴의 책 『광학』도 『프린키피아』처럼 높은 평가를 받아야만 할 테죠.

뉴턴은 그 유명한 프리즘 실험도 했습니다. 프리즘을 이용한 여러 실험의 결과를 하나하나 다 성공적으로 설명했고 그래서 빛은 여러 색깔인 공으로 이루어졌다고 결론짓습니다. 뉴턴이 반사와 굴절 두 현상만을 근거로 빛이 입자로 되어 있다고 주장했을 리가 없지요.

빛의 입자설을 검증하라

하지만 빛이 진짜 알갱이라고 믿기에는 무언가 부족합니다. 제일 먼저 떠오르는 의심은 과연 이런 식으로 빛과 관련된 다른 모든 현상을 설명할 수 있느냐는 겁니다. 만약 단 하나라도 설명하지 못한다면 그 가설이 완전하다고 주장할 수 없겠지요. 특히 빛과 관련된 현상은 엄청나게 종류가 다양하기 때문에 검증이 상당히 혹독합니다. 물론 가설을 모든 현상에 대입해보는 건 매우 단순하면서도 합리적인 방법이죠. 그런데 한 가지 맹점이 있습니다. 설명방법이 존재하긴 하는데 아직 못 찾았을 뿐이라고 여길 수 있는 것이지요. 이것이 '과학자들의 무지'를 나타내는 건지 아니면 '모델의 부적합성'의 증거인지는 확인하기가 까다롭습니다.

예를 들어 수업시간에 가끔 선생님이 실수로 잘못된 문제를 내기도 하지요. 그러면 당연히 학생들이 아무리 풀려고 해도 안 풀립니다. 하지만 자신들이 못 풀기 때문에 잘못된 문제라고 주장하는 학생은 거의 없습니다.

음……. 무슨 말인지 모르겠는데요?

그러니까 빛이 알갱이라면 도저히 설명할 수 없는 현상들이 몇 개 있지. 예를 들어 빛의 간섭이라는 현상인데 두 빛이 만나서 어두워지는 현상이란다.

네? 그런 현상이 있어요?

아……

나중에 자세히 배우게 될 거란다. 일단 주목할 만한 것은 뉴턴도 자신의 가설로 설명하기 힘든 현상이 있다는 것을 알고 있었다는 거지. 음……. 적어도 곤란하다는 것 정도는 감지하고 있었어.

그래요? 그러면 틀린 걸 알면서도 우긴 거예요?

우겼다고 하기보다……, 빛의 간섭 현상이라는 게 가설이 틀렸다는 확실한 증거는 되지 못하는 거지. '내가 아직 부족해서 내 가설을 이용해서 그 현상을 설명 못 할 뿐이다'라거나 '아직 내 말이 틀렸다고 장담할 수는 없다'는 식인 거지.

뉴턴이 그 말 들으면 되게 싫어할 거 같아요. ㅋ

들어도 별말씀 안 하실 거야. 그 깐깐한 양반도 지금쯤은 좀 너그러워지셨겠지.

과학은 언제나 오류 가능성을 열어 둡니다. 과학이론의 가치는 그 자체가 절대적으로 옳기 때문에 생기는 것이 아니거든요. 오히려 틀릴 가능성이 있는데도 옳을 때 그 가치는 더욱 커집니다. 그래서 과학자들은 자신의 가설이 옳을 수도 있고 틀릴 수도 있는 환경에서 검증을 수행합니다. 심증이 아니라 직접증거를, 개연성이 아니라 필연성을 드러낼 실험을 설계하는 것이죠.

빛의 진행에 관한 뉴턴의 가설도 검증을 위해선 오류 가능성이 열려 있는 실험을 따로 설계해야만 합니다. 이미 살펴봤듯이 맨눈으로만 관찰했을 때는 오류가 발견되지 않았기 때문입니다. 물론 '뉴턴'이라는 이름만 믿고 그냥 지나칠 수도 없는 문제이고요. 어떻게든 돌파구를 마련해야만 했죠.

그들이 눈여겨본 것은 빛의 굴절현상입니다. 뉴턴의 가설에 따르면 물속으로 들어간 빛은 공기 중에서보다 반드시 더 빨리 나아가야 합니다. 그림처럼 수평방향의 속도는 그대로인데 아래로 꺾였다는 것은 그만큼 수직방향의 속도가 빨라졌다는 것을 의미하니까요.

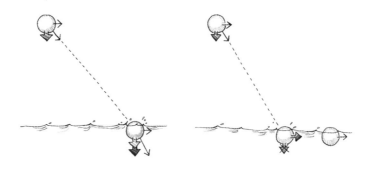

굴절 후 수직 방향의 속도가 0이 되는 공의 경로를 살펴봅시다. 그러면 빛이 공기에서 물로 진행하려면 굴절 후 빨라져야 한다는 게 명쾌히 드러납니다.

여기서 오류 가능성이 생깁니다. 만약 실제 관찰 시 빛의 진행속도가 물속에서보다 공기 중에서 빠르다면 뉴턴의 가설은 명백히 틀린 것이 되는 것이죠. 여기에 맹점 같은 것은 없습니다. 가설이 이끄는 결론이 실제 자연과 다르다면 그 가설이 틀렸다고 결론 내릴 수밖에 없지요.

약간 어렵게 들릴 수도 있는데요, 이런 증명방법을 바로 '후건부정법'이라고 하지요.

이제 빛의 속도를 측정하기만 하면 뉴턴의 가설이 거짓인지 아닌지를 판별할 수 있습니다. 그런데 측정이 절대 간단하지 않습니다. 빛의 다른 성질처럼 빛의 속도도 상식을 벗어나거든요. 빛이 입자로 이루어졌다는 창의력만큼이나 놀라운 창의력을 발휘해야만 할 것 같습니다.

우주적 규모로 측정한 빛의 속도

과학자들은 뉴턴보다 훨씬 이전부터 빛의 속도를 측정하려는 욕심을 품었습니다. 갈릴레오가 측정을 시도한 기록도 있지요. 순진한(?) 갈릴레오는 등불을 가지고 산에 올라 빛의 속도를 측정해보려고 했습니다. 그는 조수에게도 등불을 들고 맞은편 산에 오르도록 했는데요, 자기가 등불의 덮개를 열 테니 이를 보는 즉시 조수도 등불의 덮개를 열도록 했지요. 갈릴레오는 이때 걸린 시차를 측정하면 빛이 자신과 조수 사이를 왕복한 시간을 측정할 수 있다고 생각했습니다.

원론적으로는 갈릴레오의 방법에 아무런 문제가 없습니다. 지나간 거리를 걸린 시간으로 나누는 것은 빛뿐만 아니라 모든 것의 속도를 측정할 때 가장 기본적으로 사용하는 방법이지요. 하지만 문제는 빛의 속도가 너무 빠르다는 데 있습니다. 빛이 너무 빨라서 웬만한 거리는 극히 짧은 시간 안에 통과해버리기 때문에 걸린 시간을 측정하기가 너무 힘들거든요. 현대과학이 알아낸 빛의 속도는 $2.99792458\cdots\times10^8\mathrm{m/s}$정도입니다. 1초에 지구를 일곱 바퀴 반 도는 정도의 속도이지요. 빛이 어디서부터 어디까지 가는 데 걸린 시간을 측정하는 일이 얼마나 어려운지 가늠할 수 있습니다. 정밀한 초시계가 있다고 하더라도 인간에게 그 시계의 버튼을 정확히 누를 능력이 있는지부터 의심해봐야 하는 수준이지요.

그렇다고 과학자들이 이런 장벽에 막혀 좌절한 것은 아닙니다. 기존의 방법으로 안 된다면 새로운 방법을 찾아내면 되지요. 창의력을 발휘하는 것입니다. 문제가 어려우면 어려울수록 과학자들의 방법도 기상천외하지요. 때로는 꿈에서도 상상하지 못할 방법으로, 때로는 무모해보이는 도전으로 결국 원하던 바에 가까이 다가갑니다.

최초로 빛의 속도를 측정해 그 크기가 유한함을 밝혀낸 뢰머Ole Rømer의 방법도 기발하기 그지없습니다. 그는 일단 시선을 우주로 돌리는 상상력을 발휘했습니다. 보통 우주에서 일어나는 사건은 인간이 제어할 수 없기 때문에 실험에 사용하기가 적절하지 않다고 여깁니다. 하지만 우주에는 온갖 자연현상이 일어난다는 장점이 있습니다. 그중에서 적절한 것들만 고르면 지구에서 실험하는 것과 크게 다르지 않죠. 물론 그러기 위해서는 우주에서 일어나는 일을 자세히 알고 있어야 하고 또 그 본질을 잘 이해하고 있어야만 합니다. 뢰머는 그 점에서 조금도 모자람이 없었죠. 그는 목성의 위성식이라고 불리는 현상을 이용했습니다.

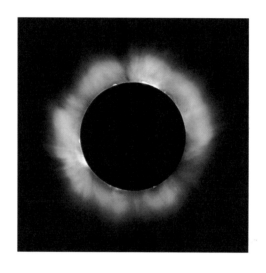

천문현상에서 뒤에 '~식蝕'이란 말이 붙으면 한 천체가 다른 천체를 가리는 현상을 일컫습니다. 월식이나 일식이란 말이 나타내는 현상을 떠올려보세요.

목성의 위성은 목성 주변을 돌고 있으니 (태양빛으로 생긴) 목성의 그림자에 가려졌다가 나오기를 반복합니다. 뢰머는 이것을 빛의 속도측정을 위한 훌륭한 타이머로 생각했습니다. 위성이 목성의 그림자에 가려지는 순간과 목성의 그림자에서 나오는 순간의 시차가 언제나 일정하다는 것이죠.

이 현상을 중계하는 매개체는 바로 빛입니다. 빛은 사건의 '영상'을 빛의 속도로 사방에 전달하지요. 그래서 목성에서 멀리 떨어져 있는 별은 이 광경을 조금 늦게 보고 가깝게 있는 별은 조금 일찍 보는 것입니다. 그렇다면 이 광경을 움직이면서 보면 어떻게 될까요? 잠시 은유적인 상상을 해보는 게 도움이 될 것입니다.

두 사람이 공을 주고받습니다. 그런데 한 사람이 공 두 개를 똑같은 속도로 일정한 간격을 두고 다른 사람에게 던집니다. 공을 받는 사람은 한 손에 초시계를 든 채로 두 공이 도착하는 시간을 측정하지요. 이때 첫 번째 공을 받자마자 초시계를 누르고 곧바로 뒤로 한 걸음 물러선 후 다음 공을 받을 때까지의 시간을 측정한다고 합시다. 그렇게 시간을 재고 다시 제자리로 돌아와 실험을 반복합니다. 다만 이번에는 두 번째 공을 받을 때 아까와는 반대로 공을 던진 사람 방향으로 한 걸음 내딛고 공을 받았다고 합시다. 이후 첫 번째 실험과 두 번째 실험에서 기록한 시간을 비교해보면 차이가 날 겁니다. 이 차이는 보폭의 크기와 공의 속력에 의해 결정되겠지요.

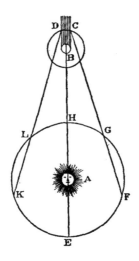

　두 공을 받는 시간이 아니라 목성의 위성식이 시작되는 순간부터 목성의 위성식이 끝날 때까지의 시간을 측정한 뢰머도 거의 똑같은 방법을 썼습니다. 단지 공이 아니고 빛을 사용했을 뿐입니다.

　위의 그림은 1676년 뢰머가 직접 그린 것을 복원한 그림인데요, 참고하면 뢰머의 실험을 더욱 쉽게 이해할 수 있습니다. 우선 목성의 위성식이 시작될 때, 그러니까 목성(B) 주변을 시계 반대 방향으로 도는 위성이 C 위치에 있을 때 출발한 빛이 첫 번째 공입니다. 그리고 위성이 D 위치에 도달해 식 현상이 끝날 때 출발한 빛이 두 번째 공입니다. 이때 한 발 내딛거나 물러선 것은 당연히 관찰자인 뢰머가 아니고 지구입니다. 지구가 태양 주위를 공전하며 목성에 가까워졌다 멀어졌다 한 것이지요. 그랬더니 지구와 목성이 가까워질 때(F → G) 측정한 값과 멀어질 때(L → K) 측정한 값이 서로 달랐습니다. 이제 이 시차를 이용해 앞서 공의 예와 마찬가지로 빛의 속도를 계산해낼 수 있습니다.

뢰머는 목성의 위성식이 언제 일어날지 예언했는데 그 예언이 10분 정도 벗어났다고 합니다. 이 현상을 설명하기 위해 빛의 속도를 가정했다고 하죠. 빛의 속도를 측정하기 위한 목적을 가지고 위성식을 이용한 것은 아닙니다. 하지만 발상이 대단히 창의적이라는 사실에는 변함이 없습니다.

창의력 대장 피조와 푸코

뢰머의 방법은 결과적으로도 대단히 뛰어났습니다. 뢰머가 그때 측정한 빛의 속도는 $2.1 \times 10^8 \text{m/s}$입니다. 현재 알려진 빛의 속도와 30% 정도밖에 차이가 나지 않지요. 저런 비현실적인 값을, 심지어 유한한지 아닌지도 알려지지 않은 상태에서 저 정도 오차만 내고 인류 최초로 측정에 성공했다는 것은 거의 기적입니다.

하지만 빛의 본질을 탐구하는 학자들에게는 여전히 만족스럽지 못한 방법입니다. 그들은 공기 중에서 빛의 속도와 물속에서 빛의 속도를 비교해야 하거든요. 뢰머 덕분에 빛이 유한한 속력을 가졌다는 사실과 빛의 대략적인 속도를 알 수 있었지만 뢰머의 방식을 이용해 원하는 바를 얻을 수는 없었습니다. 목성과 지구 사이를 공기나 물로 채울 수는 없으니까요. 결국 인간이 여러 가지 조건을 제어할 수 있는 환경에서 사용할 수 있는 아예 새로운 방법을 고안해야 했습니다. 이 말은, 즉 갈릴레오처럼 지상에서 빛의 속도를 측정해야 한다는 뜻이죠.

이제 학자들은 갈릴레오가 마주쳤던 똑같은 문제를 해결해야 합니다. 바로 빛이 지나간 시간을 어떻게 측정할 것인지에 관한 문제죠. 이 문제가 얼마나 어려운지 예를 들어 설명해보겠습니다. 시중에서 파는 초시계는 대체로 0.01초가 최소 단위입니다. 그런데 빛은 이 시간 동안 대충 3,000km를 움직일 수 있습니다. 여러분이 보통의 초시계를 이용해서 최대한 정밀하게 측정하려고 해도 그때 빛은 3,000km보다 더 긴 거리를 여행한다는 것이죠. 이 어려움을 어떻게 극복해야 할까요? 마음 같아선 여행을 마치고 온 빛에게 움직인 시간이 얼마나 되느냐고 물어보고 싶을 정도입니다.

이 문제를 놀라운 창의력을 발휘해 최초로 풀어낸 학자가 바로 19세기 중엽의 피조Armand Hippolyte Louis Fizeau입니다. 빛의 본질에 대한 과학적 호기심에 이끌려 거의 비슷한 시기에 푸코Jean Bernard Léon Foucault도 빛의 본질에 다가섭니다.

이들이 사용한 방법은 가히 경이로울 정도입니다. 둘 다 근본적으로 비슷한 방법을 사용했는데요, 여기서는 피조의 방법만 알아보기로 하겠습니다. 피조의 원래 실험방법을 아주 약간만 변형하면 이해하기 훨씬 쉬워집니다. 일단 그림처럼 연결된 거대한 톱니바퀴 두 개를 상상해봅시다. 그리고 왼쪽 톱니바퀴의 왼편에서 빛을 쏩니다. 그러면 빛은 왼쪽 톱니바퀴의 톱니 사이를 지나 오른쪽 톱니바퀴의 톱니 사이로 나오게 됩니다. 관측자의 눈은 이 오른쪽 톱니바퀴의 오른편에 있습니다.

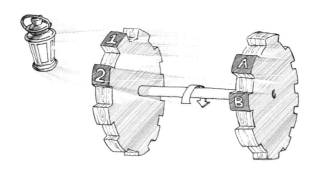

이제 톱니바퀴를 천천히 돌리기 시작합시다. 매우 천천히 돌리다 보면 빛이 첫 번째 톱니바퀴에 가려지는 순간이 있겠죠. 다시 톱니바퀴가 돌

아가면 그 빛은 다시 앞으로 나아가기 시작할 겁니다. 이때 빛의 모양이 달라집니다. 빛이 자기를 가리던 톱니가 완전히 지나갈 때까지 기다렸다가 다 함께 동시에 출발하지 않고 톱니가 열림에 따라 순차적으로 출발하기 때문입니다. 결과적으로 빛은 마치 '오른쪽으로 이동하는 평행사변형'같이 보일 것입니다.

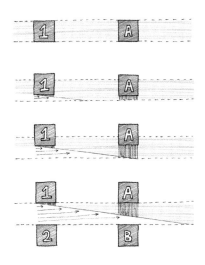

그리고 오른쪽 톱니바퀴가 돌아가면서 눈앞의 구멍을 점점 조인다는 것도 생각해야 합니다. 물론 톱니바퀴가 천천히 돈다면 출발한 빛의 제일 앞부분은 오른쪽 톱니바퀴를 수월하게 통과할 것입니다. 하지만 톱니바퀴는 회전 중이기 때문에 빛은 절대로 출발한 형태를 온전히 보전한 채 오른쪽 톱니바퀴의 톱니 사이를 통과하지 못합니다. 빛이 아무리 빨라도 소용없습니다. 빛이 왼쪽에서 오른쪽으로 이동하는 시간이 매우 짧더라도 톱니바퀴는 그 찰나의 시간만큼 이동할 것이고 그만큼 눈앞의 구멍도 변하기 때문이죠.

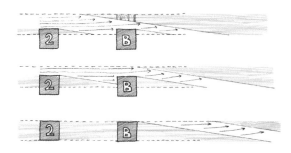

따라서 톱니바퀴를 회전시키면 회전시키기 전보다 약간 어둡게 보일 것입니다. 눈에 들어오는 빛의 총량이 줄어들었기 때문이지요.
오른쪽 톱니바퀴의 톱니에 빛이 가로막힐 뿐 아니라 왼쪽 톱니바퀴의 톱니에도 빛이 가로막힙니다. 특히 왼쪽 톱니바퀴의 톱니가 빛을 가로막는 건 출발하는 빛이 평행사변형 모양을 갖는 데 영향을 미치지요.

톱니바퀴를 점점 더 빠르게 돌릴수록 톱니바퀴에 부딪치는 빛의 비율이 높아집니다. 따라서 충분히 톱니바퀴를 빨리 돌리면, 단 한 줄기의 빛도 오른쪽 톱니바퀴를 통과하지 못하게 할 수 있습니다. 빛의 맨 앞부분이 오른쪽 톱니바퀴에 도착하기 전에 톱니바퀴를 톱니 하나만큼만 돌려 빛의 통과를 완전히 막는 것이죠. 이렇게 되면 관측자는 빛을 전혀 관측하지 못합니다. 바로 이 순간 '빛이 톱니바퀴 사이를 움직인 시간'과 '톱니바퀴가 톱니 하나만큼 돌아간 시간'이 같아집니다. 중요한 것은 빛이 움직인 시간은 측정되지 못해도 톱니 하나만큼 톱니바퀴가 돌아가는 시간을 측정할 수 있다는 겁니다. 톱니바퀴가 한 바퀴 도는 데 걸리는 시간을 톱니의 숫자로 나누면 끝입니다.

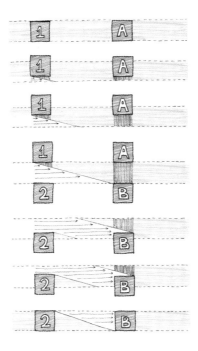

정리해보면 연구자는 눈을 부릅뜨고 두 톱니바퀴 사이를 통과한 빛을 보면서 톱니바퀴를 점점 빠르게 돌리기만 하면 됩니다. 그러다가 빛이 하나도 안 보이게 되는 순간의 회전속도를 측정해 빛이 두 톱니바퀴 사이를 이동하는 데 걸린 시간을 구하면 끝입니다. 이 시간으로 두 톱니바퀴 사이의 거리를 나누면 빛의 속도가 구해집니다.

피조는 실행단계에서 생기는 어려움마저 하나하나 극복해 실험을 완성해냈습니다. 실제로는 저렇게 사이가 먼 톱니바퀴 두 개를 나란히 정렬해 단단한 축으로 고정하기가 힘들 겁니다. 심지어 그걸 돌린다니 더더욱 말이 안 되죠. 그래서 피조는 톱니바퀴를 하나만 썼습니다. 그리고 건너편에 거울을 배치했지요!

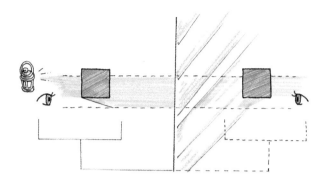

이러면 추가적인 톱니바퀴도 필요 없고 축도 필요 없지요. 기발함의 극치입니다.

그런데도 피조는 정확한 측정을 위해 거울을 8km 정도나 멀리 설치해야 했습니다. 레이저도 없던 시기에 8km 밖에 비친 빛을 눈으로 보고 실험한 것입니다. 이때 사용한 톱니바퀴의 톱니 수도 자그마치 720개였지요. 그리고 이 톱니바퀴를 초당 열두 번씩 돌렸습니다. 이 정도면 톱니 하나가 지나가는 데 걸리는 시간이 0.0001초 수준에 불과합니다. 지금 시중에서 구할 수 있는 웬만한 전자 초시계보다 성능이 더 좋은 장비인 셈입니다. 이런 노력으로 피조는 빛이 3.15×10^8m/sec의 속도로 진행한다는 것을 알아낼 수 있었습니다.

피조에 이어 빛의 속도를 측정한 푸코는 빛의 속도가 물에서 어떻게 변하는지 관찰한 최초의 과학자가 되었죠. 그는 뉴턴의 예상과 달리 빛의 속도가 물속에서 더 느려진다는 것을 알아냈습니다. 뉴턴의 가설이 틀린 것이죠.
어떤 이는 '빛의 입자설이 들어 있는 관에 마지막 못을 박았다'고 표현했습니다. 이 말은 푸코의 실험이 입자설이 틀렸다는 결정적 증거라는 뜻도 되지만, 당시 사람들이 빛의 입자설을 이미 거의 믿고 있지 않았다는 뜻도 되지요.

과학이란 이름의 예술

실험을 되돌아 봅시다. 톱니를 이용해 시간을 쪼개는 발상이 대단히 새로웠습니다. 또 거울을 이용해 거리문제와 톱니의 정렬문제를 해결하는 아이디어도 기발했지요. 사용했던 도구들의 제원으로 미루어보아 실제 구현하는 것도 만만치 않았을 겁니다. 이 모든 요소가 잘 맞물렸기 때문에 상대가 극한의 속도에 가까운 빛의 속도인데도 정복할 수 있었습니다. 이렇게 실험이란 과학자의 활동 하나하나에 깃든 노력을 모아 거대한 과학적 가치를 완성하는 작업입니다. 남들은 하지 못했던 생각을 바탕으로 각 도구가 오류 없이 자기 역할을 수행하게 해 결과를 도출하는 작업이죠. 과학실험은 흡사 거대한 예술품을 보는 듯한 느낌을 불러일으킵니다.

극한에 가까운 자연현상을 탐구한 실험들을 보면 과학자들의 이런 노력이 더욱 돋보입니다. 아무래도 극한에 가까운 현상은 접근하는 것부터가 보통 일이 아니니까요. 문제는 극한에 가까운 현상일수록 그 현상을 이해하기 어렵다는 데 있습니다. 일단 내용을 이해하고 나면 과학자들의 기발한 발상에 '아!' 하고 탄성을 지를만한 것이 많은데 정작 이해하는 것 자체가 어렵다는 뜻이죠. 그래도 어렵다고 아예 눈을 감아 버리는 것보다는 찬찬히 알아보는 게 훨씬 좋습니다. 들여다보면 볼수록 얻을 것이 많거든요.

조금 더 생각하기 6. 창의성

천재성을 뛰어넘는 창의성

과학은 대단히 창의적인 활동입니다. 자연을 관찰하고 그 안에 근본적인 무엇인가가 있다고 추론하는 과정이기 때문입니다. 과학활동이 창의적이라는 사실은 과학자들이 '최초'를 선호한다는 데서도 잘 드러납니다. 과학자들은 남이 해놓은 생각, 이미 정립된 이론보다 '처음'에 대한 가치를 대단히 높게 치지요. 마치 예술가처럼 말입니다. 우리는 앞에서 과학이 무언가를 창조하는 과정을 자세히 살펴보았습니다. 충돌을 명확히 설명하기 위해 과학자들은 개념, 즉 운동량이나 힘 따위를 만들었지요. 이런 것 하나하나가 전부 깊은 생각과 노력 없이는 쉽게 나올 수 없는 창의적 사고의 결과물들입니다.

그러나 과학을 '학습'으로만 접한 대부분의 학생은 이런 것을 피부로 느끼기가 쉽지 않죠. 안타깝게도 많은 학생이 과학 하면 암기와 문제풀이를 제일 먼저 떠올립니다. 그렇지만 어쩔 수 없는 부분도 있습니다. 순도 높은 창의적 영역에 진입하기 위해서는 학습이 필요하기 때문이지요. 마치 자전거를 잘 타기 위해 연습해야 하는 것과 같은 이치입니다. 정도의 차이가 있을 뿐 거의 모든 창의적 활동에는 적절한 수준의 학습이 필요합니다. 예술이나 디자인 같은 영역도 절대 예외가 아니지요. 다른 사람이 어떤 생각을 했고 그런 것들이 어떤 평가를 받는지 알고 있어야만 유의미한 창의적 활동이 가능합니다. 미술사를 공부하고 다른 사람의 디자인을 공부해야만 무엇이 모방이고 무엇이 창조인지, 어떤 것이 격이고 어떤 것이 파격인지 등을 알 수 있죠. 창조를 위해 학습은 반드시 선행 또는 병행되어야만 합니다. 단지 과학이란 영역이 다른 영역보다 학습을 조금 더 강조할 뿐입니다.

　이제 과학자들을 더욱 낭만적인 시각에서 바라볼 수 있습니다. 그들은 놀라운 자연현상을 발견하고 이를 설명할 방법을 알아내기 위해 고심하는 자유로운 영혼이지요. 예술가들처럼 새로운 아이디어, 기발한 발상이 떠오르길 갈구합니다. 단지 그들 앞에 복잡한 수식이나 시험관이 있을 뿐입니다. 목욕하다가 기뻐서 뛰쳐나가고 꿈에서 단서를 찾아낸 과학자들의 얘기를 생각해보세요. 갑작스레 찾아온 영감에 놀라 자신을 제어하지 못하는 이야기 속에 딱딱하고 지루한 과학자는 존재하지 않습니다.

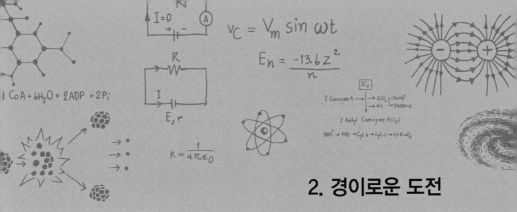

2. 경이로운 도전

선생님 그런데요, 사실 피조가 한 게 별일 아니잖아요. 톱니바퀴 만들어서 돌리는 건 그냥 하면 되는 거 아니에요?

네가 지금 생각하기엔 그럴 수도 있지. 실제로 요즘엔 조금 비싸긴 하지만 똑같은 원리로 빛의 속도를 측정할 수 있는 교육용 실험장비 일체를 어렵지 않게 구할 수 있단다.

그러면 뭐 별로 대단한 실험도 아니네요.

그래, 하지만 피조가 살던 그때는 지금과 다르지. 지금이야 필요한 물건을 필요한 만큼 정밀하게 깎을 수 있는 기술이 전부 갖춰져 있지만 그때는 아무래도 지금과 같지는 않았을 테니까.

그 당시가 어땠는데요?

예를 들어 지금 금속으로 뭔가 만든다고 할 때 가장 자주 이용하는 합금 중의 하나인 두랄루민은 1906년에서야 발명된 것이지. 피조는 이보다 50년에서 100년 전 사람이니까, 지금과 같은 제작조건보다 200년 정도 뒤처진 셈이지.

알아듣게 설명해보세요. 두랄루민은 또 뭐예요?

알루미늄 친군가…….

…….

악마는 디테일에 있다

실험은 종합예술입니다. 실험 하나가 성공하기 위해서는 수많은 조건이 조화롭게 작용해야 하지요. 피조의 실험도 시간을 톱니로 쪼개는 핵심 아이디어만이 전부는 아닙니다. 훌륭한 톱니바퀴를 제작해 부드럽게 돌리고 16km나 진행한 빛을 관찰할 수 있게 한 기술이 있었기에 성공했던 것입니다. 성공한 실험의 각 요소는 모두 중요한 역할을 하기에 하나라도 빠져서는 안 되지요.

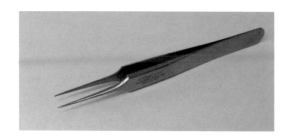

간단해보이는 트위저에도 수많은 종류가 있습니다. 하나에 200유로 가까이하는 것도 적지 않지요. 코털 뽑는 미용용 트위저도 비싼 것이 많습니다.

따라서 과학자는 실험의 모든 부분에 정성을 쏟아야 합니다. 실험이 복잡하고 어려워질수록 디테일한 고민과 정성이 필요한 것은 당연한 이치지요. 예를 들어 자성체를 다루는 실험을 할 때는 시료를 다루는 트위저 하나를 고를 때도 신경 써야 합니다. 시료를 정밀하게 옮겨야 하는 실험인데 시료가 트위저에 턱턱 붙어버린다면 사용하기 쉽지 않겠지요. 만약 시료가 외부자기장의 영향으로 쉽게 성질이 바뀌는 타입이라면 트위저가 만드는 매우 작은 자기장 때문에 실험 자체가 불가능할 수도 있습니다. 시료가 너무 부드럽다면 경도가 매우 뛰어난 트위저는 분명히 실험에 방해가 될 것입니다. 이런 사항들은 보통의 과학책에는 실리지 않지만 실제로 실험을 수행할 때 대단히 중요하게 생각하는 부분입니다.

연구를 직접 수행해본 사람은 훨씬 복잡하고 미묘한 경험을 하게 되지요. 시료 위에 금속산화물 박막을 만드는 실험을 예로 들어봅시다. 박막이 정확히 원하는 성분만으로 이루어지게 하기 위해서는 실험 공간의 순도를 매우 높여야 합니다. 그 공간 어디에라도 원하지 않는 물질 외에 다른 물질이 들어가서는 안 되지요. 그래서 그 공간을 진짜 아무것도 없는, 심지어 공기도 없는 진공상태로 만든 후 순도가 높은 물질들만을 투입해 박막을 만듭니다. 만약 진공이 제대로 만들어지지 않았거나 공기를 이동시키는 튜브에 틈이 생기면 이물질이 끼어들어 실험을 망치게 됩니다. 이렇게 되면 장비의 모든 부분을 하나하나 확인해야 하는 수밖에 없는데요, 대부분의 진공장비가 적잖이 크면서도 부품 간의 틈은 매우 좁기 때문에 작업은 막무가내로 전개됩니다. 접합점과 결합점을 전부 하나하나 확인해보는 수밖에 없지요. 설상가상인 것은 진공장비의 반응이 대부분 즉각적이지 않아서 진공이 잘 만들어지는지 알려면 몇 시간씩 기다려야 할 때가 태반이라는 점입니다. 필수적이고 힘들지만 교과서에는 잘 실리지 않는 이 작업을 완료하기 위해 심하면 한 달 넘게 시간이 걸리기도 합니다.

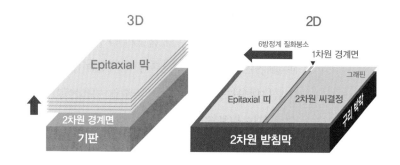

트위저나 진공에 관한 일은 꽤 일상적이라 연구원끼리는 별로 이야깃거리도 안 됩니다. 그런데 종종 연구원 사이에서도 흥미를 불러일으킬 만한 일이 생기기도 하죠. 화학약품을 기판에 고르게 코팅하는 실험을 했던 분이 해주셨던 얘기입니다. 한번은 기업에서 연구하는 또 다른 연구원이 실험방법을 궁금해하기에 친절하게 알려줬다고 합니다. 어떤 장비를 어떤 화학약품과 함께 사용해야 하는지, 설정을 어떻게 하는지 따위를 상세하게 말이지요. 그런데 기업소속 연구원은 똑같이 따라 했는데도 실험이 제대로 안 된다고 하더랍니다. 분명히 동일한 조건이었는데 말입니다. 방법을 가르쳐준 분이 나중에 우연히 이유를 알아냈는데 의외의 곳에 원인이 있었습니다. 이 분은 학교에서 작은 시료로 연구를 했는데 시료를 장비에 올려놓기 직전 편의상 잠시 얇은 고무장갑을 낀 손등에 올려놓곤 했답니다. 어차피 시료의 뒷면은 중요하지 않아서 전혀 문제 될 것이 없는 행동이었지요. 그런데 어느 날 시료를 손등에 올려놓지 않았더니 실험이 안 되더랍니다. 시료를 손등에 올려놓는 행위가 실험에 상당히 중요했던 것입니다. 추정컨대 인간의 체온만큼 시료가 미지근해질 필요가 있었던 것이죠. 기업소속 연구원이 계속 실패했던 이유도 자연스럽게 이해됩니다. 기업연구소에서 사용하는 시료는 크기가 크기 때문에 시료를 손등에 올려놓을 일이 전혀 없거든요. 대부분 장비나 도구를 이용하지요. 따라서 온도가 올라갈 일 자체가 없는 것입니다. 문제점과 해결책이 이렇게까지 숨어 있으면 연구원이 이를 알아내고 해결할 가능성은 매우 희박합니다. 시료가 체온에 잠시 데워져서 올라가는 온도라야 고작 십수 도 정도일 겁니다. 이 정도 때문에 자신의 실험결과가 다른 사람과 크게 달라졌을 것이라고 예상하기란 절대 쉬운 일이 아니죠.

거스름돈을 가로챈 중성미자

그러니까 실험장비를 하나 만들 때도 재료를 무엇을 쓸지 크기를 어떻게 할지 고민에 고민을 거듭한단다. 온도전달이 잘 되어야 하면 금속 중에서도 열전달이 매우 잘되는 구리를 쓴다거나 정확한 모양이 중요한 부품이라면 황동을 쓴다거나, 더더욱 정확한 치수가 중요하면 가공이 매우 잘 되는 두랄루민이라는 합금을 쓴다거나 하는 식이지.

아니, 그러니까요. 그런 것들이 다 대단한 게 아니라는 거죠. 대단한 게 아니니까 교과서에 안 실리지 않았겠어요?

무슨 말 하려는지 알겠다. 하지만 그것들은 대단한 것이 맞아.

혹시 위에 말한 예들이 과학적으로 중요한 실험이 아니어서 그런 건 아니에요? 과학사에 길이 남을만한 유명한 실험들은 진짜 폼 나고 그럴 것 아니에요?

야, 자식 집요한데.

그래, 말 잘했다. 흔히들 실험이 화려하고 과학적으로 중요하면 실험과정도 더욱 멋진 것들로 가득 차 있을 것으로 생각하지. 최첨단기술과 전자장비를 사용한 실험은 대단히 놀랍고 새로운 것들로 가득할 것이라고 막연히 기대하는 거지. 근데 실상은 꼭 그렇지만도 않단다. 내가 중성미자의 예를 들어줄게.

중성미자? 그게 뭐냐?

아, 저번에 했잖아. 쿼크 어쩌고 할 때 얘기 나왔었잖아.

아, 맞다. 그래서 그게 뭔데? 넌 기억 나?

더 이상은 묻지 마라.

중성미자의 존재는 β 베타선이라고 불리는 고속의 전자를 연구하던 중에 최초로 예측되었습니다. 이 전자는 원자가 아닌 원자의 '핵' 내에서 생성되는 것이었는데요, 그 운동에너지를 측정해보니까 엄청나게 다양한 값이 도출되었습니다. 그러니까 똑같은 반응을 통해 나온 고속의 전자지만 어떤 전자는 1의 에너지를 갖고 어떤 전자는 2.7의 에너지를 갖는 등 다양한 분포를 보여주었던 것이죠. 여러 번에 걸친 실험결과 에너지의 분포가 다양한 값이라는 수준을 넘어 아예 연속적이라는 사실을 알 수 있었습니다. 고속의 전자가 가질 수 있는 에너지의 종류가 무한히 많다는 뜻이죠.

대단히 단순한 사실이지만 과학자들은 매우 불만이었습니다. 만약 전자가 원자핵 내의 특정한 과정으로 생성된 것이라면 전자의 에너지는 일정한 값으로만 나타나야 자연스럽지요. 동일한 반응이 여러 다른 종류의 값으로 귀결된다는 것은 상당히 부자연스럽습니다. 한 가지가 아니라면 적어도 일정한 몇 가지의 값으로만 나타났어도 좋았을 텐데 그것조차 아니었죠. 말 그대로 연속적이었습니다.

이것은 음료수 자판기가 잔돈을 아무렇게나 거슬러주는 상황과 비슷합니다. 일정한 돈을 넣고 음료수를 뽑을 때 나올 수 있는 잔돈의 종류는 결정되어 있지요. 따라서 만약 자판기에 음료수 가격이 지워져 있어도 몇 번 뽑아 먹으면 가격을 추론해낼 수 있습니다. 자판기가 고장 나서 자기 마음대로 음료수를 쏟아내더라도 계산만 매번 확실하다면 문제 될 것이 없습니다. 충분한 자료가 쌓일 때까지 여러 번 음료수를 뽑아보고 추론하면 되니까요. 과학자들은 β선도 비슷하게 행동하기를 원했지요. 핵에 대한 모종의 정보를 품은 채로 일정한 패턴을 띠리라 기대했습니다. 그런데 이 고속의 전자는 완전히 자기 멋대로였습니다. 1,000원을 넣고 음료수를 뽑았는데 450원이 나오기도, 449원이 나오기도, 452.12원이 나오기도 하는 것입니다.

1930년 저명한 학자 파울리Wolfgang Ernst Pauli는 중성미자라는 존재가 이 문제를 해결할 것이라고 추론했습니다. 만약 고속의 전자가 핵에서 튀어나오는 순간 보이지 않는 입자 하나가 더 존재해서 에너지의 일부를 가져간다면 그리고 그 비율이 정확히 정해져 있지 않다면 이런 일이 일어날 수 있다고 본 것이죠.

자판기로 치면 자판기 속에서 알파카 한 마리가 자기 마음 내키는 대로 돈을 조금씩 가로채고 있는 상황인 것입니다. 그러면 나오는 거스름돈의 종류가 어째서 다양한지 완벽히 이해되지요.

1931년 물리학자 페르미는 추론을 이론으로 발전시키면서 그 보이지 않는 입자에 중성미자라는 지금의 이름을 붙여주었습니다. 그리고 20여 년이 흐른 1956년 코웬Clyde Lorrain Cowan Jr.과 라이네스Frederick Reines는 최초로 그 존재를 실험으로 확인했습니다.

중성미자는 스칠 뿐
입자의 존재를 이론으로 먼저 예측했다는 점 그리고 예측한 뒤에도 20년이나 지나서야 실험으로 증명했다는 점이 일관되게 시사하는 바가 있습니다. 바로 중성미자는 쉽게 관측할 수 없다는 것입니다. 만약 가끔이라도 보이는 존재였다면 β선을 관찰하는 과학자들의 눈에 우연이라도 하나쯤 띌 수 있었을 것입니다. 하지만 그런 일은 전혀 일어나지 않았죠.

이것은 실험장비의 문제이거나 과학자들의 주의력 문제가 아닙니다. 다른 입자들과 거의 상호작용하지 않는 중성미자 특유의 성질 때문이지요. 무슨 얘기냐 하면 중성미자가 지금 바로 우리 눈을 뚫고 지나가더라도 우리는 아무것도 느끼지 못한다는 뜻입니다. 무언가가 분자 사이를 비집고 들어가는 것과는 근본적으로 다른 과정입니다. 미치는 영향이 너무 작아서 인간이 눈치채지 못하는 것과도 질적으로 전혀 다르지요. 중성미자는 진짜 쓱 지나갑니다. 예를 들어 태양에서 나온 광자는 인간의 몸에 흡수됩니다. 반응을 하는 것이지요. 햇빛에 잠깐 피부가 노출된다고 하더라도 광자가 피부에 닿은 것 때문에 뜨거움이나 아픔을 느끼지는 않습니다. 이것은 그 양이 매우 적기 때문이지요. 하지만 오랜 시간이 지나면 피부색이 변하고 화상을 입는 등 눈에 띄는 변화가 분명히 일어납니다. 따라서 피부와 똑같은 성질을 가진 매우 예민한 계측장비를 만든다면 별 무리 없이 광자를 측정할 수 있지요. 하지만 중성미자는 광자와 달리 아무리 오랜 시간 쬐어도 피부의 성질을 바꾸지 않습니다. 중성미자는 반응 자체를 안 하니까요. 중성미자의 이런 성질은 지구에 존재하는 거의 모든 분자구조물에 동등하게 적용됩니다. 대부분의 중성미자는 피부고 땅이고 바다고 간에 그냥 다 통과하지요. 이것이 중성미자가 우연으로라도 과학자들의 레이더에 걸리지 않은 이유입니다.

이렇게 생각해보면 중성미자를 검출하는 실험이 얼마나 어려울지도 어렴풋이 짐작할 수 있습니다. 중성미자를 담을 수 있는 용기, 중성미자를 쌓을 수 있는 판 따위를 만들 수 없다는 것이 명백하니까요. 중성미자를 전기적으로 붙잡을 수 있는 장비나 자석이 있느냐 하면 그것도 아닙니다. 말 그대로 중성이기 때문에 양극도, 음극도, N극도, S극도 아니지요. 중성미자는 전기적·자기적 성질을 이용한 모든 전자장비의 영향 또한 받지 않고 쓱 지나갑니다. 어떤 방법으로도 중성미자가 꼬이는 장치를 만들 수 없지요. 중성미자와 모종의 반응을 주고받기가 얼마나 어려운지는 태양에서 만들어져 지구로 향하는 중성미자의 개수가 잘 말해줍니다. 태양이 있는 쪽을 바라볼 때 눈동자를 통과하는 중성미자의 개수는 대략 초당 10^{11}개에 달합니다! 이 정도면 진짜 쏟아지는 수준입니다. 중성미자는 어차피 지구 전체를 그냥 통과하기 때문에 밤이고 낮이고 구별 없이, 언제든 태양이 있는 쪽을 정확히 보기만 하면 저렇게 어마어마한 수의 중성미자가 눈동자를 통과합니다. 하지만 눈에는 아무런 변화가 없지요. 전 지구적으로도 마찬가지입니다. 고작 눈동자만 한 면적을 지나는 중성미자가 수백억 개에 달한다니 지구 전체를 통과하는 중성미자가 얼마나 많을지는 상상도 못 할 정도입니다. 하지만 쏟아지는 양에 비하면 매우 적은 양만 지구의 구성성분과 상호작용하지요. 그나마 일어나는 반응도 그다지 격렬하지 않습니다. 그래서 중성미자와 관련된 자연현상 중 쉽게 관찰할 수 있는 것은 없습니다.

빛이 너무 빨라서 곤란했다면, 중성미자는 너무 작아서 곤란한 셈입니다. 과학자들의 유일한 위안은 처음 중성미자를 상상했을 때 관측의 어려움도 어느 정도 예상했다는 점입니다. 물론 어려움의 존재와 그 정도를 미리 알고 있는 것이 매우 중요하기는 하지만요.

그래서 과학자들이 이번엔 어떤 아이디어를 냈는데요?

엄청 놀랄만한 아이디어를 짜잔~ 하고 만들어냈겠죠? 그렇죠?

으흐, 들으면 실망할 텐데, 으흐흐흐흐. 그래도 한번 들어 보겠니?

?

무한 잠복수사에 들어가다

중성미자가 원자핵에서 생성되어 튀어나오는 만큼 핵이나 핵을 이루는 입자들과는 반응할 수도 있습니다. 하지만 그 가능성은 크지 않지요. 특히 중성미자와 원자핵 모두 매우 작기 때문에 반응이 일어나도록 둘을 부딪치게 하는 것 자체가 문제입니다. 흔히들 물질에 아무렇게나 중성미자를 쏘기만 하면 원자핵과 쉽게 부딪칠 것으로 생각하지요. 하지만 미시적 세계의 사정은 전혀 다릅니다. 원자의 크기와 그 안에 있는 원자핵의 크기 차이가 어마어마하거든요. 원자핵의 크기는 원자 크기의 1/1만 정도밖에 안 됩니다. 따라서 물체가 아무리 원자들로 빽빽하게 뭉쳐져 있다고 하더라도 원자핵 사이의 거리는 매우 멉니다. 만약 원자핵이 1cm 정도의 강낭콩만 한 크기라면 원자의 크기는 100m나 되는 것입니다. 큰 축구장 한가운데 있는 콩이 원자핵인 셈입니다. 이렇게 생각하면 원자핵으로 이루어진 그물이 얼마나 성긴지 알 수 있죠. 그런데 이렇게 작은 원자핵보다도 중성미자는 월등히 작습니다. 인간이 보기에는 원자들로 빽빽한 물질이라도 중성미자가 쓱 통과할 수 있는 이유입니다.

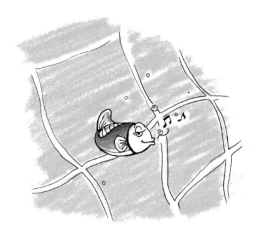

어떻게든 중성미자의 반응을 유도해 중성미자의 존재를 알아내야 하는 과학자들에겐 매우 안 좋은 소식이죠. 중성미자를 원자핵에 정조준해 발사할 수 있는 말도 안 되는 수준의 기술이 존재할 리도 없습니다. 중성미자를 그렇게 조절할 능력이 있다면 고민할 필요조차 없지요. 결국 남은 방법은 엄청나게 많은 수의 중성미자를 엄청나게 많은 수의 타깃물질에 비처럼 뿌리는 것밖에 없습니다. 그러다 보면 조금이라도 맞긴 맞겠지요. 그러니까 어려움을 극복하는 놀라운 방법 같은 것은 없습니다. 매우 상식적인 결론이었죠.

과학자들은 다량의 중성미자가 방출되는 (것으로 추정되는) 원자로 옆에다가 검출기를 만들기로 했습니다. 라이네스와 코웬은 원자로에서 십수m밖에 떨어지지 않은 곳에 장비를 설치했지요. 태양에서 오는 중성미자보다 적게는 100배에서 많게는 1,000배 정도 더 많은 중성미자가 그 장비를 지나갔습니다. 중성미자와 반응해야 하는 타깃물질도 만만치 않게 많이 준비했습니다. 아주 작은 반응이라도 일어나기를 기원하면서 말입니다. 그들은 400ℓ의 물을 200ℓ 용량의 탱크 두 개에 담아 타깃물질로 사용했습니다.

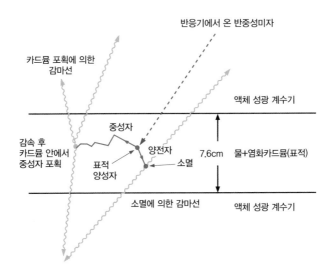

반응기에서 온 반중성미자

카드뮴 포획에 의한
감마선

액체 성광 계수기

감속 후
카드뮴 안에서
중성자 포획

중성자

표적
양성자

양전자

소멸

7.6cm

물+염화카드뮴(표적)

소멸에 의한 감마선

액체 성광 계수기

중성미자가 물속 양성자와 부딪치면 입자 두 개가 튀어나
옵니다. 이 입자는 각각 γ감마선을 방출하지요. 검출기의 물
질은 이 γ선을 측정해 물과 중성미자가 반응했는지를 알아
냈습니다. 이론이 예측한 γ선의 특징을 그대로 보여주는지
가 관건이었지요.

　이렇게 다량의 중성미자와 많은 양의 물을 준비했지만 일어나는 반응
은 여전히 많지 않았습니다. 따라서 과학자들에게는 아주 작은 신호도
놓치지 않고 읽을 수 있는 정밀한 계측장비가 필요했지요. 그들은 신호
를 잘 읽을 수 있게 도와주는 물질로 물탱크를 둘러쌌습니다. 이때 계측
용 물질의 총 양은 4,200ℓ로 탱크 세 개에 나눠 담았죠. 결국 전체 무게
가 10t에 육박하게 된 이 계측기는 지금으로서는 그리 큰 장비가 아니지
만 당시로선 엄청난 크기의 검출기였습니다. 흔히 하는 말로 집채만 한
크기였으니까요.

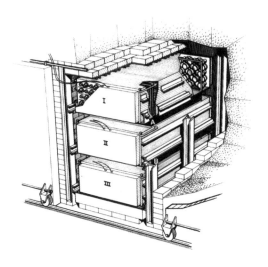

잉? 이게 다예요? 진짜요? 뭐 반응이 잘 일어나는 특수한 방법 같은 것 안 썼어요?

본질을 잘 파악했구나. 별것 없다는 거지. 물론 더 반응성이 좋은 화학물을 쓴다거나 정밀한 계측기를 개발하기 위해서도 최선을 다했겠지. 하지만 실험의 가장 근본적인 성격은 바로 확률이 높은 곳에서 꾸준히 기다리는 것이었단다. 자세히 들여다볼수록 놀라운 아이디어라기보다 대단한 끈기와 노력이란 생각만 깊어지지.

이처럼 잘 드러나지 않는 입자를 검출하기 위한 실험은 지극히 직관적으로 설계되었습니다. 과학적으로 특별할 게 없었죠. 과학자들은 지구상에서 그 입자가 가장 많으리라 추정되는 자리에 매우 예민한 검출장치를 두고 아주 오래 기다렸을 뿐입니다. 이것은 집 밖을 잘 나오지 않는 스타를 쫓는 파파라치가 스타의 집 앞에서 좋은 카메라를 들고 아주 오랜 시간 기다리는 것과 전혀 다를 바가 없지요. 그만큼 특별할 것이 전혀 없는 상식적이고 당연한 실험이라는 뜻입니다. 이들의 노력이 전혀 과하거나 모자라지 않았다는 것은 결과가 증명해주었지요. 그들은 수개월 동안의 측정과 여러 검증실험으로 중성미자가 관련되었다고 추정할만한 반응을 시간당 세 개씩 얻는 데 성공했거든요. 엄지손톱만 한 면적에도 태양에서 온 중성미자가 초당 수백억 개씩 쏟아지는데, 그것보다 훨씬 중성미자의 밀도가 높은 곳에 엄청난 크기의 실험장비를 실치하고도 검출된 것은 시간당 딱 세 개입니다. 중성미자가 얼마나 물질과 반응을 잘 하지 않는지 다시 한 번 알 수 있습니다.

이 실험을 정리한 논문은 과학 잡지 『사이언스』에 「자유로운 중성미자의 탐지: 확인」"Detection of the Free Neutrino: a Confirmation"이란 제목으로 발표되었습니다. 인터넷으로 쉽게 검색할 수 있습니다만, 쉽게 이해할 수는 없을 겁니다.

멈추지 않는 업그레이드

라이네스와 코웬의 실험은 냉정히 말해서 입자의 존재를 겨우 증명한 것에 불과했습니다. 중성미자의 특징에 대해 더 연구하기 위해서는 후속 연구가 필수적이었죠. 과학자들은 더 정밀한 연구를 위해 더 자세하게 중성미자를 추적할 수 있는 장비가 필요했고 그래서 실험장비의 규모를 더욱 키웠습니다.

그런데 조금 커진 정도가 아닙니다. 과학자들이 중성미자의 특성을 추적하기 위해 사용한 장비에는 물만 3,000t이 들어갑니다. 한 변의 길이가 대략 14m 정도 되는 커다란 정육면체 수조에 순수한 물을 가득 채웠다고 생각하면 되지요. 그리고 물 주변에는 광센서 1,000개가 있어서 중성미자와 물이 반응할 때 나오는 미약한 빛을 놓치지 않고 감지할 수 있도록 했습니다. 불필요한 신호에서 수조를 보호하기 위해 지하 1,000m 깊이에 있는 폐광의 갱도를 이용해 만들었지요. 장비가 있는 산의 이름인 카미오를 따서 카미오칸데라고 부르는 이 장비는 1987년 초신성 1987A가 터졌을 때 엄청난 활약을 했습니다. 중성미자 열두 개를 측정했거든요. 이 양은 미국과 러시아가 이 폭발에서 검출한 중성미자를 합한 개수와 같은 양입니다.

그 후로 과학자들은 이 물탱크의 크기를 더욱 키워서 5만t의 물이 들어가도록 개량했습니다. 수조 주변을 빼곡히 매운 광센서는 만 개가 넘도록 업그레이드했지요. 이 장비가 바로 슈퍼카미오칸데입니다. 이제 과학자 몇 명이 십여t의 장비를 만지던 작업은 '오밀조밀'하게 보이는 시대가 되었습니다. 슈퍼카미오칸데를 이용한 논문의 공동저자만 120명이라는 사실에서도 실험의 엄청난 규모와 실험을 위해 과학자들이 들인 노동의 양을 짐작할 수 있습니다.

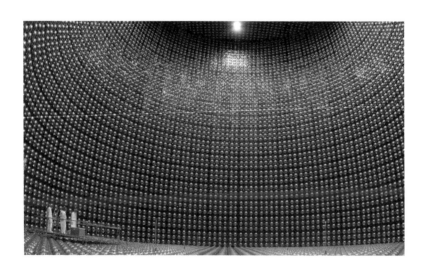

카미오칸데는 사실 중성미자를 관측하기 위한 장비가 아니었습니다. 그러나 1985년 태양에서 오는 중성미자를 관측하기 위한 장비로 개량되었지요. 그 후 개량에 개량을 거치다가 1996년 슈퍼카미오칸데가 되었습니다. 이름에 '슈퍼'를 붙인 것을 보면 과학자들이 생각해도 황당한 크기였나 봅니다.

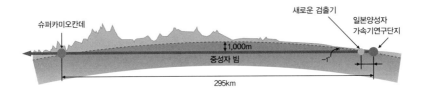

과학자들은 슈퍼카미오칸데를 이용해 공상과학영화에서나 나올 법한 실험을 기획하기도 했습니다. 슈퍼카미오칸데에서 자그마치 250km나 떨어진 곳에서 다량의 중성미자를 슈퍼카미오칸데로 쏘는 실험을 한 것이죠. 슈퍼카미오칸데에서는 이들 중성미자의 특성을 측정했습니다. 중성미자는 어차피 모든 것을 다 통과하니까 중성미자의 대부분이 슈퍼카미오칸데에 도착했다고 봐도 무방한 셈이죠.

세상천지가 실험도구

중성미자의 비밀을 밝혀내는 실험은 두말할 것 없이 대단히 의미 있는 일입니다. 쿼크를 포함한 표준모형에서 중성미자가 차지하는 비중이 작지 않거든요. 이 입자가 질량이 있는지 없는지는 표준모형에서도 매우 중요한 문제입니다. 하지만 실험을 직접 수행하는 과학자들이 맞닥뜨렸던 어려움은 물리학적인 것만이 아니었습니다. 물론 중성미자를 감지하기 어려운 이유는 물리학적으로 다뤄야 할 문제입니다. 하지만 과학자들이 이 문제를 해결하기 위해 사용한 방법 전부가 물리학적 고뇌와 연결되는 것은 아닙니다. 그들이 부딪친 어려움 중에는 표준모형에 대한 이해와 크게 상관없는 것들도 참 많았습니다. 예를 들어 거대한 수조를 얼마나 뒤틀림 없이 깔끔하게 만들 것인지, 그 안에 순수한 물을 어떻게 집어넣을 것인지, 희미한 빛을 어떻게 놓치지 않고 감지할 것인지 등은 표준모형과 크게 상관없는 고민이지요. 하지만 과학자들이 저런 어려움을 모두 극복하지 못한다면 실험은 성공할 수 없습니다. 그래서 과학자들은 저런 문제를 풀기 위한 노력 하나하나에도 가치가 깃들어 있음을 잘 알고 있습니다.

슈퍼카미오칸데 이후 중성미자에 관한 연구를 이끌어갈 실험장비로 주목받고 있는 아이스큐브에 관한 얘기 또한 적절한 예가 될 것 같습니다. 사실 슈퍼카미오칸데 정도면 장비를 키울 수 있는 한계에 이미 도달했다고 생각할 만합니다. 하지만 더 정밀한 측정을 위해서는 장비의 크기를 또 10배 정도 키워야 하죠. 한두 배 키우는 것은 그리 큰 의미가 없습니다. 마치 1cm를 측정할 수 있는 자보다 정밀한 자는 눈금간격이 0.5cm가 아니라 0.1cm이어야만 하는 것과 마찬가지이지요. 결국 슈퍼카미오칸데의 용량이 5만t이었으니 이번에는 50만t의 물이 담길 수 있는 수조를 만들어야 한다는 얘기인데 생각만 해도 아찔하죠.

그러나 과학자들은 쉽게 물러설 사람들이 아닙니다. 깨끗한 물분자가 가득 담겨 있고 거대한 구조를 이루고 있으며 광센서로 중성미자를 감지할 수 있는 장치를 직접 만들 수 없다면? 과학자들은 이와 같은 조건을 남극의 얼음에서 찾았습니다. 남극의 얼음은 단단한 구조물을 이루고 있고 측정에 방해될만한 노이즈에서도 자유롭습니다. 깨끗한 얼음층을 가진 곳을 찾아서 그 사이사이에 고감도 광센서를 매설할 수만 있다면 과학자들이 원하는 환경에 근접할 수 있습니다. 실로 대단한 창의력이라고 할 수 있지요.

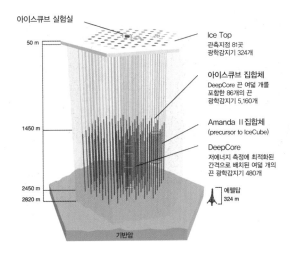

아이스큐브 실험실

Ice Top
관측지점 81곳
광학감지기 324개

아이스큐브 집합체
DeepCore 끈 여덟 개를
포함한 86개의 끈
광학감지기 5,160개

Amanda II집합체
(precursor to IceCube)

DeepCore
저에너지 측정에 최적화된
간격으로 배치된 여덟 개의
끈 광학감지기 480개

에펠탑
324 m

50 m

1450 m

2450 m
2820 m

기반암

학자들이 남극에 만들려고 하는 계측기의 전체 크기는 대략 1km³에 달합니다. 이 정도 크기는 되어야 놀랍다고 할 수 있죠. 이미 훨씬 거대한 실험장비들이 즐비하니까요.
가장 대표적으로 유럽입자물리연구소CERN가 유럽에 '건설'한 도넛 모양의 실험장비는 둘레 길이가 27km인데 땅속 100m에 통째로 묻혀 있습니다. 위 그림이 바로 CERN의 규모를 알려주는 것인데요, 실제 사진에 거대한 도넛을 그린 것입니다. 이쯤 되면 예전 과학자들이 사용하던 실험도구와는 비교하기가 무색하죠. 피라미드나 만리장성과 비교해야 하지 않을까요?

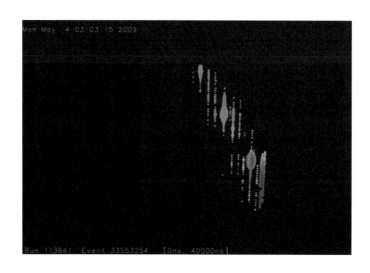

엄밀히 말해 아이스큐브는 고에너지 중성미자, 그러니까 매우 빠른 중성미자의 특징을 정확히 아는 데 더욱 특화된 장비입니다. 그림은 아이스큐브의 광센서가 에너지가 매우 큰 중성미자에 반응할 때 일어날 일을 가상으로 구현해본 것입니다. 아무런 설명이 없어도 중성미자가 지나가면서 저 센서들을 저렇게 작동시키겠구나 하는 생각이 저절로 드는 그림이지요. 만약 장비의 크기가 아이스큐브처럼 크지 않았다면 두 줄 또는 세 줄만을 데이터로 얻을 수 있었을 겁니다. 그렇게 적은 줄만 보여주는 그림보다 저 그림이 중성미자의 운동 방향과 에너지에 대해 더 좋은 정보를 준다는 것은 당연한 얘기죠.

실패를 무릅쓰는 용기, 포기하지 않는 끈기

다시 한 번 말하지만 실험은 하나의 종합예술입니다. 그러므로 예술품을 평가할 때와 마찬가지로 부분만을 강조해 전체를 평가하는 우를 범하면 안 되지요.

중성미자를 관측하는 실험도 마찬가지입니다. 오로지 '과학자이기 때문에' 특별히 할 수 있었던 추측이나 지식, 판단력 외에도 끈기와 집중력,

번뜩이는 아이디어가 큰 역할을 했습니다. 물론 물리학자들의 깊이 있는 물리학적인 고뇌도 평가절하해서는 절대 안 되겠지요. 중성미자의 행동을 어느 정도 예측해 실험이 가능하도록 기구를 설정하는 일, 수많은 신호 중에서 원하는 신호를 정확히 구별하는 일, 도출된 결과를 물리적으로 이해해 실험이 삼천포로 빠지지 않도록 하는 일 등도 매우 중요했으니까요.

사실 뭐 너무 당연한 것이니까 여태 언급을 덜 했을 뿐이지요. '물리학자가 물리실험을 하는데 물리적 전문지식이 중요하다.' 이걸 말해야 아나요? 단지 모든 사람이 아는 것 외에도 다른 많은 것이 필요하다 이거지.

뭐에요. 여태 학문적이지 않은 것도 중요하다면서요.

그래. 그것도 중요하지. 하지만 그렇다고 학문적인 게 중요하지 않다는 말은 아니잖아. '학문적'이란 수식어가 적절한지는 모르겠는데 여하튼 실험이 성사되려면 어느 하나라도 모자라면 안 되는 것은 사실이니까. 학문의 분야가 다르다면 강조되는 부분이 달라지기도 하고 또 같은 실험이라도 상황에 따라 약간씩 다른 면이 부각되기도 하지.

다른 영역의 학문에서도 학자들의 땀과 노력이 돋보이는 예는 어렵지 않게 찾을 수 있습니다. 오스트리아의 생물학자 프리슈 Karl von Frisch는 꿀벌의 춤을 관찰한 학자로 유명합니다. 그는 벌통에서 수많은 벌이 왔다 갔다 하는 모습을 보며 일정한 규칙을 찾아냈지요. 몇몇 정찰벌이 꿀을 찾은 후 다른 벌들에게 그 위치를 알려주는 법을 알아낸 것입니다.

이 생물학자가 꿀벌의 이런 습성을 발견하기 위해 어떤 어려움을 극복했을지 상상해보세요. 벌통 속에서 종횡무진으로 움직이며 우글거리는 수천 마리의 벌 가운데서 특별한 움직임을 보이는 몇몇 벌을 구별해야 했을 것입니다. 정말이지 보통 각오로는 도전하기조차 힘든 일이지요. 하지만 프리슈는 수년에 걸친 노력 끝에 훌륭한 결과를 얻어냈습니다. 언어라고 불러도 손색없는 꿀벌의 춤이 지닌 의미를 정확히 밝혀내기 위해서는 끈기가 필요했던 것입니다.

사실 양봉업자들은 이미 꿀벌이 어떤 종류의 '의사소통'으로 꿀의 위치를 알아낸다고 추측했다고 합니다. 과학자의 일은 이러한 '심증'을 명확하게 설계한 실험과 꾸준한 관찰을 통해 정확하게 밝혀내는 것이죠.

여태 언급한 모든 과학실험의 가치를 더욱 돋보이게 하는 사실 하나를 더 얘기하면서 이 장을 마치도록 하겠습니다. 답이 정해져 있지 않은 문제를 향해 결과가 어찌 될지도 모른 채 돌진하는 과학자들의 고민과 결단을 생각해보는 사람은 많지 않습니다. 대부분 성공한 실험에 대해서만 얘기하지요. 하지만 과학자들의 등 뒤에는 항상 실패의 가능성이 도사리고 있었다는 걸 알 필요가 있습니다. 중성미자를 세계 최초로 측정한 라이네스와 코웬은 장소를 옮겨가며 수년에 걸쳐 실험을 반복했습니다. 측정 자체가 어려워 누구도 하지 못한 일을 해내기 위해 몇 년의 시간을 투자한 것입니다. 만약 실패하기라도 했다면 어떻게 되었을까요? 만약 페르미의 추론이 틀린 것이었다면, 중성미자에 대한 자신들의 믿음이 틀린 것이었다면 연구의 결론은 어떻게 났을까요? 라이네스와 코웬은 그런 것들에 대한 두려움이 없었을까요?

앞서 박막을 입히려다 아주 미세한 온도차 때문에 실패했던 기업소속 연구원 얘기가 기억나시나요? 실패의 씨앗은 그렇게 어이없는 곳에서도 자랄 수 있습니다. 이런 것에 굴하지 않는 것이 과학자들입니다. 그들에게서 도전정신을 엿볼 수 있다면 바로 이런 부분이겠지요. 과학에도 땀과 노력이 얼마나 중요한 덕목인지 생각해볼 수 있었으면 좋겠습니다.

과학자들의 도전정신이라. 그래도 위험을 무릅쓰거나 목숨을 거는 것과는 거리가 있네요. 그래도 실패한다면 시간과 노력은 매우 아깝겠다. 허무할 거 같아.

만약 연구하다가 실패하면 저 장비들은 어떻게 해요? 그냥 다 버려요?

나도 그건 잘 모른다. 그런데 실험 끝났다고 남극에 박아놓은 1km짜리 봉을 수거해 갈 것 같지는 않구나. 슈퍼카미오칸데에 있는 5만t짜리 수조의 물은 뺄 것 같지만…….

…….

조금 더 생각하기 7. 실험의 어려움

벼룩의 숭고한 희생

과학자들이 자연을 있는 그대로 쳐다보기만 하는 것은 아닙니다. 자연을 이리저리 변형해보곤 하지요. 실험은 사실 자연현상에 인위적인 요소를 첨가하는 것입니다. 물체의 특성을 측정하기 위해 온도를 매우 낮춘다든지, 큰 힘을 준다든지, 뜨겁게 가열하거나 녹이거나 태운다든지 등 실험이라는 것은 대게 기본적으로 자연에 의도적인 변화를 줍니다. 종종 세심한 관찰을 위해 방해될만한 요소를 제거하기도 하는데 이것도 있는 그대로의 자연을 바꾸는 행위지요.

예를 들어 금속의 성질을 연구하는 학자들은 순수한 금속을 보기 위해 특별한 노력을 투자합니다. 우리가 만질 수 있는 대부분의 금속은 사실 순수한 금속 외에도 다른 성분을 많이 포함하고 있기 때문입니다. 가장 대표적인 불순물이 바로 금속 표면에 형성되는 얇은 산화막인데요, 공기 중에 섞여 있는 산소 분자가 금속과 반응해 형성한 금속산화물이 표면을 감싸는 것입니다. 철은 그 현상이 심해지면 갈색으로 변하며 녹이 슬어 아예 삭아버리기도 합니다.

따라서 이 불순물이 금속에 생기지 않도록 하려면 공기를 차단해야만 합니다. 말로는 간단하게 들릴지 몰라도 실제 진공을 만드는 일은 절대 쉽지 않습니다. 특히 몇몇 학자는 원자 하나하나를 들여다보는 수준의 정밀한 연구를 하는데 이런 연구는 아주 작은 불순물도 허락하지 않지요. 때때로 달 표면의 공기 압력과 비슷한 수준의 진공이 필요할 때도 있습니다. 그래서 적지 않은 과학자가 많은 노력과 돈 그리고 시간을 들여서 상당히 깨끗한 진공을 만듭니다.

실험이 어렵고 힘들어지는 이유는 이뿐만이 아닙니다. 과학자들이 자연에 인위적인 조작을 가하려는 순간 의도하지 않은 변화까지 유발할 수 있거든요. 예를 들어 빗면을 따라 미끄러져 내려오는 상자의 속도를 정확히 측정하는 실험을 한다고 합시다. 그러면 빗면과 상자 사이의 마찰을 없애야만 하지요. 비교적 단순하고 당연해보이는 작업입니다. 하지만 위험은 어디에나 도사리고 있습니다. 만약 빗면과 상자 사이의 이물질을 깨끗이 닦아낸다면서 수건으로 열심히 문질렀는데 이 때문에 정전기가 생기면 어떻게 하지요? 스카치테이프로 열심히 잡티를 제거했는데 테이프의 끈끈이가 조금씩 상자에 붙는 것을 못 알아챘다면? 먼지와 잡티를 제거하는 데는 성공할지 몰라도 실험 자체는 망치게 될 겁니다. 과학자들은 이런 위험요소도 파악하고 피해갈 수 있어야 합니다.

이에 관해서는 인용할만한 얘기가 있습니다. 롭상 람파Lobsang Rampa로 알려진 사람이 쓴 『인생의 장chapter of life』에 나오는 얘기인데요, 저자는 약간 다른 의도로 글을 쓴 것 같지만 지금 인용하기에 너무나 적절합니다.

과학자는 벼룩에게 그가 '뛰어'라고 말할 때마다 성냥갑 위로 뛰어오르도록 긴 시간 동안 세심한 주의를 기울여 훈련시켰다. 벼룩이 이 명령을 알아듣게 되었을 때 과학자는 벼룩의 다리 여섯 개 중 두 개를 떼어낸 후 '뛰어'라고 말했다. 벼룩은 뛰어올랐다. 그러나 전처럼 성공적으로 뛰지는 못했다. 그는 만족의 웃음을 살짝 지으며 다리 두 개를 더 떼어내고는 또 '뛰어'라고 말했다. 벼룩은 힘없이 뛰어올랐다. 과학자는 고개를 끄덕였다. 그리고 벼룩에게 다가가 남은 두 다리를 마저 떼어냈다. 불행하게도 모든 다리를 잃은 이 벼룩은 이제 과학자가 '뛰어'

라고 아무리 말해도 움직이지 못했다. 과학자는 많은 시도를 한 후에 고개를 끄덕이며 보고서에 결론을 적었다. '벼룩은 다리를 이용해 소리를 듣는다. 두 다리를 잃었을 때는 잘 듣지 못했고 많이 뛰지 못했다. 그리고 모든 다리를 잃게 되자 완전히 귀가 먹었다!'

조금 더 생각하기 8. 대규모 실험

규모의 과학

과학이 발달하면서 예전에는 연구하지 못했던 것들도 연구대상이 되자 실험은 점점 더 거대해지고 복잡해졌습니다. 현대에 이르러서는 '상상하기 힘들 정도'라는 수식어가 붙을 지경이 되었지요. 자연을 더욱 자세히 연구하고자 하는 과학자들의 욕구가 멈추지 않았기 때문에 실험도구나 장비의 발전은 계속되었습니다.

일례로 CERN이 스위스 제네바 인근에 만든, 아니 '건설'했다고 표현해야 옳은 실험도구는 자그마치 60억 달러짜리입니다. 가격부터 예사롭지 않은 이 녀석의 이름은 거대 강입자 가속기Large Hardron Collider, LHC쯤으로 번역됩니다. 매우 커다란 도넛처럼 생긴 모양과 규모도 놀랍도록 비상식적입니다. 그 둘레만 해도 자그마치 27km나 되고 통째로 지하 100m 깊이에 묻혀 있거든요. 과연 이것을 지금까지 인류가 만들었던 다른 실험도구들과 비교하는 게 적절한지조차 의심되는 수준입니다. 50년 전 허블이 사용했던 당시 최대 크기의 망원경에 달린 반사경의 지름이 '고작' 2.5m였으니까요. 잠시 과학에 대한 생각을 접고 오로지 흥미만을 목적으로 인류가 만든 거대구조물들과도 비교한다며 LHC는 피라미드랑 비교할법합니다. 그런데 그 큰 쿠푸왕의 피라미드도 한 변의 길이가 230m에 불과해 LHC보다 한참 작습니다.

이렇게나 거대한 구조물이 하는 일은 눈에 잘 보이지도 않는 작은 양성자를 가속시키는 것입니다. 가속된 양성자는 다른 양성자와 충돌하는데 그때 사건이 일어나는 영역이라 해봤자 거대한 장비의 크기가 무색하게도 고작 6cm에 불과하지요. 장비 전체의 크기가 어마어마해진 것은 온 갖 장비가 저 좁은 영역에서 일어나는 일을 정확히 기록하기 위해 그 주변을 둘러싸고 있기 때문이지요.

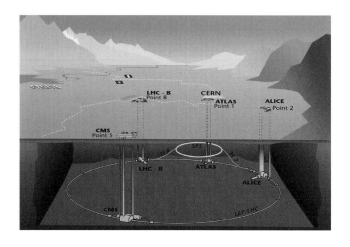

상식적인 부분이라고는 찾아보기 힘든 실험도구입니다. 그 안에서 일어나는 일을 이해하는 것도 마찬가지로 어렵지요.

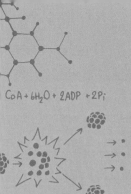
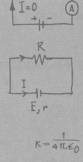
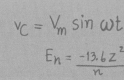

$$I = 0 \quad \text{(A)}$$

$$v_C = V_m \sin \omega t$$

$$E_n = \frac{-13.6 z^2}{n}$$

$$K = \frac{1}{4\pi\varepsilon_0}$$

$CoA + 6H_2O + 2ADP + 2P_i$

R

I

E, r

3. 우주를 여행하는 빛

과학이론은 명백하게 인간 사고의 결과물입니다. 어떤 이론들은 매우 고차원적인 사고를 통해 만들어졌지요. 그런데 아이러니하게도 이 모든 것은 전부 관찰과 실험을 바탕으로 완성된 것이기도 합니다. 감각을 통해 얻은 자연에 대한 정보 없이는 자연에 대해 어떤 이론도 세울 수 없지요. 과학에서 실험의 중요성은 아무리 강조해도 모자라지 않습니다.

아니 근데 왜 우린 만날 문제만 풀고 법칙 외우고 그래요? 우리도 실험해야 하는 것 아니에요?

훌륭한 실험을 위해서는 이론도 잘 알고 있어야 한단다.

이론을 아주 잘 알면 실험 좀 안 해도 되지 않을까요? 그러니까 아인슈타인이나 파인만 같은 학자들은 실험을 안 했잖아요.

본인이 실험을 안 했을 뿐이지. 결국 그들의 이론도 진정한 과학으로 받아들여지기 위해서는 실험의 도움이 필요했어. 과학사에서 실험이 중요한 역할을 한 예는 너무나도 많지.

그러면 실험만 한 유명한 과학자도 있어요?

실험'만' 한 학자는 없지만 실험으로 유명해진 학자들은 많지. 패러데이[Michael Faraday]나 톰슨이나……

어쩐지 덜 유명한 것 같아요.

……

우주론, 인간의 작은 두뇌가 품은 우주

사람들은 종종 관찰과 실험의 역할을 과소평가하곤 합니다. 그러면서 과학의 이론적 발전에는 큰 의미를 부여하죠. 대표적으로 우주론[Cosmology]과 같이 사색으로 가득 찬 영역에서는 관찰과 실험이 큰 역할을 못 할 것으로 생각합니다. 아마도 우주론이 실험과 거의 상관없이 존재했던 시절이 꽤 길었기 때문에 생긴 오해일 것입니다. 특히 우주가 어떻게 생겼을지에 대한 고민을 전부 우주론으로 묶는다면 그 기간이 상당히 길어지지요. 태양신 라[la]가 하늘 주변을 빙빙 돈다는 고대 이집트인들의 생각, 신들이 밤하늘을 오간다는 고대 그리스인들의 생각이 전부 우주론의 범주에 들어가기 때문입니다. 이처럼 우주에 대한 의문은 물리학자가 아닌 평범한 사람들도 한 번쯤 품어볼 만해 유사 이래 수많은 사람이 엄청나게 다양한 답을 내놓았습니다. 당연히 대부분 현대과학과는 큰 상관없는 독특한 상상의 결과물들이지요.

하지만 두말할 것도 없이 우주론에서도 관찰과 실험의 역할은 매우 핵심적입니다. 사실 우주론의 역사는 관찰과 실험의 중요성을 매우 잘 드러내는 좋은 예입니다. 인간들의 사고로만 발전하던 우주론에 실험이 곁들여지자 발전 속도가 빨라졌거든요. 우주론의 발전을 하나하나 되짚어 보면서 인간의 작은 두뇌가 우주라는 거대한 존재를 어떻게 인식했는지 그리고 조작할 수 없는 대상에 대한 자료를 어떻게 얻어냈는지 살펴본다면 과학이 어떤 식으로 발전했는지도 알게 됩니다.

상상으로 가득하던 우주론의 영역에 관측과 실험이 끼어드는 순간을 만끽하기 위해 현대 우주론의 시작부터 천천히 따라가 보도록 합시다. 무엇이든지 내용을 잘 알고 있어야 더욱 감동을 받는 법이니까요. 이를 위해 한동안은 실험 없이 우주에 대한 깊은 사색만 계속할 것입니다.

볼 수 없는 것을 관찰하다

20세기에 들어서면서 우주론은 과거의 신화적 성격을 탈피하는 놀라운 변화를 맞이하게 됩니다. 아인슈타인 같은 사람이 우주에 대해 궁금해하기 시작한 게 큰 원인일 것입니다. 아인슈타인은 우주에 대해 궁금해했던 이전의 인간들과 질적으로 달랐습니다. 단순히 일반상대성이론을 인류에게 선물할 정도로 뛰어난 과학자여서가 아닙니다. 그의 일반상대성이론은 공간에 대한 완전히 새로운 시각을 제시함으로써 우주공간을 과학적으로 추론할 수 있게 해주었죠. 그러니까 그는 우주론을 과학의 틀 안에서 다룰 정도로 뛰어난 학자였던 셈입니다. 실제로 우주에 대해 아인슈타인은 대단히 명쾌하고 직관적으로 추론했습니다. 그래서 당시 그가 하던 고민은 지금까지도 우주론과 관련된 거의 모든 책의 앞부분을 장식하고 있지요. 여기서도 이야기의 시작은 일반상대성이론입니다.

언제나 거장의 생각을 따라가기란 쉬운 일이 아닙니다. 수학적으로 훈련되어 있는 사람끼리는 간단하고 명쾌하게 '방정식의 해가 그러하다'라고 말하면 되지만 말입니다. 수식을 언급하지 않고 현상론적으로 설명하는 것은 항상 틀릴 위험을 감수해야 하는 것이기도 하지요. 어쨌든 일반상대성이론의 내용을 아주 조금은 알고 있어야 이야기를 진행시킬 수 있습니다. 수식 없이 아주 조금만 알면 되지요.

일반상대성이론은 물체가 공간을 왜곡시킨다는 내용을 담고 있습니다. 질량은 공간을 휘게 하고 그렇게 휘어진 공간 위에 놓인 또 다른 물체는 휘어진 공간을 따라 움직이죠. 같은 원리로 항상 공간을 따라 직진하는 빛의 진행 방향도 바뀌게 됩니다. 공간 자체가 휘어짐으로써 공간 왜곡이 없을 때와 다른 방향으로 진행하게 되는 것이지요. 이와 같은 개념은 상당히 생소하고 이해하기 어렵습니다. 그저 2차원 면이 어떻게 변형되는지 도식화된 그림을 보면서 감만 잡을 뿐입니다. 3차원 공간이 실제로 어떻게 왜곡되는지는 그림으로 표현할 수도 없지요.

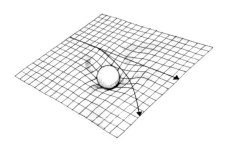

우리가 잘못하는 것이 아니라 그냥 불가능합니다. 시각적으로 나타내지 못하는 것은 과학자들도 마찬가지이거든요. 단지 그들은 수학적으로 이런 것들을 완벽하게 표현할 수 있고 그렇게 변형된 공간을 익숙하게 받아들일 뿐입니다. 정말이지 무엇인가를 '이해'한다는 일은 오묘한 것입니다.

공간이 왜곡된다는 것은 상상하기조차 힘든 얘기지만 일반상대성이론과 이를 뒷받침하는 실험은 자연이 실제로 그러하다고 주장하지요. 이런 어려운 얘기를 꼭 해야 하는 이유는 이렇게 꾸불꾸불한 공간의 모습이 바로 실제 우주의 모습이기 때문입니다. 우주라는 대상이 있으며 그 대상을 채우는 공간은 어떻게 생겼을 것이라고 상상해선 안 됩니다. 우주는 바로 공간 그 자체입니다. 따라서 우주가 어떤 굴곡을 가졌는지 알아본다면 우주의 모습을 찾을 수 있습니다.

그런데 문제가 있습니다. 보통 무엇인가의 형태를 관찰하기 위해서는 그것을 눈앞에 놓고 요리조리 관찰하는데요, 우주에는 이런 상식적인 방법을 적용할 수 없습니다. 우주는 모든 것을 포함하기 때문에 관찰자인 인간도 그 밖으로 나갈 수 없지요. 게다가 안타깝게도 휘어진 공간을 우리 눈으로 보는 일도 절대 일어나지 않습니다. 공간 자체는 자신의 형태에 대한 정보를 인간의 감각기관에 전혀 전달하지 않습니다. 따라서 우주라는 공간이 어떻게 생겼는지 알기 위해서 인간이 할 수 있는 일은 하나밖에 남지 않습니다. 바로 질량의 분포를 알아내는 것입니다.

예를 들어 우주에 질량이 하나도 없다면 공간에 왜곡을 주는 것이 하나도 없다는 말이니 우주는 마냥 평평하지 않겠어요? 그런데 어느 곳이라도 질량이 존재한다면 우주에 특정한 모양이 생기기 시작할 겁니다. 요컨대 공간의 모양을 결정하는 원인을 조사해 우주의 모양을 알아내고자 하는 것이죠. 그래서 만약 전 우주의 질량 분포를 알아낸다면 우주라는 공간이 어떤 모습으로 어떻게 휘어져 있는지 알게 될 것입니다. 우주 전체를 한눈에 조망할 정도로 '상상할 수 있는 최대한의' 거시적 관점만 지닌다면 우주의 형태를 알 수 있다는 말이죠.

물론 이런 거시적 관점의 데이터를 얻는 것은 '상상하기 힘들 정도로' 어려운 일이죠. 그런데 과학자들은 힘들고 어려운 일을 그냥 두고 넘어

가거나 여유를 가지고 조망할만큼 품격 있는 인성의 위인들이 아닙니다. 어떻게든 달려들어 문제를 해결하려 하지요.

지구는 한낱 코코아 가루 하나

대단히 상식적이고 합리적인 관점을 유지한 채 우주가 거시적으로 균일하다고 가정할 수 있습니다. 물론 우주의 모든 물질이 완전하게 고루고루 분포해 있지는 않지요. 그렇지만 우주는 엄청나게 넓기 때문에 큰 그림에서는 균일하다고 봐도 전혀 문제가 없습니다. 마치 코코아를 녹인 우유와 같지요. 분명히 군데군데 코코아 가루가 뭉쳐 있어서 균일하지 않지만 특정 수준 이하로 작아지기만 하면 우리는 코코아가 잘 섞였다고 합니다. 그것은 코코아를 마시는 인간의 입이나 컵이 매우 커서 작은 차이는 인식하지 못하기 때문이지요. 우주도 마찬가지입니다. 지구고 태양이고 간에 이것들은 전부 질량 분포의 균일성을 해치는 덩어리이지만 광대한 우주에 비하면 가루 수준이거든요. 이런 가정은 우주의 어디라도 자연법칙은 동일하다는 자연스러운 생각과도 일맥상통합니다. 역으로 생각해봐도 균일한 우주는 설득력이 상당히 강합니다. 거대 구조의 비대칭, 즉 광활한 우주의 특정 부분이 다른 부분보다 더 조밀하다는 얘기는 자연스럽게 받아들이기 어렵죠. 마치 광활한 태평양의 오른쪽 반이 별 이유 없이 더 짜다고 상상했을 때 느껴지는 부자연스러움과 비슷한 것입니다.

이렇게 전체 우주가 균일하다고 가정하고 나면 전체 우주공간의 휘어진 정도도 전부 같다고 할 수 있습니다. 아까 강조했듯이 휘어진 정도는 질량으로 결정되니까요. 그런데 전 우주가 동일하게 휘어질 방법은 딱 세 가지밖에 없습니다. 하나는 공간 전체가 한 방향으로 고르게 휘어서 하나의 구를 이루는 방법입니다. 또 하나는 전혀 휘지 않고 우주가 평평한 모양을 할 때입니다. 굽은 정도가 0이라는 것이죠. 또 하나는 구와 반대방향으로 꺾이는 방법인데요, 흔히들 말안장 모양이라고 하지요. 이 세 가지를 우주가 2차원이라고 가정해 그리면 우주론을 소개하는 책마다 나오는 유명한 그림이 됩니다.

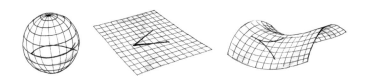

각 상황을 순서대로 다음과 같이 생소한 말로 표현할 수도 있습니다.

· 곡률이 양(+)인 상황
· 곡률이 0인 상황
· 곡률이 음(−)인 상황

이 세 가지의 차이점이 무엇인지 다음과 같이 비교해볼 수도 있지요. 각 공간에 삼각형을 그리고서 내각의 합을 비교해봅니다.

· 내각의 합이 180도보다 크면 곡률이 양
· 딱 180도이면 곡률이 0
· 180도보다 작으면 곡률이 음

만약 세 가지 모형에 도배지를 바르듯이 평평한 종이를 붙인다고 했을 때 생기는 차이점으로도 공간을 구분할 수 있습니다.

· 종이가 남아서 접히는 부분이 생기면 곡률이 양
· 딱 맞아떨어지면 곡률이 0
· 붙이다가 종이가 찢어지면 곡률이 음

또 있습니다.

· 평행한 직선을 두 개 그렸을 때 둘 사이의 거리가 줄어들면 양
· 둘 사이 거리가 유지되면 0
· 둘 사이 거리가 멀어지면 음

사실 표현 방법은 더 많습니다. 또한 이해를 돕기 위해 2차원으로 그렸을 뿐 실제 우주는 3차원이라는 사실을 잊으면 안 됩니다.

　균일한 우주의 모습은 저렇게 세 가지입니다. 각각 닫힌 우주, 평평한 우주, 열린 우주라고 부릅니다. 닫힌 우주는 나머지 두 개와 달리 크기가 한정되어 있다는 점에서 특이합니다. 닫혀 있다는 말도 이런 의미에서 붙인 것이지요. 그러나 닫혀 있는 우주에도 끝은 없습니다. 표면을 따라 아무리 움직여봐야 '끝'과 같은, 그래서 더 이상 나아가지 못하는 지점 따위는 없지요. 어쨌든 이제 남은 문제는 실제 우주가 이 세 가지 모습 중 어떤 것과 가장 비슷한지 입니다.

상식을 지켜라

세 가지 우주는 각각의 형태에서 비롯된 고유의 특성을 갖습니다. 질량이 있는 입자가 휘어진 공간을 따라 움직이기 때문이지요. (이제부터 '질량이 있는 입자'는 그냥 질량이라고 하겠습니다.) 왜곡된 공간 안에 놓인 질량은 가만히 있지 않고 그 공간을 따라 움직입니다. 물론 그 움직임을 따라 공간도 다시 변형됩니다. 세 종류의 우주공간 모두 휘어진 모습이 다르기 때문에 질량의 움직임도 다르지요. 이 얘기는 시간이 지남에 따라 세 우주가 점점 더 다른 모습으로 변한다는 뜻입니다. 만약 우주가 닫힌 우주라면 그 안의 물체들은 닫힌 우주의 곡면을 따라 서로 더욱 가까워질 것입니다. 그러면 질량이 한 지점으로 모이게 되니 곡률은 더욱 커지겠지요. 시간이 지나면 질량들은 점점 더 가까워질 것이고 결과적으로 모이는 지점도 더욱 작아질 것입니다. 공간도 따라서 작아지겠죠. 결국 우주는 시간이 지나면 아주 작은 점으로 뭉쳐져서 망가져버릴 것입니다!

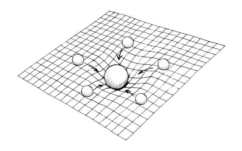

 질량은 서로서로 뭉쳐서 점점 더 공간을 모아갑니다. 그러니까 과학자들은 하늘이 무너질 걱정을 하고 있는 셈입니다.

우주가 무너져서 어느 순간 끝을 맞이한다니 약간 이상한 느낌이 들 수도 있습니다. 우주란 무한히 존재해서 온갖 물질을 영원히 담을 수 있는 거대한 그릇쯤으로 막연하게 생각하고 있었는데 종말이 있다니 말입니다. 아인슈타인도 이런 결론을 도저히 받아들일 수 없었습니다. 거대하다 못해 무한한 구조물이자 궁극의 공간이라 생각한 우주가 시간의 흐름에 따라 이리저리 변한다는 것 자체도 인정하기 힘들어했습니다. 그러니까 우주가 한 점으로 붕괴된다는 것은 물론이고 영속하지 않는다는 것 자체를 견디기 힘들어했지요. 이런 면에서 열린 우주도 비록 붕괴하지는 않더라도 아인슈타인에게는 낙제점을 받았습니다. 열린 우주의 곡면을 따라 질량들이 퍼져나간다면 결국 우주의 밀도는 점차 희박해질 것이고 크기는 더욱 커지겠지요. 시간에 따라 우주의 모습이 계속 변한다는 것은 닫힌 우주와 매한가지입니다.

그럼 평평한 우주라고 하면 되잖아요.

 맞아. 그건 안정적일 수는 있지. 그런데 질량이 있으면 공간이 왜곡된다고 하지 않았니?

네.

 그럼 완전히 평평한 우주에는 어떤 질량이 어떻게 있는 거지?

?!?!?!?

아인슈타인의 해결책은 자신의 이론을 수정하는 것이었습니다. 그래서 그는 식에 새로운 항을 추가했습니다. 질량이 있어도 전체 우주의 모양은 평평할 수 있도록 해주는 수학적인 도구를 삽입했죠. 이 항의 이름이 바로 그 유명한 '우주상수'입니다. 질량만 있으면 서로 당기다가 무너져버리는 우주를 평평하게 펴주는 것이니까 서로 밀어주는 힘, 즉 일종의 척력을 수학적으로 도입한 셈입니다. 우주가 균일할 것이라는 가설과 우주가 영속적일 것이라는 믿음이 이런 결론을 만들어 낸 것입니다. 당시에는 이런 결론을 뒷받침할 어떠한 증거도 없었지요. 심지어 척력이 꼭 우주상수의 형태이어야 하는지에 대한 근거도 없었습니다. 아인슈타인은 할 수 있는 수정 중에 가장 간단한 형태의 것을 선택했을 뿐입니다.

물리적인 의미로 우주상수는 단위 부피당 에너지를 뜻합니다. 약간 어려운 얘기이기도 하고 지금 당장 중요한 얘기가 아니기도 하지요. 어쨌든 오늘날 학자들은 우주상수나 그와 같은 것들이 정말 필요한지 열심히 연구 중에 있습니다.

상식을 뛰어넘은 상상력

과학자들의 세계에도 늘 반대의견을 던지는 학자가 있습니다. 아무리 거장 아인슈타인의 의견이라고 해도 예외가 될 수 없지요. 프리드먼 Alexaner Alexandrovich Friedmann이라는 러시아 과학자는 아인슈타인의 의견과 상반되는 주장을 펼쳤습니다. 그는 우주상수를 도입하기 전의 일반상대성이론이 보여준 우주 그대로의 모습을 받아들였죠. 그리고 이를 뒷받침하는 수학적 모델을 처음으로 제시했습니다. 그는 우주가 당장 붕괴하지 않고 안정적인 이유를 우주가 적당한 속도로 팽창하고 있기 때문이라고 설명합니다. 프리드먼의 생각을 담은 가장 유명한 비유가 바로 '위로 던져진 공'입니다. 공이 땅과 충돌하지 않으려면 공중에 가만히 떠 있는 방법도 있지만 반대로 매우 빠르게 위로 던져지는 방법도 있는 것입니다. 공이 계속 위로 올라가기만 한다면 올라가는 속도가 점점 줄어든다 해도 아래로 떨어지지 않을 테니까요.

프리드먼의 이런 주장은 완전히 획기적인 것이어서 기존의 학자들이 도저히 받아들일 수 없는 것이었죠. 아인슈타인도 우주가 팽창한다고 믿지 않았습니다. 그래서 1922년 프리드먼의 논문을 처음 접하고는 부정적인 평가를 내렸습니다.

그러나 곧 서신왕래를 통해 프리드먼의 결과가 틀리지 않았음을 인정하고 이것이 우주론의 새 지평을 열지도 모른다는 평을 남겼지요. 논문에 대해 부정적인 평을 한 후 서신왕래를 통해 그 평가를 뒤집기까지 1년이나 걸렸는데요, 당시엔 이메일이 없었기 때문이겠죠? 짧지 않은 시간 동안 젊은 과학자가 느꼈을 깊은 상심이 100년 가까이 지난 뒤에도 전해지는 듯합니다.

우주팽창에 대한 이런 생각은 사라지지 않았습니다. 몇 년의 시간이 흐른 후 벨기에의 르메트르Georges Henri Joseph Édouard Lemaître가 독자적으로 프리드먼과 같은 결론을 내놓게 되지요. 르메트르는 과거의 우주가 지금보다 더 작았을 것이라고 최초로 언급한 학자로 평가받고 있습니다. 그는 과감하게도 우주의 시작은 원시 원자Primeval Atom일 것이라고 주장하면서 "우주적인 알이 우주가 시작하는 순간 폭발했다"the Cosmic Egg exploding at the moment of the creation는 표현을 쓰기도 했지요.

다들 대단한 생각입니다. 100년도 못 사는 자그마한 인간이 우주에 대해 논한다는 것 자체만으로도 놀랍다는 생각이 듭니다.

이거 또 뭔가 질문하려고 밑밥 던지는 필인데.

그래, 알아채니 오히려 고맙구나. 저런 생각들은 진짜 다들 대단하지만 치명적인 약점이 있단다. 그게 뭘까? 한번 얘기해보겠니?

아니, 그걸 우리가 어떻게 알아요. 다들 어른들인데. 과학자들이고.

너무 어렵게만 생각하는 것 아니니? 충분히 눈치챌 만도 한데……

알았다! 다들 그냥 생각만 한 거예요!

그렇지! 오, 대단한데? 저 당시 저런 주장들은 실험적인 근거가 없었단다. 오직 르메트르의 주장만이 천문학자들의 관측으로 지지를 받았지. 그것도 최초로 이론을 전개한 후 관측기술이 발전한 뒤에야 제대로 뒷받침될 수 있었지.

……

!!!

드디어 관측된 우주의 팽창

우주팽창에 관한 논쟁을 끝장낸 것은 이론이 아니라 관측이었습니다. 1929년 천문학자 허블Edwin Powell Hubble은 지구에서 멀리 떨어져 있는 은하들에서 오는 신호를 분석해 우주가 현재 팽창하는지 아닌지 알려줄 수 있는 데이터를 얻었습니다. 이로써 우주론 분야의 첫 번째 논쟁은 결말을 맞이하게 되었습니다. 실험과 관측 앞에 어느 쪽의 논리가 더 받아들이기 쉬운지 따위의 고민은 아무 의미가 없습니다. 현재 자연의 모습을 그대로 보여주는 것이 무조건 맞는 것이니까요.

허블의 관측에 따르면 지구에서 멀리 떨어져 있는 은하들은 매우 빠른 속도로 지구와 멀어지고 있었습니다. 흥미로운 것은 지구와 떨어진 거리가 먼 녀석일수록 멀어지는 속도가 더 빨랐다는 것이죠. 하필 이 둘은 또 비례관계였습니다. 딱 먼 만큼 더 빨리 멀어졌던 것입니다. 이 결과가 바로 그 유명한 '허블의 법칙'입니다. 허블은 지구와 은하의 거리를 가로축으로, 은하가 지구에서 멀어지는 속도를 세로축으로 놓고 그래프를 그려서 이 둘 사이에 강한 상관관계를 발견했지요.

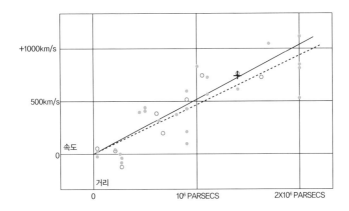

 그래프의 기울기는 거리에 대한 속도를 의미하니까 우주의 팽창속도를 나타내는 지표가 될 수 있습니다. 이 기울기를 지칭하는 말이 바로 그 유명한 허블상수입니다.

근데 은하들이 뒤로 가는지는 어떻게 알아요?

또 은하들까지의 거리는 어떻게 측정하죠?

 거봐라. 그런 의문이 들지? 실험이 중요하다는 것을 인정 하면서도 이론에 대한 지식을 같이 쌓아야 하는 이유가 바로 그런 의문을 해소하고, 또 어려움을 극복할 아이디어를 구하기 위해서란다.

아니, 은하까지의 거리에 대한 얘기가 공부 까지 해야 할 정도로 어려운 얘기였어요?

그럼 그냥 안 궁금할래요.

얘들아, 진정하고……. 일단 거리 측정부터 함께 알아보자.

이제 안 궁금하다니까요~

……

　인간은 두 눈으로 거리를 측정합니다. 인간의 뇌는 두 눈이 수집한 '정보의 차이'를 분석해 대상이 어느 정도 거리에 있는지 계산할 수 있지요. 이때 '정보의 차이'는 같은 물체라도 각 눈에 다르게 보인다는 데서 기인합니다. 가까이 있는 물체는 각 눈에 들어오는 정보가 크게 다르지요. 상대적으로 멀리 있는 물체는 각 눈에 비슷한 정보를 보냅니다. 이런 맥락에서 두 눈 사이의 거리가 멀수록 '정보의 차이'가 커져서 거리를 측정하는 데 유리하다는 것도 쉽게 추론할 수 있습니다.

　천문학에서도 같은 원리로 거리를 측정할 때가 있습니다. 단지 별은 너무 멀리 있어서 관측장비가 두 눈 사이의 거리만큼 떨어져서는 제대로 된 정보를 얻을 수 없을 뿐이지요. 그래서 거대한 지구의 움직임을 이용해 두 눈 사이보다 훨씬 많이 떨어진 두 지점에서 정보를 수집합니다. 이런 방법으로 거리를 알아내는 방법을 연주시차법이라고 합니다.

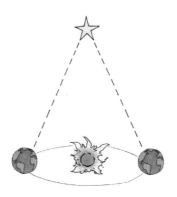

 지구가 저만큼 움직여야 하니 관측을 위해서는 당연히 최소 6개월의 시간이 걸리겠지요.

그런데 허블이 사용한 방법은 이 방법이 아닙니다. 허블이 관심을 가졌던 은하는 훨씬 더 멀었거든요. 마치 두 눈으로는 별까지의 거리를 측정할 수 없듯이 연주시차법으로는 은하까지의 거리를 알 수 없었던 것입니다. 허블은 상식적이면서도 학문적인 방법을 고안했습니다.

우주의 촛불

허블이 사용한 방법의 원리는 사실 매우 간단합니다. 거리를 알고 싶은 위치 근처에서 '밝기를 알고 있는 별'을 찾아낸 뒤 그 별이 실제 밝기보다 얼마나 어두운지 관측하는 것이죠. 전적으로 별이 떨어져 있는 거리에 따라 별의 관측 시 밝기도 달라지기 때문에 이 방법은 지극히 합리적입니다. 비유컨대 우리가 실제 밝기를 잘 아는 촛불이 있다면 단지 쳐다보는 것만으로도 그 촛불이 얼마나 멀리 있는지 짐작할 수 있습니다.

원래 밝기보다 어두우면 멀리 있는 것이고 밝으면 가까이 있는 것이죠. 마찬가지로 우주공간에서도 밝기를 알고 있는 별을 찾아서 촛불처럼 쓰는 것입니다.

원리야 단순하지만 별들의 밝기를 어떻게 '미리 알고 있느냐'는 절대 쉽게 해결할 수 있는 문제가 아닙니다. 이때 과학자들이 쌓아놓은 별에 관한 연구결과가 요긴하게 사용되었습니다. 과학자들은 밝기가 주기적으로 변하는 변광성의 성질에 대해 상당히 많은 것을 알고 있었거든요. 변광성의 주기를 이용하면 별의 광도를 추정할 수 있습니다. 이를 이용해 허블은 멀리 떨어진 은하에 속한 변광성의 주기를 측정해 그 별의 밝기를 알아냈습니다. 이렇게 알아낸 별의 밝기를 이용해 은하까지의 거리를 측정했습니다. 이전에 달성했던 과학적 성과를 완벽히 이용한 것이죠. 이렇기 때문에 허블의 관찰은 상식적이면서도 과학적이라고 말할 수 있는 겁니다.

이런 놀라운 발견은 레빗Henrietta Swan Leavitt이라는 천문학자가 마젤란 성운 안에 있는 변광성 1,777개를 측정해 알아낸 것입니다. 1908년에 『마젤란 성운의 변광성 1,777개』1777 Variables in the Magellanic Clouds이란 제목으로 발표되었죠. 천문학이 이룬 가장 큰 업적 중 하나입니다. 1,777개라니 엄청나지요?

측정결과는 상당히 가치 있는 것이었습니다. 허블이 새롭게 거리를 측정한 은하들은 당시만 해도 너무나 멀리 있어서 잘 보이지 않았고 그래서 우리 은하에 속하는지 아닌지도 몰랐던 것들이기 때문이죠. 허블은 이런 논란을 끝낼 수 있는 관측자료들을 활용해 뿌옇게 보이는 천체들이 우리 은하보다 훨씬 더 멀리 있는 '외부 은하'임을 확인했습니다. 인간이 관측하는 세계가 정말이지 우주만큼 넓어지기 시작한 것입니다.

약간 다른 빛

허블의 법칙은 '멀리 있는 은하'가 더 빨리 '멀어진다'는 것입니다. 그러니까 허블은 은하까지의 거리뿐만 아니라 은하의 움직임에 대한 단서까지 관찰을 통해 얻어낸 것이죠. 허블에게 은하의 속도에 대한 정보를 준 것은 바로 '적색편이'라 불리는 자연현상입니다.

적색편이란 빛이 원래보다 파장이 길어진 상태로 관측되는 현상을 말합니다. 별빛에는 특정한 파장이 강하거나 약하다는 성질이 있습니다. 별의 성질과 그 특정한 파장들은 모종의 관계를 맺고 있지요. 그런데 어떤 별에서는 약간 다른 빛이 검출되곤 하지요. 이럴 때 과학자들은 별에 새로운 입자가 있어서 저렇게 보인다거나, 새로운 물리법칙이 작용해서 저와 같은 파장이 발생한다고 믿지 않습니다. 다만 똑같은 빛이 어떤 특정한 이유로 약간 옆으로 이동했다고 생각합니다.

사라진 특정 파장의 빛들(검은색)

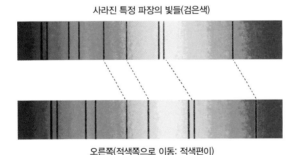

오른쪽(적색쪽으로 이동: 적색편이)

위의 그림에서 검은 줄들은 모종의 관계를 맺고 있지요.
아래 그림에서도 줄 사이의 관계는 망가지지 않았습니다.
단지 옆으로 조금 이동했을 뿐이지요.

어떤 별을 측정했더니 위와 같은 데이터가 얻어졌을 때 편이가 관측된다고 합니다. 그림처럼 파장이 길어지는 빨간색 쪽으로 이동하면 적색편이가 일어났다고 하고 반대로 파장이 짧아지는 청색 쪽으로 이동하면 청색편이가 일어났다고 하지요.

허블이 관측한 것도 위와 같은 편이현상이었습니다. 특히 외부 은하들에서는 적색편이를 볼 수 있었지요. 허블은 은하들이 지구와 멀어지고 있는 것이 원인이라고 생각했습니다. 그럴만한 것이 적색편이는 광원이 움직일 때 나타나는 대표적인 현상이기 때문입니다. 그래서 은하가 엄청난 속도로 지구에서 멀어지고 있다고 해석한 것이지요.

하지만 적색편이를 다룰 때는 주의를 기울일 필요가 있습니다. 적색편이 자체가 여러 가지 원인으로 일어날 수 있기도 하거니와 허블이 얻은 데이터에는 주목할 만한 특성 두 가지가 있거든요. 첫째는 은하의 속도가 특이할 정도로 빠르다는 것입니다. 허블의 자료에 따르면 은하들은 1초당 수백km씩 지구에서 멀어지죠. 은하의 속력에 대한 설명이 필요한 부분입니다. 둘째로 적색편이의 양이 지구에서 먼 은하일수록 크다는 것입니다. 이는 우주의 구성물들이 전부 지구를 중심으로 멀어지고 있다는 얘기인데요, 이를 그림으로 그리면 지구가 우주의 중심에 놓이게 됩니다.

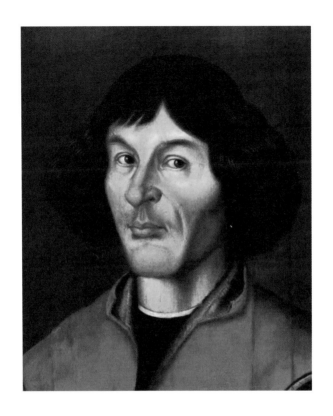

지구가 우주의 중심이라는 천동설을 묘사한 그림과 지동설을 주장한 코페르니쿠스Nicolaus Copernicus의 초상화입니다. 코페르니쿠스의 주장은 혁명에 가까웠는데요. 이런 충격을 경험한 과학자들이 지구가 우주의 중심에 있다는 유아적인 발상을 받아들일 리가 없지요.

모차렐라 치~~~즈

허블이 얻은 모든 데이터를 자연스럽게 엮는 방법은 바로 우주가 팽창한다고 가정하는 것입니다. 그러면 은하들의 엄청난 속도와 적색편이를 이해할 수 있으면서도 지구중심적인 세계관을 피하게 되지요.

공간을 여행하는 빛이 영수증을 출력하는 계산기라고 생각해봅시다. 이때 빛은 그림처럼 계산기 위에 그려져 있다고 생각하면 됩니다. 이 영수증을 일정한 속도로 잡아당기는 것이 바로 빛의 진행입니다.

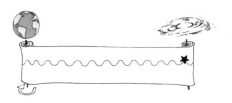

그러니까 센타우루스자리A에서 영수증을 출력하면 지구에서 일정한 속도로 잡아당기는 거죠.

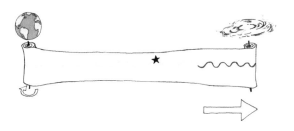

그런데 영수증이 지구 근처로 오면서 늘어나는 겁니다. 찍하고 말이죠. 그러면 센타우루스자리A에서 발생한 빛보다 더 늘어진 모양의 파장, 즉 더 길어진 파장의 빛이 도달하게 됩니다.

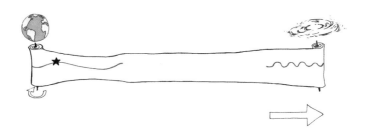

그런데 지구에서 영수증을 감는 속도는 변하지 않으니까 빛의 속도가 일정하다는 상대성이론에 위배되지 않습니다. 또 계산기는 자신이 만든 빛이 상대방에게 본래 모습과 다르게 관측된다고 해도 전혀 신경 쓰지 않아요. 센타우루스자리A와 지구와의 거리는 멀어지는데 말이죠.

오, 어쩐지 그럴듯하네요.

영수증을 잘 보면 거리에 따라 파장이 늘어나는 정도가 다르다는 것을 쉽게 확인할 수 있습니다. 팽창하는 공간 자체가 적색편이를 만들기 때문에 빛이 팽창하는 공간을 오래 여행할수록 파장도 더 많이 늘어나는 것이지요. 이런 원리로 더 멀리 떨어진 은하일수록 더 큰 적색편이가 관측되는 이유를 완벽히 이해할 수 있습니다. 멀리 떨어진 은하일수록 빛이 오랫동안 여행하는 것은 당연하니까요.

이와 같은 해설은 우주를 해석할 때 지구중심주의에서도 완벽히 벗어나게 해줍니다. 우주가 팽창한다면 관측자가 서 있는 바로 그 지점이 곧 우주의 중심이 됩니다. 따라서 지구는 특이점의 지위를 완전히 상실하게 됩니다. 지구인의 눈에는 지구가 마치 우주의 중심인 것처럼 보이지만 사실 우주의 수많은 평범한 점 중 하나일 뿐입니다.

풍선이 부풀면 풍선에 그려진 모든 은하는 서로서로 멀어지면서 자신이 풍선의 중심인 것처럼 다른 은하를 관찰하게 됩니다. 대단히 유명한 설명법입니다. 우주의 팽창을 설명하는 데 이보다 더 적절한 것은 없죠.

이렇듯 팽창하는 우주 모델은 관측과 관련된 모든 사실을 깔끔히 설명합니다. 과학자들은 이럴 때 모델이 실제 자연과 잘 부합한다고 생각합니다. 드디어 직접 가볼 수도 없으며 만져볼 수도 없고 심지어 머리로 상상하기도 힘든 우주에 대해 적어도 확고한 결론 하나는 내릴 수 있게 되었습니다. 현재 우주는 팽창하고 있습니다. 이는 실제로 대단히 빨리 모든 학자에게 받아들여졌지요. 아인슈타인도 자신이 '우주상수'를 도입한 것을 자신의 가장 큰 실수라고 인정했을 정도였습니다.

과학의 중심, 관찰

허블의 법칙은 우주론의 영역에서 중요한 초석이 되었습니다. 현재 우주가 팽창 중이란 것을 관찰로써 증명한 것이니까요. 더 이상 논란의 여지는 없습니다. 물론 이 관찰 이전에 있었던 이론적 논쟁의 가치를 폄하해서는 안 됩니다. 눈여겨봐야 할 점은 논쟁을 끝낸 것이 더욱 훌륭한 이론이 아니라 바로 실험과 관찰이라는 점입니다. 과학은 중요한 순간마다 실험과 관찰을 발판 삼아 앞으로 나아갔습니다. 그것은 실험을 하기 힘든 우주론의 영역이라고 해도 예외가 아닙니다.

이것은 허블의 연구가 지닌 '관측행위 자체의 가치'와는 미묘하게 다른 얘기입니다. 허블의 관찰과정과 그 해석방법은 앞서 살펴보았듯이 매우 창의적이고 과학적입니다. 모르긴 몰라도 많은 노력이 들어갔을 것입니다. 하지만 만약 허블의 실험에 그런 노력이 없었다고 해도 과학적 가치가 줄어드는 것은 절대 아닙니다. 사람들이 종종 실험의 의미와 가치에 대해 생각할 때 헷갈리는 부분이기도 하지요. 예를 들어 허블의 업적을 우연의 산물이라고 생각하며 가치를 폄하하는 것 말입니다. 사실 실험과 관련된 많은 업적에 늘 따라붙는 오해이기도 합니다. 관련된 기술이 개발되었기에 관찰할 수 있었다거나, 우연히 장비를 사용할 수 있었기에 성공했다거나 하는 식으로 말입니다. 허블도 후커^{Hooker} 망원경 덕을 톡톡히 봤다고 합니다. 후커 망원경은 카네기^{Andrew Carnegie}에 이어 망원경이 건설될 수 있도록 결정적인 도움을 준 후커^{John D. Hooker}의 이름을 딴 반사망원경입니다. 무려 100인치^{약 2.5m}짜리 거울이 붙어 있었죠. 이 망원경의 도움이 있었기에 허블은 1929년 은하 46개를 분석해 팽창하는 우주의 결정적 근거가 되는 데이터를 얻을 수 있었습니다. 만약 때맞춰 망원경이 개발되지 않았다면 허블은 무슨 일을 할 수 있었을까요? 사용권을 제때 얻지 못했다면?

하지만 우주의 팽창여부에 대한 '진짜 정보'를 얻은 최초의 관측이라는 사실은 변하지 않습니다. 여전히 가치 있는 관측으로 여겨지죠. 그러니까 관측과 실험의 진정한 가치는 자연에서 얻어낸 정보 그 자체에 가장 크게 기대는 셈입니다.

조금 더 생각하기 9. 상식과 과학

상식의 지평을 넓혀라

여러모로 상식의 한계를 훌쩍 넘어버린 과학자들의 연구는 이제 보통 사람이 쉽게 이해하기 힘든 영역으로 들어가 버렸습니다. LHC를 가동하면 블랙홀이 생겨 지구를 삼킬 것이라고 걱정한 사람들이 실험중단 소송까지 낸 사건은 이를 잘 드러냅니다. 놀랍게도 그들 중에는 과학자도 있었다지요.

웃어넘길 만한 해프닝이긴 하지만 그래도 나름 눈여겨볼만한 점이 있습니다. 요는 과학자들이 자신들의 작업을 사람들에게 설명하지 못하고 있다는 것입니다. 아니 아예 가치 있는 일이라고 인정받지 못하는 것일지도 모릅니다. 많은 이가 과학자들의 일을 상식 밖의 활동이라고만 치부하는 건 아닌지 우려스럽습니다.

이런 상황은 과학자들에게 명백히 좋지 않은 상황입니다. 직업인으로서 대부분의 학자는 자신의 지적 능력과 지식을 남들에게 인정받아 투자와 지원을 받으며 생계를 유지했습니다. 이 사실은 예나 지금이나 다르지 않죠. 레오나르도 다빈치, 갈릴레오, 데카르트, 케플러^{Johannes Kepler} 등등 당대의 대가들도 모두 후원자를 찾아 여기저기 돌아다니곤 했습니다. 근대과학이 성립된 이후에도 학회는 후원자가 있어야만 제대로 운영되었지요. 그리고 지금도 천문학적인 연구비는 대부분 세금으로 충당합니다. 따라서 과학자들은 자신이 하는 일의 의미를 언제든지 비전공자에게도 어느 정도 설명할 수 있어야 하지요. 이렇게 생각하면 과학자들의 일은 비상식적이라는 편견이 널리 퍼지는 게 매우 안타까울 따름입니다.

하긴 과거에도 상황은 크게 다르지는 않았던 것 같습니다. 물리학자 프랑켄슈타인이 등장하는 19세기 초반의 소설 『프랑켄슈타인』만 봐도 과학연구에 대한 일반인들의 감정을 넌지시 짐작해볼 수 있지요. 그 옛날부터 '이해할 수 없는' '괴짜' 따위의 수식어를 달고 있었으니 어느 정도는 과학자들의 숙명이라고 여겨도 될 것 같습니다. 21세기가 되자 과학자들은 지구가 멸망하더라도 실험을 포기하지 않을 무모하고 황당한 자들이라고 생각하는 수준까지 왔는데 이건 사태가 심각해진 건가요? 아닌 건가요?

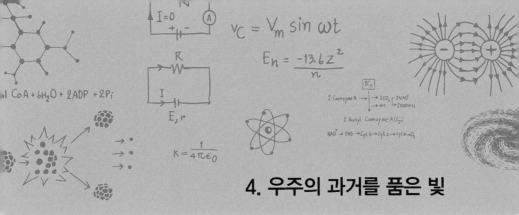

4. 우주의 과거를 품은 빛

    1964년 전파 천문학자였던 펜지아스^{Arno Allan Penzias}와 윌슨^{Robert Woodrow} Wilson은 전파망원경을 이용해 우리 은하의 성간물질에서 나오는 전파를 측정하고 있었습니다. 엄밀히 얘기하면 시도하고 있었습니다. 아직 원하던 것을 측정하지 못했거든요.

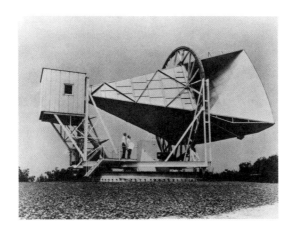

전파망원경으로 사용된 혼^{horn} 안테나는 말 그대로 나팔 모양 안테나입니다. 길이만 15m에 달하지요. 지금은 사용하고 있지 않지만 당시로선 최고의 감도를 자랑하는 장비였습니다.

비둘기 똥을 치우다 이뤄낸 대발견

두 과학자가 얻은 것은 망원경의 방향과 상관없이 일정하게 잡히는 정체불명의 신호였습니다. 이런 것들은 대부분 잡음으로 치부됩니다. 적절히 통제되지 않기 때문이지요. 만약 장비를 올바로 작동해서 잡힌 신호라면 장비의 운용에 따라 신호도 적절하게 변하기 마련입니다. 예를 들어 하늘은 어떻게 구획을 나눠도 똑같이 생긴 곳이 없기 때문에 신호를 포집하는 방향에 변화를 주면 분명히 신호도 변해야만 합니다. 따라서 이들 두 학자가 내릴 결론은 자명했습니다. 그들은 이 신호를 잡음으로 여겨 제거하려고 노력했지요.

노력의 과정은 지난했습니다. 부품 하나하나를 검사하고 금속과 금속을 연결한 리벳들에 문제가 있는지 살펴보고 나팔관을 깨끗이 청소하고 …… 심지어 망원경 내부에서 비둘기의 흔적, 즉 '도시에 사는 사람들이라면 다 아는 하얀 물질'을 발견하고는 두 번 다시 비둘기가 살지 못하도록 덫을 놓기까지 했습니다. 이 일은 훗날 크게 유명해졌는데 이때 사용된 비둘기 덫을 스미스소니언 자연사박물관Smithsonian National Museum of Natural History에서 소장하고 있을 정도입니다. 그러나 그들은 이 잡음을 없애는데 결국 실패했습니다.

하지만 결과적으로 실험은 대성공이었습니다. 이 잡음이 바로 그 유명한 우주배경복사이기 때문입니다. 과학자들은 그들이 측정한 이 전파의 에너지가 이론적인 우주론이 예상하는 우주의 온도인 약 3K켈빈, 즉 대략 영하 270도에 해당한다는 것을 알아냈지요.

 이것이 얼마나 훌륭한 결과인지 감이 잘 안 오지요? 두 과학자는 이 실험으로 노벨상을 받았습니다.

엥? 노벨상이요?

그래, 이때 관측결과를 정리한 논문은 몇 쪽 되지도 않는데 말이다.

그러면요, 저 두 학자는 열심히 청소 한 대가로 상을 받은 거예요?

아니지. 여하튼 저 신호가 사실 중요하다는 것을 알아냈잖아.

음……. 꼭 그런 것만도 아닌 것이, 나중에 얘기하겠지만 저 잡음이 진짜 우주에서 온 신호라는 것은 사실상 또 다 른 사람이 가르쳐 준 거거든.

네?

1965년 펜지아스가 우연한 기회에 친구에게 도움을 청했 는데 그 친구가 그게 잡음이 아닐지도 모른다고 얘기한 거 지. 그리고 그 친구는 우주에서 오는 신호를 검출하기 위한 장비를 막 제작해 지붕에 올리고 있던 이웃한 프린스턴 대 학의 천문학자이자 물리학자인 로버트 디키Robert H. Dicke를 소개해줬지. 디키는 그 신호가 자신이 찾던 신호란 것을 바 로 알아챘다고 하네.

그러면 그 사람도 노벨상을 받았어요?

아니…….

과학이란 이해하기 힘든 면이 참 많군. 여러모로.

우주의 과거를 묻다

허블의 관측으로 우주가 '지금' 팽창하고 있다는 데 의견이 모일 수 있었습니다. 관측을 통해 우주에 대한 수많은 사색이 공염불로 사라지지 않도록 기댈 수 있는 발판을 마련한 것입니다. 그런데 늘 그렇듯 한 걸음만큼 궁금증을 해결해준 발판이 그다음 궁금증을 만들어냈습니다. 지금 우주가 팽창하고 있다면 과거에는 어떠했을까요? 과거에도 계속 팽창하고 있었을까요? 만약 그렇다면 지금과 과거 중 어느 때에 더 빠르게 팽창했을까요?

과학자라면 이런 본질적인 궁금증과 동시에 고민해야 하는 부분이 또 있습니다. 바로 저런 궁금증을 해결해줄 관찰 또는 실험방법에는 무엇이 있겠느냐는 것이지요. 그런데 우주의 과거에 관한 문제라면 정말 쉽지 않을 것 같습니다. 현재 우주가 어떤 상태인지 알아내는 데만도 여러 학자의 노력과 천재적인 아이디어가 합쳐져야만 했습니다. 한데 과거라니요! 우주는 그냥 공간입니다. 누가 기록해놓은 자료는 물론이고, 나무의 나이테나, 절벽에 보이는 지층 같은 건 하나도 없지요. 그런데도 과학자들은 온갖 어려움을 뚫고 우주의 과거에 대해 연구하기 시작했습니다. 그리고 이 생각들이 헛된 상상에 그치지 않게 하는 데도 성공했지요. 그 때문에 우주론이 현대과학의 틀 안에서 이해될 수 있는 것입니다.

우주의 모습보다 알아내기 어려운 것이 딱 두 가지 있다고 한다면 아마 하나는 우주의 과거일 것이고 나머지 하나는 우주의 미래일 것입니다. 과학자들이 도대체 왜 이런 것에 관심을 뒀는지 묻지 마세요. 과학자들이 끝도 없는 호기심으로 세상의 모든 것을 궁금해하는 이유야말로 세 번째로 알기 어려운 것일 테니까요. ㅋ

상식적인 우주의 비상식적인 물리법칙

허블의 관측 이후에도 학자들은 여러 가지 근거를 갖고 다양한 사고를 발전시켰지요. 차이점이 있다면 '허블의 관측'이 마련해 준 발판, 즉 '우주가 팽창 중이다'라는 사실을 모두 인정했다는 것뿐입니다. '허블의 관측'에 버금가는 대발견이 있을 때까지 우주론은 다시금 사색적인 발전을 할 수밖에 없게 되었습니다.

이때의 사색을 순서대로 다 따라가야 그 이후에 있을 실험적·관측적 발견의 의미를 제대로 느낄 수 있습니다.

학자 중 몇몇은 직관적인 타당성에 크게 의존하는 방향으로 첫발을 내디뎠습니다. 그들은 우주의 상태란 바뀌지 않으며 아주 먼 과거나 지금이나 있는 그대로 유지된다고 생각했지요. 사실 대단히 상식적인 생각입니다. 우주라는 무한한 궁극의 존재가 시간에 따라 바뀐다는 생각은 사실 대단히 어색하지요. 이것은 흡사 아인슈타인이 우주가 팽창하지 않는다고 생각하며 우주상수를 도입하던 모습과 유사합니다. 약간 달라진 점이 있다면 '현재상태'라는 말 속에 '우주가 팽창한다'라는 사실이 포함되었다는 것 정도죠. 우주의 팽창에 대해 '완벽한 우주론적 원리'Perfect

Cosmological Principle라는 거창한 이름이 붙었다는 것도 차이점이라면 차이점 이겠습니다.

멋들어진 명칭이 붙은 우주론을 전개한 학자들은 골드Thomas Gold, 본디 Hermann Bondi, 호일Fred Hoyle이었습니다. 그들은 형태가 바뀌지 않는 정상 상태의 우주를 상상했지요. 그들이 주장한 우주론의 핵심은 우주란 언제 어디서나 항상 팽창하고 있지만 그 팽창 정도가 언제 어디서나 일정하기 때문에 우주의 모든 곳이 동등하다는 것입니다. 따라서 상태변화를 겪지 않는 것처럼 유지되기 때문에 결과적으로 우주의 시작을 논하는 건 무의미한 일이 됩니다. 항상 팽창하지만 어차피 우주의 크기는 무한하므로 팽창하고 있다고 해서 그 팽창한 양에 큰 의미를 두지 않는 것입니다. 마찬가지로 우주가 과거에 조금 작았다고 해서 지금과 다르다고 얘기할 이유도 전혀 없고요. 이런 우주론적 관점을 정상 상태 우주론 또는 정상 우주론이라고 부릅니다. 그들에게 우주의 영속성과 균일함은 지켜져야 할 절대적 가치이기 때문에 우주의 팽창과 같은 현상은 작은 요소에 불과했지요.

그러나 전 우주적 스케일의 팽창은 그 크기만큼이나 절대 작은 요소가 아니었습니다. 특히 정상 우주론은 완벽한 우주론적 원리와 합체하는 과정에서 유의미한 의문점을 남겼습니다. 공간이 팽창한다는 건 변한다는 것인데 그 변화가 관찰되지 않으려면 공간을 채우고 있는 물질이 밀도가 유지되어야 합니다. 즉 전 우주의 물질이 계속 늘어야만 하는 것이죠. 그렇지 않다면 공간은 과거보다 눈에 띄게 희박해질 테고 결국 우주가 과거와 다른 모습으로 관찰되는 결과를 피할 수 없게 됩니다. 그래서 정상 우주론자들은 우주공간에서 질량이 계속 만들어진다고 결론 내렸습니다. 문제는 여기서 발생합니다. 없던 질량이 갑자기 뽀롱뽀롱 뽀로로 생기는 일은 지구상에서 절대 관찰할 수 없는 일이기 때문이지요. 게다가 과학자들은 '질량보존법칙'을 세상을 이루는 가장 기본적인 법칙 중 하나로 여깁니다. 질량이 갑자기 연기처럼 사라지거나 정말 아무것도 없는 곳에서 생성되거나 하는 일 따위는 일어나지 않는다는 거죠.

아인슈타인의 '질량-에너지 등가의 법칙'을 알게 된 사람들은 종종 질량도 사라진다고, 즉 질량이 보존되지 않는 때도 있다고 착각하곤 합니다. 하지만 반대입니다. 질량이 에너지와 같다는 사실이 알려지면서 질량이 보존된다는 사실은 에너지보존법칙처럼 더더욱 견고한 사실이 된 셈입니다. 질량이 에너지로 바뀐다는 것은 질량이 사라진다는 것이 아니고 모습이 바뀐다는 것이지요.

결국 완벽한 우주론적 원리를 지키려던 학자들은 변하지 않는 우주의 모습은 얻었을지 몰라도 물리법칙은 전혀 다른 우주를 구상한 셈입니다. 상황이 이렇게 되면 우주가 같은 모습을 유지하고 있다는 것에 어떤 의미가 있을지 재고해보게 됩니다. 우주의 겉모습이 일정하게 유지된다는 주장에 '원리'라고 부를만한 가치가 정말로 있는지 생각해봐야 한다는 것이지요. 과학이란 관찰된 자연의 모습에서 일관성을 파악하거나 내재된 법칙을 알아내는 학문입니다. 그런 과정을 통해 자연의 본질이 무엇인지 추론해보는 게 과학의 커다란 가치 중 하나이지요. 사실 겉모습이 변하지 않는 우주를 상상하는 것도 어찌 보면 본질적으로 동일한 우주를 얻기 위해서일지 모릅니다. 정말 언제든지 모든 면에서 똑같이 관찰된다면 그런 우주는 본질적으로 동일하다고 결론짓게 될 테니까요. 그런데 역설적이게도 완벽히 똑같은 우주는 본질적으로 다른 세상을 창출합니다. 완벽한 우주론적 원리는 그 이름만큼이나 대단히 매력적이지만 그 내용은 절대 단순하지 않았던 것입니다.

'어이없는 와장창이론'

'정상 상태 우주론'의 맞은편에는 과거에 매우 작았던 우주가 지금까지 계속해서 팽창해왔다는 주장이 있습니다. 현재의 우주가 팽창 중인 것은 분명하니까 과거에는 더욱 작았을 것이라고 자연스럽게 생각하는 것이죠.

하지만 이 얘기도 절대 단순하지만은 않습니다. 이와 같은 우주론을 사실로 가정하는 순간 복잡한 문제가 수없이 발생하지요. 만약 우주가 지금처럼 과거에도 계속 팽창했다면 더더욱 먼 과거에는 어떠했을까요? 간단하게 생각해도 대답하기 상당히 곤란한 질문들이 튀어나옵니다. 우주는 여태 계속 팽창만 했을까요, 아니면 중간에 수축하는 시간도 있었을까요? 우주가 팽창만을 계속했다면 대단히 작았던 순간도 있었을 것입니다. 그 순간 우주는 과연 얼마만 했을까요? 그 작은 공간에 물질이 어떻게 꼬깃꼬깃 들어갈 수 있었을까요? 그렇게 물질이 빽빽이 모여 있는 순간을 묘사할 수 있을까요?

 우주가 대단히 작았을 것이라고 추정되는 시간은 입자물리학이 발전하고 나서야 제대로 예측할 수 있었지요.

과학자들은 아직 자신들의 질문에 대답할 준비가 되어 있지 않았습니다. 많은 질문을 던질 수야 있었지만 그 질문들이 정당한 질문인지, 답을 해야 한다면 어떻게 해야 하는지, 그 답이 맞는지 검증하려면 어떻게 해야 하는지 등을 하나도 몰랐던 것이죠. 우주가 태초에 매우 작았을지도 모른다는 생각을 르메르트가 제일 처음 세상에 내놓은 후 적지 않은 시간이 지났지만 그 생각이 과학적으로 영글기에는 아직 부족했습니다. 과학의 역사를 보면 과학자들의 상상력이 종종 그들의 능력을 훨씬 뛰어넘을 때가 있는데 이번이 바로 그런 상황이었습니다. 우주의 과거에 대한 추론은 어떤 실험적 결과도, 관찰도, 이론적 섬세함도 갖추지 못했습니다.

결국 우주의 기원을 고민하던 과학자들은 경기 전 결과를 예측하는 스포츠 해설가들처럼 뜬구름 잡는 얘기밖에 할 수 없었습니다. 반백 년이 지난 지금의 관점으로 보자면 사실 도토리 키재기에 불과했습니다. 속된 말로 어떤 것이 더 그럴듯한지 다투는 수준이었으니까요. 이런 상황에서는 예리하게 벼린 이성의 칼날로 진검승부를 주고받는 날카로운 과학적 토론이 일어날 수 없습니다.

우주가 작은 원시우주에서 팽창했다는 우주론에 붙여진 이름의 유래가 이런 분위기를 잘 보여줍니다. 대표적인 정상 우주론자 호일은 BBC의 한 라디오 프로그램에 나와서 태초에 무슨 커다란 폭발이라도 있었다는 거냐며 '어이없는 와장창이론'이라고 비아냥댔습니다. 이때 사용한 빅뱅 이론Big Bang theory이라는 표현이 이 이론을 지칭하는 공식 명칭으로 굳어버렸지요.

주목할 만한 점은 과학자가 라디오에 나와서 상대방의 이론을 조롱하는 (것으로 오해할 만한) 투로 언급했다는 점입니다. 과학자가 과학적인 데이터와 결과가 아닌 다른 방식으로 이 문제를 다뤘다는 것 자체가 당시 벌어진 토론이 통상적인 연구과정에서 벗어나 있을 가능성을 시사합니다.

호일 자신은 비아냥대지 않았다고 주장했습니다. 두 이론의 차이를 강하게 느끼도록 사용한 언어일 뿐 모욕할 의도는 전혀 없었다고 했죠. 말한 사람이 이렇게 주장하니 그 진실을 아는 것은 우주의 기원을 아는 것보다 알기 어려워졌습니다.

조용히 준비된 카운터펀치

빅뱅이론이 자신의 이름을 얻을 때쯤인 1940년대 말이 되어서 일단의 이론물리학자들이 르메트르의 생각을 유의미하게 발전시킬 수 있었습니다. 우주의 초창기에 우주를 이루는 원자핵들(물질들)이 빅뱅과 유사한 과정을 통해 합성되었다는 빅뱅 핵합성론Big Bang nucleosynthesis을 러시아의 물리학자 가모George Gamow가 소개했지요. 그리고 그의 동료 알퍼Ralph Asher Alpher와 허먼Robert Herman이 르메트르의 생각을 다듬으며 당시 우주가 대단히 뜨거웠을 것이란 추론을 더하게 되었습니다. 학자들은 이러한 논의를 정리하면서 태초의 우주가 대단히 뜨거웠다면 그때의 열이 지금까지 남아서 관측되어야 한다는 사실을 깨달았습니다. 이 추론은 대단히 중요한 것이었습니다. 빅뱅에 대한 이론적 연구이기도 하거니와 현재 어떤 것이 관측되어야 하는지까지 제시하기 때문입니다.

하지만 이런 논의는 무슨 연유에서인지 당시 학자들에게 큰 주목을 받지 못했습니다. 안타깝게도 다른 학자들이 1960년대에 이르러 똑같은 결론을 내릴 때까지 잊히고 말지요. 라디오 프로그램에 과학자가 나와서 이론을 설명할 정도로 과학에 관심이 많던 시기라는 것을 생각하면 다소 의아한 일입니다. 그저 논쟁이 이상한 방향으로 흘러버린 탓이 크지 않을까 추정해 볼 따름입니다.

> 가모는 자신과 자신의 대학원생이었던 알퍼가 만든 논문이 '알파-베타-감마 논문'으로 불리도록 저자목록 사이에 베티Hans Albrecht Bethe를 끼워 넣는 장난까지 쳤습니다. 하지만 사람들의 주목을 받는 데는 실패했지요. 이런 장난에 당시 대학원생이었던 알퍼는 상당히 실망했다고 합니다.

가모는 남아 있는 열이 빛의 형태로 우주를 돌아다닌다고 예측했습니다. 이것이 바로 펜지아스와 윌슨이 측정한 우주배경복사입니다. 학자들은 1960년대가 되어서야 이 자료의 중요성을 알게 되었지요. 그리고 관찰결과도 빅뱅이론이 말하는 바와 부합한다는 것을 확인했습니다. 이로써 인류는 최초로 우주의 과거에 대한 명확한 자료를 얻게 되었습니다. 우주의 현재에 대한 첫 번째 근거를 허블이 수집했던 것처럼 우주의 과거에 대한 부인할 수 없는 근거가 처음으로 관찰된 것입니다. 이때부터 우주의 기원과 형태를 이해하고자 하는 사람들의 상상이 과학의 영역으로 완전하게 편입되었습니다. 이론을 개발하고 그 이론을 바탕으로 예상한 바를 관찰로 증명하는 과학적인 과정 위에 우주론이 단단하게 서게 된 것입니다. 이제는 그 누구도 우주론이 과학이론이라는 것을 부인하지 못합니다. 펜지아스와 윌슨의 관찰은 학문의 영역 하나를 공고히 한 또는 그 시발점에 선 것이었죠. 최고의 실험으로 높게 평가받는 것이 너무나도 당연합니다.

관찰이 논란을 종결짓다

이쯤에서 우주론을 둘러싼 사건들을 시간순으로 정리해보는 일이 유익할 것 같습니다.

1917년 : 아인슈타인, 우주 상수 도입.

1922년 : 프리드먼, 우주팽창에 대한 논문.

1927년 : 르메트르, 우주팽창과 우주의 과거 그리고 특이점에 대한 생각 발표.

1929년 : 허블, 적색편이 관찰결과 발표.

1949년 : 호일, 빅뱅이론 명명!

1964년 : 라이네즈, 코헨, 우주배경복사 발견.

정리한 것을 통해 다시 한 번 확실히 알 수 있는 것은 우주의 팽창여부를 두고 아인슈타인과 프리드먼, 르메트르가 벌인 논쟁이 허블의 '관찰' 이후 종료되었다는 사실입니다. 또한 1929년과 1949년 사이에 놓인 침묵의 기간도 확인할 수 있습니다. 저 기간은 허블의 실험 이후 우주의 기원에 대한 문제로 논쟁을 벌이던 때입니다. 그런데 이 논쟁은 앞선 논쟁처럼 신속하게 마무리되지 못했습니다. 왜냐하면 허블의 관찰과 같은 실험이 이루어지지 않았기 때문이지요.

상대적으로 조용했던 그 기간에는 허블상수를 더욱 자세히 알아내는 데 많은 학자가 노력을 기울였지요.

이 두 사건은 하나같이 실험과 관찰의 중요성을 얘기해줍니다. 과학 이론이 한 걸음씩 전진하기 위해서는 실험을 통한 확인이 있어야 한다는 것이죠. 이론 간의 논쟁을 끝내며 이론이 나아갈 방향을 결정하는 것 모두 실험과 관찰의 역할입니다. 이론은 새로 생기고 바뀌고 수정되고 폐기될 수 있지만 관찰결과는 다릅니다. 그것은 자연에 대해 인간이 얻을 수 있는 정보 그 자체이므로 변하지 않고 살아남습니다. 오히려 이론이 실험결과에 맞춰 변형되는 것이죠. 사실 어떻게 보면 당연한 것이기도 합니다. 자연을 이해하고 설명하는 것이 과학이므로 자연이 어떠한지 직접 알아보는 행위가 과학활동의 근본이자 최고의 가치를 지닐 수밖에 없지요. 역으로 생각하면 실험적 근거가 없는 이론은 과학으로서의 중요한 가치를 결여했다고 볼 수 있습니다. 아무리 격렬하고 화려한 논쟁이라 할지라도 실험과 관찰의 여지가 없는 것은 과학이 아닙니다. 설령 그것이 과학자들 사이에서 이루어진 것이라 해도 말입니다.

우주배경복사, 신생아 우주의 울음소리

아니 근데 우주배경복사가 어째서 우주팽창의 근거가 되는지는 왜 얘기 안 해요?

어려워서 얘기 안 하는 거죠?

아!

빅뱅이론이 설명하는 우주배경복사의 시발점은 머나먼 과거, 우주가 매우 작았던 시기까지 거슬러 올라갑니다. 만약 우주가 지금보다 훨씬 작았다면 분명 지금보다 훨씬 뜨거웠을 것입니다. 방대한 우주의 에너지가 작은 부피에 갇혀 있으니까 말입니다. 그리고 그렇게 뜨거운 만큼 대단히 밝았을 것입니다. 우주가 밝았다고 해서 '우주를 밖에서 보니' 밝게 보인다고 생각하면 곤란합니다. 우주란 우리가 생각할 수 있는 모든 것이기 때문에 우주의 외부란 것은 아예 존재하지 않지요. 당연히 우주를 외부에서 관찰할 수 있을 리 없습니다. 우주가 밝다는 말은 '밝음'으로 가득 차 있다고 이해해야 됩니다. 만약 인간이 그 시절의 우주 안에 '슈퍼 관찰자'로서 존재할 수 있다면 눈에 보이는 것이라곤 눈을 뜨고 볼 수 없을 정도로 밝은 빛이 아닐까 합니다. 마치 빛나는 안개로 가득 찬 세상처럼 말입니다.

이랬던 우주에 큰 변화가 찾아옵니다. 팽창하면서 우주가 차갑게 식는 것이죠. 그러면서 빛나는 안개와 같던 것이 사라져버립니다.

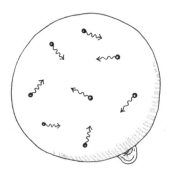

도대체 뭐가 안개의 물방울처럼 빛을 산란시켜서 '눈에 보이게' 하는 역할을 했을까요? 분명 또 무슨 입자 중 하나 겠지요. 더 이상은 너무 궁금해하지 맙시다. 학자들은 그것이 전자라고 합니다. 하지만 왜 전자인지 그 이유에도 너무 집착하지 맙시다. 우리가 알아볼 재미있는 일들이 아직 많이 남아 있습니다.

　짙은 안개가 낀 아침에 온 세상이 하얗게 보이는 이유는 태양 빛이 안개 알갱이에 부딪쳐 흩어지기 때문입니다. 만약 안개가 없다면 태양빛은 우리 눈에 직접 들어오든지 다른 사물에 부딪친 뒤 들어오겠지요. 그러면 세상이 아주 잘 보입니다. 우주도 마치 안개가 걷힌듯 어느 시기가 되자 갑자기 맑아집니다.

　해가 뜨면서 안개가 걷히는 지상과 태곳적 우주에 차이점이 있다면 '우주론적 안개'가 사라진 우주에는 눈 둘 곳이 없다는 점입니다. 지구는 가로수, 자동차, 빌딩, 산, 구름 등으로 가득합니다. 그러나 우주에는 그런 것이 없습니다. 대신 공간, 끝없는 공간밖에 없습니다. 우리 눈에 익숙한 껌껌한 우주가 막 시작된 것이지요.

　이 순간 일어난 변화를 하나하나 그림으로 표현해보겠습니다. 우주가 안개로 가득 차 있을 때는 어땠을까요? 아마 각 안개 알갱이가 빛을 사방으로 산란시키고 있었을 것입니다. 산란된 빛은 다른 알갱이에 부딪치고 또 산란되는 과정을 무한히 반복했겠지요. 그러던 와중에 어느 순간 안개가 사라지면 빛은 산란을 멈추고 계속 직진하기 시작합니다. 그중에 일부는 분명히 그림에서 깃발로 표시한 '슈퍼 관찰자'의 눈을 향해 돌진할 것입니다. 우주가 보통의 공간이었다면 이 빛들은 순식간에 관찰자를 지나칠 테고 관찰자는 더 이상 아무것도 보지 못하게 되겠죠.

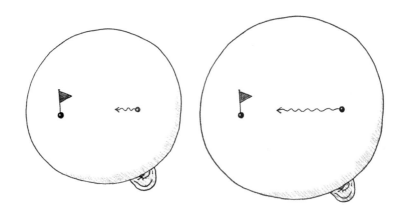

그런데 우주는 팽창하기 때문에 이런 간단한 예상을 뛰어넘는 현상이 일어납니다. 빛이 슈퍼 관찰자에게 도달하기까지 매우 오랜 시간이 걸리게 되는 것이죠. 빛이 열심히 관찰자를 향해 전진하고 있지만 팽창하는 우주 때문에 관찰자와의 실제 거리가 그다지 줄어들지 않는 놀라운 현상이 일어나는 것입니다. 그래서 몇몇 빛은 100억 년이 넘는 시간이 지나야만 관찰자의 눈에 들어갑니다. 모르긴 몰라도 분명히 더 시간이 지나야 들어오는 빛도 있을 것입니다. 이런 원리로 지금에서야 우리 지구에 도착하는 태곳적 빛도 있습니다. 이것이 바로 과학자들이 우주의 모든 방향에서 고르게 도착하는 빛을 해석하는 방식이지요.

선생님~ 질문이 있습니다~

그래, 뭔지 안다. 그러면 지금 보이는 빛이 왜 뜨겁던 우주에서 나오는 하~얀색이 아니냐는 거지?

오~ 귀신이다.

하, 이 정도는 기본이지. 잘 생각해봐. 지금 상황은 은하에서 출발한 빛이 지구에 올 때 적색편이 현상을 일으키는 상황과 완전히 똑같단다. 은하에서 온 빛보다 훨씬 오랫동안 팽창하는 공간을 지나온 이 빛은 편이가 너무 많이 진행되어서 눈으로는 보이지도 않게 되었고 결국 전파 망원경에나 잡히는 빛이 된 것이지.

어라? 그러네요?

이미 설명했던 것이지. 알게 된 사실로 새로운 것을 이해할 때의 기분. 이것이 과학의 묘미 중 하나지. 어때?

…….

비상식적인 우주의 상식적인 물리법칙

우주배경복사는 인간이 볼 수 있는 빛 중에 가장 오래된 빛입니다. 인간이 확인할 수 있는 한 가장 먼 우주에서 온 빛이기도 하지요. 이 빛을 확인한 지 이미 반백 년이 지났습니다. 과학자들은 우주에 대해 그사이

더 많은 것을 알아냈지요. 그중 가장 유명한 것이 바로 1989년 쏘아 올린 COBE Cosmic Background Explorer 위성으로 얻은 자료입니다. 연구팀은 10개월이 넘도록 자료를 수집해 우주배경복사가 흑체복사곡선과 완전히 일치한다는 사실을 알아냈죠.

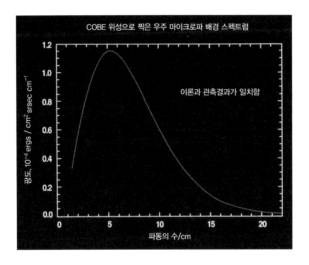

실험결과와 예상치 사이에 오차가 거의 없어서 마치 하나의 선처럼 보입니다. 인간이 '측정'한 것 중에 가장 완벽에 가까운 흑체복사곡선이지요. 앗, 그리고 보니 흑체복사곡선이 무엇인지 아직 이야기하지 않았네요! 뒤에서 더 자세히 알아볼 것입니다. 지금은 간단히 알아보는 선에서 만족합시다.

흑체란 자기한테 오는 빛은 전부 흡수하면서도 자신의 온도에 해당하는 빛은 사방으로 내뿜는 상상 속의 물체입니다. 쉽게 말해 연구를 위해 상정한 이상적인 물체로서 주변과 빛으로 열교환을 하는 물체인데요, 만약 그런 물체가 지구상에 있다면 검은색일 것이라고 예상해서 흑체라고 이름 붙인 것입니다. 과학자들은 20세기가 시작되는 즈음에 관련된 연구를 많이 진행해 흑체에 대해 많은 것을 알게 되었지요. 그래서 흑체에서 어떤 식으로 빛이 나오는지, 흑체의 온도에 따라 그 빛이 어떻게 변해야 하는지를 이해하고 있었습니다.

그런데 우주배경복사를 정밀하게 측정해 분석한 결과와 흑체복사곡선과 대단히 정확하게 일치했습니다. 이 사실은 우주가 특정한 온도를 띠는 단일 물체, 즉 흑체처럼 존재했던 시간이 있었다는 것을 시사합니다. 서로 너무 떨어져 있어서 열적 평형상태에 이르지 못하는 오늘날의 우주와 비교하면 과거의 우주는 충격적으로 작았던 것입니다. 또한 과거의 빛이 별다른 외부의 간섭 없이 자유롭게 우주공간을 이동하다가 지구에 도달했다는 것을 얘기해주기도 하지요. 하나같이 빅뱅이론이 예상하는 우주의 역사와 일치합니다.

무엇보다 중요한 것은 우주의 태곳적 현상을 설명하는 데 지금 우리가 알고 있는 물리적 법칙을 문제없이 적용했다는 점입니다. 흑체는 인간이 마음대로 숫자를 붙인 20세기라는 시기에 광활한 우주와 비교하면 아주 작은 크기의 뇌 몇 개가 모여 알아낸 사실입니다. 인간은 그것이 자연을 이루고 있는 기본적인 법칙과 맞닿아 있다고 주장하죠. 그런데 놀랍게도 그 지식은 100억 년도 더 전의 우주에서 어떤 일이 일어났는지 설명하는 데 대단히 성공적으로 사용되었습니다. 과학과 우주 모두에 이보다 더 가치 있는 일이 있을까요? 앞서 정상 우주론이 우주를 지구와 다른 물리법칙이 적용되는 공간으로 가정했던 것과 비교해보면 빅뱅이론의 장점은 더욱 부각됩니다. 빅뱅이론은 대단히 상상하기 힘든 특이한 시간과 공간을 상정하지만 이 시간과 공간은 본질적으로 지구와 동일한 물리법칙의 지배를 받습니다. 빅뱅이론은 그때나 지금이나 본질적으로 같은 자연이라는 가정을 위배하지 않기에 과학적인 의미가 있는 것입니다. 이것이 빅뱅이론이 완성된 이론이 아닌데도 강력하게 지지받는 근원적인 이유입니다. 빅뱅이론은 현재를 연구함으로써 과거를 추정할 수 있게 해주는 이론입니다.

마지막 약점까지 없앤 빅뱅이론

관측결과가 늘어날수록 빅뱅이론은 더욱 많은 지지를 받게 되었습니다. 과학자들이 방향과 상관없이 균일하게만 보였던 우주배경복사에 작은 변화들이 있음을 관측해냈던 것입니다. 이 관찰은 빅뱅이론의 치명적인 약점을 없애주는 중요한 발견이었습니다.

과학자들은 우주배경복사가 완전무결하게 균일하면 안 된다는 것을 알고 있었습니다. 우주배경복사가 빅뱅이론이 말하는 것처럼 지금에서야 관측되는 과거의 빛이라면 완전하게 균일한 우주배경복사란 곧 완전하게 균일한 우주를 뜻하게 되거든요. 그렇지만 현실의 우주는 완전하게 균일한 상태와는 상당히 거리가 멉니다. 은하가 여기저기 떨어져 있고 그 은하 안에 별이 알록달록 박혀 있지요. 따라서 과거의 우주도 불균일해야만 자연스럽습니다. 우주는 아주 약간이라도 지역적 불균일함을 갖추고 있어야만 하지요.

사실 이런 예상은 우주배경복사가 처음 관측되기 얼마 전부터 나왔던 것입니다. 그러나 우주배경복사의 변화량이 너무 적어서 측정에 성공하지 못했지요. 지구를 둘러싼 대기가 측정을 방해할 정도로 미세한 차이로 좌우되는 측정이었기 때문에 위성을 쏠 때까지 기다려야만 했습니다. COBE가 올라간 후 2년 동안 관측자료를 축적하자 우주배경복사가 1/10만 수준으로 요동하고 있음을 확인했습니다. 빅뱅이론이 예측한 우주의 과거 모습이 틀리지 않았음을 다시 한 번 확인한 것입니다. 이 연구결과로 스무트George Fitzgerald Smoot III와 매서John C. Mather는 2006년 노벨상을 받게 되었습니다.

스무트 박사가 연구결과를 독단으로 언론에 공표하는 바람에 둘 사이에 냉기가 흐른 적도 있다고 합니다. 결국은 둘이 화해했다고 하네요.

과학자들은 2001년 윌킨슨 초단파비등방 탐사선Wilkinson Microwave Anisotropy Probe, WMAP을 쏘아 올려서 더욱 자세한 우주배경복사 지도를 만들었습니다. 2009년에는 더더욱 성능이 뛰어난 플랑크Plank 탐사선을 쏘아 올렸지요.

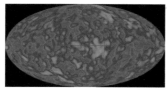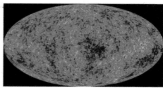

COBE가 얻은 결과왼쪽와 WMAP이 얻은 결과입니다. 사실 1/10만 수준이 관측된다는 것 자체가 놀랍습니다. 여러분의 키가 170cm라고 한다면 그 키의 1/10만, 그러니까 17μm마이크로미터 수준까지 자세히 재는 것입니다. 이 정도면 머리카락 두께보다 얇은 정도지요.

우주의 가속팽창, 모두를 놀라게 하다

긴 시간을 여행해 적색편이가 많이 일어난 빛이 과거에서 온 빛이라는 것을 이해하면 관찰을 통해 우주의 과거를 볼 수 있다는 사실을 깨닫게 됩니다. 인간은 이제 우주의 역사를 살펴볼 수 있는 이론적 바탕을 갖추게 된 것입니다. 우주에도 화석과 같은 데이터가 있었던 것이죠. 이 모든 것이 우주가 팽창하기 때문에 생기는 신기한 일입니다.

문제는 멀리 있는 천체를 자세히 관측하기가 쉽지 않다는 것인데요,

아주 적절한 시기에 인류의 관측능력은 기존과는 질적으로 다른 정밀도를 갖추게 되었습니다. 앞서 우주배경복사를 관측했던 COBE처럼 망원경을 우주로 쏘아 보낸 것입니다. 우주공간에서는 지구의 대기 같은 방해물이 없기 때문에 지상에 있는 그 어떤 망원경보다 훌륭한 관측이 가능합니다. 그래서 여러 가지 목적으로 만들어진 많은 망원경이 우주로 향했습니다.

미국항공우주국National Aeronautics and Space Administration, NASA에서 기획한 거대 망원경계획Great Observatories program으로만 망원경 총 네 개를 우주로 쏘아 올렸는데요, 그 유명한 허블 우주 망원경The Hubble Space Telescope, HST을 포함해서 콤프턴 γ선 우주 망원경The Compton Gamma Ray Observatory, CGRO, 찬드라 X선 관측선The Chandra X-ray Observatory, CXO 그리고 스피처 우주 망원경The Spitzer Space Telescope, SST 등이 있습니다. 이 중 SST는 일반인들의 공모를 통해 이름이 지어졌는데요, 1940년대 우주에 망원경을 두자고 최초로 제안한 천문학자 스피처Lyman Strong Spitzer, Jr.의 이름을 따왔습니다. 이러한 망원경 덕에 인류가 관찰한 우주는 광활하게 넓어져서 다음 그림과 같아졌습니다.

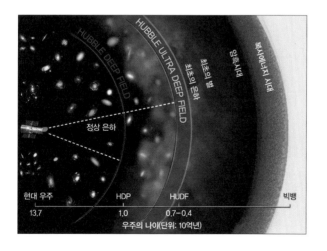

가로축에 지구와의 거리가 아닌 우주의 나이라고 쓰여 있는 것에 주목하세요. 오른쪽 끝부분의 어두워지기 직전 부분이 바로 우주배경복사가 생겼던 순간입니다. 과학자들은 저 면을 '최후 산란면'이라고 부릅니다.
그런데 실제로도 우주가 저렇게 생겼다고 생각하면 곤란합니다. 먼 곳에서 온 빛은 여행한 시간만큼 옛날에 만들어진 빛이기 때문에 과거의 모습을 간직할 뿐입니다. 우주가 실제로 저렇게 여러 층위로 나뉜 것은 아니라는 말입니다.

과학자들은 허블이 보았던 것보다 더 멀리 있는 천체를 대상으로 그것들의 속력을 관측했습니다. 그들은 더욱 넓은 범위에 분포한 더욱 많은 천체를 연구함으로써 더욱더 정확한 우주팽창의 속도를 알고자 했습니다. 결과는 상상을 뛰어넘는 것이었습니다.

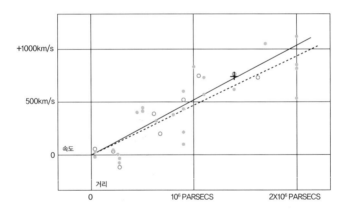

허블의 결과는 직선이었습니다. 은하가 멀리 있을수록 적색편이가 많이 되는 것에 착안해서 빛이 우주공간을 많이 진행할수록 편이되는 양이 커진다고 해석했고, 이때 편이가 곧 공간의 팽창에 기인한다고 이해했지요.

이 데이터를 오해 없이 이해하려면 멀리 있는 천체에서 나온 빛이 어떤 과정을 거쳐서 지구에 도달하는지 떠올려보아야만 합니다. 멀리 있는 천체에서 나온 빛도 다른 모든 빛과 마찬가지로 지구를 향해 빛의 속도로 접근합니다. 그러다가 가까운 — 그렇다고 해도 실제로는 대단히 멀리 떨어진 — 천체 옆을 지나게 되겠지요. 그때부터는 가까운 천체에서 나온 빛과 함께 똑같은 속도로 똑같은 공간을 지나쳐서 지구에 도달하게 됩니다. 그렇기 때문에 인류가 두 천체를 동시에 관찰할 수 있는 것이지요. 따라서 첫 번째 빛과 두 번째 빛은, 두 번째 빛이 나온 천체에서부터 지구까지의 공간이 팽창하는 데서 기인한 적색편이를 똑같이 경험하게 되는 것입니다. 물론 첫 번째 빛은 이 공통된 편이에 더해 추가로 자신만이 여행했던 더 먼 우주와 지구까지의 공간, 즉 더 과거의 우주공간이 팽창했던 영향까지 갖게 되는 것이고요.

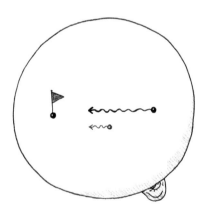

따라서 첫 번째 빛이 홀로 경험한 공간의 성격은 공통된 적색편이량을 제외한 나머지 부분에서 드러나게 됩니다. 적절한 계산을 통해 이 두 빛의 성질을 비교하여 첫 번째 빛이 홀로 경험한 공간의 성격을 유추해낼

수 있으면 과거의 우주공간이 어떤 식으로 팽창했는지 알 수 있는 것이
지요. 많은 사람이 우주는 예쁘게, 즉 일정하게 팽창하는 중이라고 예상
했습니다. 그런데 관측된 결과는 달랐습니다.

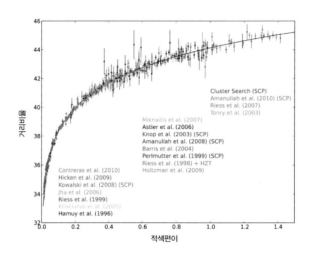

위의 그래프는 실제 관측 데이터와 계산결과입니다. 그래프의 초반부
는 가까운 별들로 계산한 결과이고 따라서 허블의 결과와 마찬가지로 직
선에 가깝습니다. 그러나 그래프를 전체적으로 보면 계산값이 곡선 모양
을 나타내고 있습니다. 이 곡선은 놀랍게도 현재 우주가 과거 우주보다
빠르게 팽창하고 있다고 가정할 때 얻을 수 있는 곡선입니다. 우주는 가
속팽창하고 있는 것이죠!

새로운 숙제

펄무터Saul Perlmutter와 슈미트Brian Paul Schmidt 그리고 리스Adam Guy Riess 세 사
람은 우주가 가속팽창하고 있다는 사실을 밝히며 우주론 영역에 세 번째
노벨상을 안깁니다. 그런데 이번 노벨상에는 대단히 특별한 점이 있습니

다. 아직 우주가 가속팽창하는 이유를 모른다는 것입니다. 노벨상을 받은 대부분의 발견은 그것이 어떤 식으로 해석되고 과학사에서 어떤 위치를 차지하는지까지 밝혀진 후에나 상을 받았습니다. 특히 우주론과 관련된 앞선 두 번의 수상은 그러했습니다.

노벨상을 타려면 일단 오래 살아야 한다는 것은 농담이 아닙니다. 사망한 사람에게는 노벨상을 주지 않는다는 원칙이 있거든요. 정말입니다.

하지만 이번 수상만큼은 달랐습니다. 이번 노벨상은 기존의 예상과 기존의 이론을 완전히 넘어섰기 때문에 주어진 것이었습니다. 21세기가 막 시작된 지금도 이 관측결과를 완벽하게 해석해내는 이론은 존재하지 않습니다. 하지만 그것이 무엇이 되었든 이 놀라운 관측결과는 이미 기존의 이론을 전부 재고하게 했기에 노벨상을 받을만 하다고 평가된 것이지요.

아직도 열나게 수정 중이지만 빅뱅이론은 많은 증거로 뒷받침되고 있습니다. 대표적으로 우주를 구성하고 있는 수소와 헬륨의 질량비 따위의 것들이 있습니다. 여하튼 중요한 것은 우주배경복사와 관련된 현상을 가장 잘 설명하는 이론은 빅뱅이론이라는 것입니다.

그러면 다른 설명법이 있을 수 있다는 거예요?

과학은 언제나 다른 설명방법에 열려 있단다. 중요한 건 더 훌륭하고 멋진 방법이 있느냐 없느냐의 문제지.

더 훌륭하고 멋진 방법인지는 누가 판단하나요?

그건 평생 과학을 연구하고 공부한 과학자들이 다 같이 판단하지.

그럼 틀릴 수도 있잖아요.

물론이지. 과학자는 항상 오류 가능성을 열어둔다. 그리고 아주 똑같은 잣대를 다른 이론에도 들이밀지. 과학자들은 서로서로 견제하면서 과학을 발전시킨단다. 그리고 거시적 관점에서 큰 실패 없이 잘 전진하고 있지.

이번에도 그럴까요?

모르지 그건. 그걸 확신하지 않으면서도 전진하는 것이 과학의 매력이란다. 과학은 답이 아닌 질문으로 만들어 가는 것이고 믿음이 아닌 의심으로 가득 차 있는 것이지.

야, 어쩐지 멋진 말로 수업이 끝날 것 같으니까 이상하다. 방해해봐.

그러게. 수업 끝내요. 배고파요.

……

PART 4

제한 없는 상상력,
자연의 본질을 노리다

:
:
:

뉴턴이 사과를 이용해 궤도운동을 설명했다는
사실은 꽤 중요합니다. 뉴턴 이전에는 우주란 곳은 감히 사과
따위를 이용해 설명할 수 없는 신성한 곳이었습니다. 그런데 뉴턴이 이 모든 것을
지상의 사과로 묶어버렸습니다. 신이 존재하는 곳이라고 언제나 당연히 생각하던
하늘 저 높은 곳에서 신을 없애버린 것입니다. 뉴턴의 업적을 '인간 이성의
승리'라고 말하는 의미가 바로 여기에 있지요.

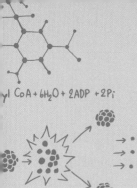
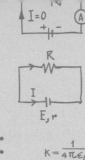
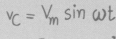
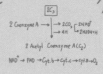
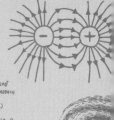

$v_C = V_m \sin \omega t$

$E_n = \dfrac{-13.6 z^2}{n}$

$I = 0$

R

I

E, r

$K = \dfrac{1}{4\pi\epsilon_0}$

yl $CoA + 6H_2O + 2ADP + 2Pi$

$2 \text{ Coenzyme A} \longrightarrow \begin{matrix} 2CO_2 \\ 4H \end{matrix} \begin{matrix} 2NAD^+ \\ 2H \cdot 2NADH + H \end{matrix}$

2 Acetyl Coenzyme A (C_2)

$NAD^+ + FAD \rightarrow Cyt.b \rightarrow Cyt.c \rightarrow cyt.a \rightarrow O_2$

1. 마침내 성공한 인류의 도전

물리학자들은 이상해요. 왜 우주의 과거나 미래에 그렇게 관심이 많죠?

뭐긴, 다 자연을 잘 이해하기 위해서지.

아니, 제 말은요, 좀더 자연스럽게 연구하면 안 되느냐는 거죠.

자연을 연구하고 있는데 뭘 더 어떻게 자연스러우란 얘기냐?

아니, 그러니까요. 좀 안 보이면 옆에 있는 다른 걸 보면 안 돼요? 꼭 고개를 들고 밤하늘을 봐야 해요? 자연은 주변에 널렸는데요?

?!?!

왜 우주였을까

과학자들은 대자연의 신비를 벗긴다면서 이상한 짓을 서슴지 않습니다. 허구한 날 실험실에 틀어박힌 채 듣도 보도 못한 이상한 것들을 만들기 일쑤지요. 가만히 생각해보면 대단히 모순적인 상황입니다. 주변에 널린 자연을 들여다보겠다고 골방에 틀어박혀 실험을 한답시고 엄청나게 인위적인 작업을 하고 있으니 말입니다.

한 걸음 더 나아가서 근대과학을 확립하는 데 크게 이바지했다는 과학적 성과라는 것도 지상의 세계에 거의 영향을 미치지 못하는 별들에 관한 것입니다. 바로 16세기의 학자들에 관한 이야기인데요, 그들이 천체의 움직임을 자세히 관측하고 그 결과를 정리함으로써 그 이후에 과학이 발전할 수 있는 기반도 다져졌습니다. 정밀한 관측과 심도 있는 분석이 합쳐져서 큰일을 이룰 수 있는 발판이 만들어진 것입니다. 그런데 과학자들은 지상 천지에 널리고 널린 것이 자연인데도 하필이면 밤에만 보이고 만지지도 못하며 자세한 생김새도 모르는 것들에서 위대한 아이디어를 얻었네요.

이처럼 상당히 모순적인 상황에 마냥 이해하기 힘든 면만 있는 것은 또 아닙니다. 우선 고려해야 할 것이, 천체의 움직임은 인류가 오랜 기간 관심을 두고 관찰해온 대상이라는 점입니다. 인류는 항상 천체에 관심을 보여왔고 이것은 전 지구적인 현상입니다. 천구가 어떻게 변화하는지 기록해놓은 여러 형태의 수많은 유적이 그 증거이지요. 그런데 그 오랜 시간 동안 천체들은 단 한 번도 규칙에서 벗어난 적이 없습니다. 비록 나중에 밝혀지긴 했지만 그곳은 먼지 하나도 흔치 않은 청정한 곳이니까요. 그러니까 우주라는 대자연은 마치 거대하고 정밀한 실험실 같은 환경인 셈입니다. 스스로 지니고 있는 본질은 유지한 채 말이지요. 자연의 심오한 진리가 그곳에서부터 드러나는 것이 일견 당연해보이기도 합니다.

 별들의 움직임이나 위치와 관련이 깊다고 보는 유적입니다.

브라헤의 위대한 관찰

16세기에 이르러 위대한 천문학자 브라헤Tycho Brache가 활약하면서 천체의 움직임과 근대과학이 직접 연결되기 시작했습니다. 그는 광학도구를 사용하지 않고 가장 정밀한 관측을 한 학자로 일컬어지지요. 움직이지 않는 별, 즉 항성의 위치에 대한 정보는 오차가 25초에 불과할 정도입니다. 브라헤는 항성 수백 개를 오차범위 1분 안쪽의 정확도로 기록해냈습니다. 1도가 60분이고 1분이 60초인 것을 생각하면 저 오차가 얼마나 작은 것인지 알 수 있습니다. 이 정도라면 약 1m 앞에 찍어둔 약 0.1mm 간격의 두 점을 구별해내는 수준의 정밀도입니다.

저 두 점의 간격은 1mm입니다. 브라헤의 계산은 저 간격의 **10분의 1**인 약 **0.1mm**의 오차만 기록했습니다. 엄청난 수준의 정밀도를 보여준 거죠.

브라헤는 태양계를 구성하는 별들의 움직임도 놀랍도록 정확하게 기록했습니다. 태양계에 관한 그의 작업은 이후에 있을 과학혁명의 발판이 되었기 때문에 과학사에 길이 남을 업적이라고 할 수 있지요. 그의 다른 업적들도 꽤 훌륭하지만 이제부터 소개할 업적에는 비견할 바가 못 됩니다. 1572년 카시오페이아자리 근처에서 지금은 SN1572라 불리는 초신성을 발견해 그것에 대한 자세한 기록을 남겼던 것도, 면밀한 관측을 통해 혜성이 달보다 더 멀리 떨어진 천체의 현상임을 밝힌 것도, 태양이 지구 주변을 돌고 나머지 별들은 태양 주변을 도는 독특한 행성체계를 만든 것도, 세밀한 관측을 통해 달에 대한 여러 사실을 알아낸 것도 그의 주 업적에 비하면 세세한 것들입니다.

브라헤 때문에? 브라헤 덕분에!

브라헤가 관측한 데이터를 정리해 하나의 이야기로 엮어낸 사람이 바로 케플러입니다. 그는 태양과 그 주위를 도는 행성들에 대한 제대로 된 큰 그림을 그린 첫 번째 인물이었습니다. 어려서부터 수학에 남다른 재능을 보였던 케플러는 브라헤를 만나면서 재능을 마음껏 발휘할 수 있게 되었지요.

사실 케플러는 브라헤가 죽은 뒤에 생산적인 시간을 보낼 수 있었지.

 ????

케플러는 당시 잘나가던 브라헤에게 고용된 학자였단다. 브라헤에게 케플러란 계산과 분석을 해줄 동료이기도 했지만, 반대로 적절한 태양계 모형을 누가 먼저 만드느냐를 놓고 겨루는 경쟁자이기도 했지. 실제로 브라헤도 자신만의 독특한 설을 만들었으니까. 이런 이유로 브라헤는 이 잠재적 경쟁자에게 관측자료를 한꺼번에 전부 넘겨주지 않았단다. 자신이 원하는 특정한 계산만 해주길 바라거나 필요한 글을 써달라는 식으로 케플러와 일했지.

둘이 같이 잘하면 되잖아요. 한 명은 측정하고 한 명은 그걸 분석하고.

글쎄. 나는 심정적으로는 이해되기도 해. 오랜 기간 힘들게 측정했더니 어떤 사람이 한칼에 계산해서 명성을 독차지한다면 조금은 억울하지 않겠니? 게다가 브라헤 본인 혼자서도 어떻게든 할 수 있을 것 같아 보였거든.

그래서 죽은 다음에 자료를 받은 거예요?

그렇지. 참 드라마틱한 일이지. 브라헤의 죽음에 관해서는 흥미로운 얘기가 많단다. 특히 그의 사인에 관한 얘기가 많지. 어떤 이들은 술자리에서 오줌을 오래 참는 바람에 방광염으로 죽었다고도 하는데 모르는 일이야. 나중에 과학자들이 그의 시신을 부검해보니 그의 머리카락에서 비정상적으로 많은 수은이 검출되었다고 하거든. 그러니까 사실은 수은 중독으로 죽었을지도 모르는 일이지.
죽을 때 케플러에게 연구를 완수하라고 말했지만 유족들이 자료를 쉽게 넘겨주지 않았다는 얘기나, 저작권 문제 등에 얽혀서 실제 연구결과를 출판하는 데 시간이 더 걸리기도 했다는 얘기들도 기록으로 잘 남아 있다.

수은 중독이요?

 얘기가 너무 딴 데로 새는데, 독살당했다고 주장하는 사람도 있고. 사실 브라헤는 결투로 코 일부를 잃어버려서 모조 코를 달고 다녔거든? 그 금속코를 통해 수은이 몸에 많이 흘러들어 갔다는 사람들도 있고.

결투요?

 아유, 가십 얘기는 이제 그만하자. 케플러의 연구는……

아이 선생님~

처음 브라헤와 만났을 때 케플러에게는 수학실력과 더불어 젊음과 열정이 있었습니다. 데이터를 넘겨주기만 한다면 적절한 모델을 바로 찾을 수 있을 거라는 자신감이 넘쳤지요. 하지만 세상에 쉬운 일은 없습니다. 케플러는 브라헤에게 데이터를 전부 물려받고도 수년 동안 복잡하고 힘든 계산에 매달려야만 했습니다. 오죽했으면 복잡하고 힘든 계산을 수십 번씩 반복한 자신을 불쌍히 여겨달라는 뉘앙스의 글을 남기기까지 했을까요.

케플러가 힘들게 수년 동안 계산을 반복했던 이유는 관측값과 그의 계산결과가 아주 약간씩 차이를 보였기 때문입니다. 그가 고심 끝에 추론해낸 궤도와 관측결과는 특정 부분에서 대략 8분 정도 차이가 났습니다. 이 정도 차이는 보통 대단히 작게 여겨지지만 하늘을 관찰하는 연구에서는 그렇게 작은 것만도 아닙니다.

 태양의 각지름이 **32분**쯤 되는 것을 상기해보면 **8분**이 대략 어느 정도인지 알 수 있습니다.

비록 케플러의 모형과 브라헤의 관측값은 대부분의 영역에서 2분 이하의 차이만 났지만 그렇다고 이 8분의 오차를 무시할 수는 없었습니다. 무엇보다 브라헤의 관측이 워낙 정확했기 때문에 이 8분은 유의미한 오차로 여겨졌지요. 만약 브라헤의 관측이 약간 덜 정확했다면 케플러는 8분을 작은 오차 정도로만 여기고 자신의 결론을 수정하지 않았을지도 모릅니다. 하지만 브라헤가 오랜 기간에 걸쳐 완벽에 가까운 관측값을 남겼기 때문에 정확도와 정밀도 면에서 흠 잡을 곳 없는 기준 역할을 한 셈이지요.

돌고 도는 녀석들의 비밀

사실 케플러는 8분의 차이를 줄이기 위해 여러 가지 시도를 하다가 그만 포기하고 손을 놓았다고 합니다. 그렇게 계산을 그만두고 쉬던 어느 날 문득 행성이 원이 아닌 타원 궤도를 돌 수도 있다는 생각이 떠올랐다고 하죠. 그 우연한 '어느 날'은 브라헤가 죽은 지 만 4년이 지난 뒤였습니다. 수없이 실패한 후에야 얻어낸 보상인 셈이었죠. 계산할 때 조수를 쓰지 않았던 케플러는 다시 약간의 시간을 보내고 나서야 화성 관측자료를 이용해 '행성은 태양을 한 초점으로 하는 타원궤도를 그리면서 공전한다'는 제1법칙을 완성할 수 있었습니다. 이로써 케플러는 인류 최초로 행성의 움직임에 대해 정확한 답을 제시한 사람이 되었습니다. 수많은 문명에서 도전했지만 실패했던 일을 드디어 결론짓게 된 것이지요.

이 위대한 발견에 대해 다시 한 번 강조할 부분은 바로 케플러의 끈기입니다. 만약 케플러가 약간 부족했던 최초의 계산에 만족했더라면 최고의 경지에 도달하지 못했을 것입니다. 튀코 브라헤의 노력과 케플러의 끈기가 만나 위대한 작품이 만들어진 것입니다.

브라헤는 죽기 직전에 "내 삶이 헛되지 않게 하소서. 내가 헛된 삶을 살았다고 하지 않게 하소서!"라는 독백을 되풀이하다가 죽었다고 합니다. 세상에 헛된 삶이 있는지는 모르겠지만 어쨌든 이 정도면 브라헤가 만족했을 것이란 생각은 듭니다.

사실 케플러가 행성의 움직임에 대해 제일 먼저 알아낸 사실은 케플러의 제2법칙이라고 불리는 것입니다. 흔히들 '면적속도 일정의 법칙'이라고 부르는데요, 행성이 태양 주변을 도는 속도에 대해 설명하는 법칙입니다. 행성이 태양 가까이에 있을 때는 상대적으로 멀리 있을 때보다 빠른 속도로 움직인다는 것이 그 내용입니다. 케플러는 행성이 태양을 중심으로 완벽하게 원운동하는 모델은 관측결과와 일치하지 않는다는 것을 비교적 일찍 알았습니다. 그래서 원의 중심을 태양에서 벗어나게도 해봤지요. 이 과정에서 케플러가 알게 된 사실이 있었습니다.

케플러의 제1, 2법칙을 합쳐서 하나의 그림으로 그리면 아래와 같습니다. 제2법칙은 동일한 시간 동안 행성이 훑고 간 곳의 넓이(그림의 색칠한 부분)는 항상 일정하다는 것을 말합니다.

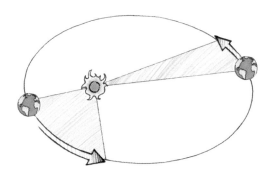

위와 같은 사실들은 1609년에 출간된 『새로운 천문학』*Astronomia Nova*이라는 책을 통해 세상에 모습을 드러냈습니다. 그 이후에도 케플러는 1619년에 『세계의 조화』*Harmonice Mundi*라는 책을 출간하며 법칙을 하나 더 발표했지요. 케플러는 행성과 태양 사이의 거리와 행성이 궤도를 한 바퀴 도는 시간 사이에 절묘한 관계가 있음을 알아냈습니다. 이것이 바로 케플러의 제3법칙으로 '조화의 법칙'이라고도 불리는 것입니다. 이 세 가지 법칙이 바로 그 유명한 케플러의 3법칙입니다.

케플러의 법칙은 사실 어떤 것이 무언가를 중심으로 돌고 있을 때 제기될 수 있는 거의 모든 의문에 대한 답입니다. 일단 제1법칙은 도는 모양이 어떻게 되는지를 다루고 있고요, 제2법칙은 돌 때 얼마나 빨리 도는지에 대해 언급하고 있지요. 제3법칙은 도는 녀석끼리 어떤 관계가 있는지에 대한 탐구결과입니다. 이 정도면 돌고 있는 녀석들을 보고 즉각적으로 떠오를 수 있는 질문들이 다 나온 셈입니다. 케플러의 법칙은 이런 질문들에 대해 하나하나 답한 것이죠.

케플러, 무소의 뿔처럼 가다

눈여겨볼 만한 사실은 케플러가 3법칙을 달걀로 바위 치듯이 알아냈다는 것입니다. 물론 지구가 태양 주위를 돈다거나 그것이 원운동이라는 것 정도는 코페르니쿠스 이후의 학자이니만큼 알고 있었지만요. 그의 연구 환경이 어떠했는지는 그가 다루어야 했던 관측자료의 형태를 보면 알 수 있습니다. 브라헤한테 받았던 데이터나 그 데이터를 해석하기 위해 그린 그림 또는 수행한 계산은 그의 책『새로운 천문학』에 잘 나와 있지요.

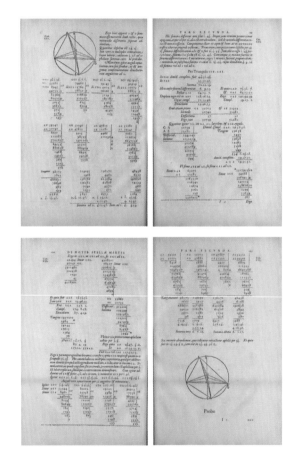

화성에 관한 데이터와 도식과 계산이 담겨 있는 페이지입니다. 저 모든 것을 컴퓨터는커녕 간단한 전자계산기 하나 없던 시기에 하나하나 손으로 해냈다는 것이 놀랍습니다. 오른쪽 페이지는 화성 궤도를 구하기 위한 계산과정의 노고를 제일 잘 보여주는 페이지 중 하나입니다. 물론 저 정확한 숫자들 뒤에는 브라헤의 업적이 있음을 한순간도 잊어선 안 되겠습니다.

화성에 관한 데이터는 오로지 관측이 이루어진 시간과 화성의 위치뿐이지요. 저 숫자들을 그림으로 바꾸어 실제 위치를 추정해내는 것이 케플러의 일이었습니다. 모든 관찰이 태양을 중심으로 움직이고 있는 지구의 관점에서 상대적으로 이루어졌다는 것을 생각해보십시오. 태양계 모델을 구상하고 데이터가 그것과 일치하는지 알아보는 일의 난이도가 얼마나 끔찍했을지 대충 짐작할 수 있을 겁니다.

오늘날의 학생들은 제2법칙을 그다지 어렵지 않고 깔끔하게 이해할 수 있습니다. 일단 각운동량이라는 물리량을 이해하고 난다면 말이지요. 하지만 케플러는 뉴턴 이전의 사람이니만큼 각운동량을 알 리가 없었습니다. 뉴턴의 운동이론을 참고했을 리도 없습니다. 그러니까 정말이지 그냥 알아낸 것입니다. 정확한 데이터와 엄청난 양의 계산 그리고 본인의 감을 밑천 삼아 발견한 것이죠. 이런 사실들은 케플러의 업적과 노력을 한층 더 돋보이게 합니다.

우주, scientific, 신비적

한 가지 흥미로운 점은 케플러 본인이 아직 근대과학을 맞이할 준비가 되어 있지 않았다는 것입니다. 근대과학에 어울릴 만한 수준의 계산을 수행해 과학사에 길이 남을 매우 중요한 연구를 했지만 케플러의 머릿속에는 지금의 관점과는 다른 면이 남아 있었지요. 그래서 그의 연구 전체가 근대과학과 완전히 부합하는 것은 아닙니다. 시대적 한계에 가로막혔던 다른 학자들과 크게 다르지 않은 모습입니다.

이는 젊은 날의 케플러가 했던 연구를 들여다보면 매우 명확해집니다. 어려서부터 수학적으로 매우 뛰어났다고 알려진 그이지만 태양계의 체계에 대해 처음으로 내놓은 결과는 꽤 사변적입니다. 그의 저서 『우주구조의 신비』*Mysterium Cosmographicum*는 하늘에서 운행하는 행성 여섯 개와 정다면체의 관계에 대해 밝히고 있습니다. 기하학적 법칙으로 모든 면의 모양이 똑같은 입체, 즉 정다면체는 다섯 종류밖에 만들 수 없습니다. 정4면체, 정6면체, 정8면체, 정12면체, 정20면체가 전부죠. 그런데 그때까지 태양 주변을 도는 행성은 여섯 개밖에 알려지지 않았습니다. 그리고 보니 별 사이에 정다면체를 하나씩 끼워 넣으면 남고 모자라는 것 없이 딱 들어맞습니다.

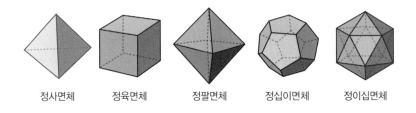

| 정사면체 | 정육면체 | 정팔면체 | 정십이면체 | 정이십면체 |

케플러는 아마 이렇게 생각했겠죠. '이런 멋진 우연의 일치가 있을 수가!' 그러고는 이것이 우연이 아니라고 받아들이기로 결정했을 것입니다.

케플러는 각 정다면체가 구를 받치고 있는 거대한 모형을 생각해내고는 이 방법으로 하늘을 설명했습니다. 정다면체가 구 사이사이에 박혀서 구를 지지하고 이때 행성은 구에 박힌 채 돌고 있다는 것이 그의 구상이었죠. 케플러는 실제로 이런 모델을 믿었고 이것을 제작하기 위한 연구비를 얻기 위해 제안서까지 썼습니다. 우주를 이루는 기하학적 신비를 풀었다고 생각한 것입니다.

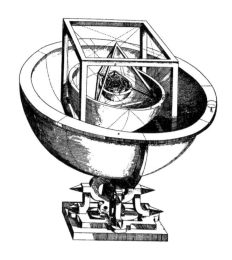

심지어 그는 자신의 3법칙을 완성하고 나서도 '거대 정다면체 모형'에 대한 믿음을 버리지 않았습니다. 덕분에 『세계의 조화』라는 책에는 과학적인 얘기라고 생각하기 힘든 온갖 신비주의적인 얘기가 가득합니다. 그가 이 이론에 정성을 들였다는 사실은 이 내용을 담은 『우주구조의 신비』를 대대적으로 보강해 두 번째 판을 다시 냈다는 데서도 드러납니다. 그것도 자신의 3법칙이 전부 발표된 이후인 1621년에 말입니다.

브라헤에서 케플러로, 케플러에서 뉴턴으로

마지막으로 케플러의 법칙 안에도 '왜'에 대한 답은 없다는 점에 주목할 필요가 있습니다. 케플러는 행성들이 움직이는 법칙을 분명하게 밝혔습니다. 기존의 다른 설들과 다르게 완벽하게 관찰된 사실에 기초한 것이었죠. 하지만 이 명쾌한 3법칙에도 3법칙이 성립하는 이유에 대한 언급은 일절 찾아볼 수 없습니다. 케플러는 이미 축적된 자료 내에 숨겨진 규칙이 있는지 자세히 살펴보고 그 속에서 비교적 인간이 이해하기 쉬운 (!) 것들을 찾아낸 것입니다. 그렇지만 여기까지입니다. 즉 케플러의 3법칙은 관측한 자료가 경향성을 지니는지 정도만 파악해본 것이지요.

여기서 자연을 잘 관찰해 그것들을 정리하고 경향성을 파악하는 일 하나하나가 과학적으로 얼마나 큰 의미가 있는지 파악할 수 있습니다. 정말이지 아무리 강조해도 모자람이 없지요. 특히 케플러가 만든 법칙은 이후 자연의 본질을 알아내는 데 큰 도움을 주면서 더욱 빛나게 되었습니다. 마치 브라헤의 관찰이 케플러의 발견에 결정적인 역할을 했듯이 말입니다. 케플러 자신은 이후 뉴턴에게 결정적인 도움을 줍니다.

조금 더 생각하기 10. 과학과 규칙성

집요함과 끈기가 필요할 때

과학자들은 왜 별의 움직임을 저렇게 정확히 측정했을까요? 왜 지난하고 힘든 계산과정을 끊임없이 반복했을까요? 왜 복잡한 도구나 장비를 만들어서 사용했을까요?

이런 종류의 질문에 대답하려면 과학자들의 목표가 자연의 이해라는 당연한 사실에서부터 출발해야 합니다. 그들은 자연의 본질을 파악하겠다는 뚜렷한 목표를 가지고 자연을 대합니다. 사실 모든 인간은 의도하지 않아도 자연 속에 파묻힌 채 자연을 마주하며 생활할 수밖에 없습니다. 둘러보면 보이는 것, 귀 기울이면 들리는 것 모두가 자연현상의 일부이지요. 특별히 의식적으로 자연과의 관계를 재정립하는 활동이 몇 가지 있지만 대부분 자연을 온몸으로 느끼며 즐길 뿐입니다. 등산, 삼림욕, 해수욕 등이 대표적인 예이지요. 그런데 과학자들은 대부분의 사람과 아예 다른 출발점에 서 있습니다. 과학자들에게 자연은 궁금증을 유발하는 것이며 열심히 관찰해야 하는 것입니다. 봄날이 되면 싱싱한 연둣빛으로 빛나기 시작하는 산자락을 보고도 아름답다거나 싱그럽다는 생각보다 침엽수의 잎과 활엽수의 새순이 만드는 색깔의 차이를 비교해보는 것이 바로 과학자들이죠.

이런 생각의 차이는 결국 행동의 차이로 이어집니다. 과학자들의 행동은 자연을 보고 심리적 위안과 행복을 느끼는 감성적인 행위와는 아무런 상관이 없습니다. 유별난 집요함과 끈기로 자연을 관찰하는 것은 이 때문입니다. 보통의 사람들은 자연에서 즐거움을 얻지 못하면 다른 데서 즐거움을 얻지요. 하지만 과학자들에게 자연은 대체할 수 없는 대상이자 목적 그 자체입니다.

그런데 자연은 과학자들의 행동이 집요해지기를 바라는 것처럼 자신의 신비로움을 꼭꼭 숨기고 있습니다. 쉽게 말해 대부분의 자연현상은 대단히 복잡합니다. 바닷가에 밀려오는 파도를 상상해보세요. 그 파도는 하나하나가 다 다르게 생겼습니다. 왜 파도가 저런 모양을 하고 저런 속도와 높이를 가졌는지 가만히 앉아서 온종일 바라봐도 쉽게 알아낼 수 없지요.

사실 주변에서 일어나는 아주 사소하고 일상적인 자연현상들조차 쉽게 이해할 수 없을 때가 많습니다. 지금 주위에 연필이나 젓가락 따위가 있다면 그걸 탁자 위에 세웠다가 쓰러지도록 살짝 놓아보십시오. 그러면 처음 세워놓았던 바로 그 위치에서 약간 벗어나며 넘어질 것입니다. 왜 벗어나는 걸까요? 벗어나는 정도는 무엇이 결정할까요?

과학자들도 자신의 집요함을 유감없이 발휘하죠. 그들은 이런 복잡함을 극복하고 스스로 이해할 수 있는 인과관계를 찾아내야만 자연의 본질을 알아냈다고 생각합니다. '복잡해 예측할 수 없다'고 결론 내리는 과학자는 없습니다. 근대 이후 과학자들은 현상이 일어나는 과정을 하나하나 분석해내고 성공적으로 예측해내야 비로소 본질에 접근했다고 말합니다. 앞서 논의했던 혼돈이론이 좋은 예입니다. 도저히 규칙성을 찾을 수 없는 시스템을 앞에 놓고도 어떤 종류의 법칙이 내재해 있는지 기어코 알아내는 학자들의 모습을 확인할 수 있었지요. 학자들이 품은 학문적 목표가 무엇인지 엿볼 수 있는 부분입니다.

요컨대 복잡한 자연 속에서 이해 가능한 규칙성을 찾고자 하는 것이 과학자들입니다. 따라서 과학자들은 집요해질 수밖에 없습니다. 가끔은 비상식적으로 보일 때도 있지요. 과학자들이 복잡하고 어려운 실험을 하거나 큰돈을 들여 거대하고 복잡한 장치를 만드는 이유도 비슷합니다. 자연현상에서 복잡한 것들을 제거하고자 하는 것이지요. 그렇게만 된다면 규칙성을 파악하는 일이 훨씬 수월할 테니까요. 예를 들어 바닷가의 파도는 너무 많고 복잡해서 관찰하고 기록하기가 쉽지 않지요. 그러니까 바닷가와 똑같이 생긴 모형을 제작해 파도를 하나만 만들어보는 것입니다. 그러면 파도의 모양을 파악하고 진행하는 방법을 이해하는 데 훨씬 수월하겠지요. 자연에 변화를 주어 자연현상을 관찰하는 것입니다. 이것이 바로 실험이지요. 더불어 실험을 하느라고 많은 돈과 시간을 투자하는 이유도 이해할 수 있습니다. 바다와 똑같은 모형을 만든다고 생각해보세요. 돈과 시간이 얼마나 많이 들겠어요?

 요컨대 과학자들의 연구활동은 자연을 이해하고 싶다는 지극히 상식적인 욕구에 바탕을 두고 있습니다. 때때로 비상식적으로 보이더라도 그것은 겉모습에 불과하지요.

조금 더 생각하기 11. 과학과 수비학

과학자도 나무에서 떨어진다

과학자들도 실수를 합니다. 규칙을 찾는 데 경도된 나머지 수비학數秘學, Numerology적인 실수를 할 때가 있지요. 수치적인 규칙성을 발견하고는 그 자체가 가치 있는 규칙인 줄 아는 것이죠.

이건 비단 자연과학자들만의 문제는 아닌 것 같습니다. 시선을 약간만 옆으로 돌리면 훨씬 더 황당한 상황을 쉽게 발견할 수 있지요. 반도체 직접회로의 성능이 몇 개월마다 두 배씩 좋아진다는 '무어의 법칙'이 좋은 예입니다. 인간이 의도적으로 하는 어떤 일에 일정한 규칙성이 발견된다고 해서 그것이 내일도 지켜지리라고 섣불리 판단하는 것은 경솔한 일이지요. 심지어 어느 회사 사장은 자기 회사의 제품이 매년 일정한 규칙을 따라 좋아진다며 '황의 법칙'이라고 불러달라고까지 했습니다. 이름을 남기고 싶어 하는 의지 정도는 인정해서 '황의 의지'라고 부르는 것까지는 양보할 수 있겠습니다.

 수비학적 발상 자체는 절대 나쁜 것이 아닙니다.

수비학적 발상이 꼭 무용하다거나 터무니없다는 뜻은 아닙니다. 중요한 점은 그와 같은 규칙성이 발견되었다는 것 자체에만 매달리지 않고 그것이 어떠한 거대원리와 연결되는지 끊임없이 탐구하느냐 하는 것입니다. 가장 대표적으로 티티우스-보데의 법칙Titius - Bode law을 예로 들 수 있습니다. 이 법칙은 태양과 행성 사이의 거리에 나타나는 규칙을 얘기하고 있지요. 한데 아주 명확히 잘 들어맞는 것은 아니었습니다. 게다가 별들이 왜 저런 규칙으로 배열되었는지는 아직도 명확히 밝혀지지 않았죠. 하지만 이 법칙이 크게 틀리지 않았을 것이라는 긍정적인 추측은 새로운 행성을 찾으려는 여러 노력으로 연결되었습니다.

이 책에도 수치적인 일치에서 크나큰 아이디어를 얻은 위대한 과학자 이야기가 있습니다. 누구일까요? 다 읽고 생각해보세요.

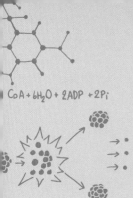
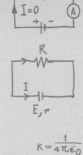
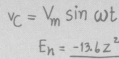

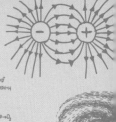
2. 신들의 세계를 설명한 과학

 지금부터 뉴턴이 쓴 위대한 책 『프린키피아』에 대해 이야기 하겠습니다. 그 책에 어떤 내용이 있는지, 그 의미가 무엇 인지에 대해 말이지요. 그런데 이 이야기를 시작할 때면 꼭 등장하는 인물이 있습니다. 바로 핼리Edmond Halley입니다.

핼리요? 어디서 많이 들었는데…….

 그의 이름을 딴 혜성이 있지. 혹시 그 혜성의 이름을 알고 있니?

아하! 핼리혜성 말씀이시죠?

핼리는 몰라도 핼리혜성은 안다고요.

그래서 무슨 얘기인데요.

1684년 어느 여름날 핼리가 뉴턴을 찾아갔단다. 그리고 별 사이에 작용하는 힘이 거리의 제곱에 반비례한다면 어떤 궤도를 그릴 것인지 물었다고 하지. 사실 그때 이미 핼리는 원하는 답을 구하려고 많은 노력을 했으나 실패한 뒤였어. 그런데 놀랍게도 뉴턴은 너무나 당연하다는 듯이 타원형을 그린다고 대답했지. 게다가 예전에 벌써 다 계산해두었는 데 그 과정을 메모한 종이가 짐 더미 속에 파묻혀 찾을 수가 없다는 식으로 얘기했다고 해.

그러니까 핼리보다 뉴턴이 똑똑하다는 것이 이 일화의 요점인가요?

천재는 정리를 안 한다는 거?

아니 뉴턴이 그만큼 똑똑하다는 거겠지.

그러니까 핼리에 비해 뉴턴이 똑똑하다는 것이 이 일화의 요점인가요?

 ……

일상적인 만남 & 역사적인 대화

그해 11월, 핼리는 뉴턴에게서 9쪽짜리 간단한 논문을 받았습니다. 행성끼리 주고받는 힘이 거리의 제곱에 반비례한다면 행성은 타원궤도를 따라 움직인다는 걸 '증명'한 논문이었지요. 이 서신교환은 뉴턴과 핼리 개인에게는 물론이거니와 과학사적으로도 의미가 큰 사건의 시작이었습니다. 이른바 역제곱의 법칙inverse square law을 다룬 이 간결한 논문이 곧 『프린키피아』의 시발점이 되었기 때문입니다. 뉴턴은 핼리와의 만남 이후 수년간 집필에 매달려 1687년 역작을 탄생시켰습니다. 핼리는 뉴턴이 『프린키피아』를 집필할 수 있도록, 또 완성된 원고를 출판할 수 있도록 결정적인 순간마다 큰 도움을 주었지요.

이 이야기 속에서 제일 재미있는 부분은 핼리가 이미 답을 알고 있었다는 점입니다. 그는 행성이 역제곱의 법칙을 따른다는 것을 이미 알고 있었습니다. 그렇다면 왜 물어봤을까요? 답을 이미 알고 있는데 물어보는 것은 절대 흔한 일이 아닙니다. 학자끼리 상대방을 시험하는 무례한 행동을 했을 리도 없고요. 뉴턴이 『프린키피아』를 저술하는 데 핼리가 도움을 줬다는 것까지 생각하면 더더욱 이상합니다. 이미 답을 알고 있다면 자기가 책을 써서 자기가 유명해지면 되지 왜 핼리는 뉴턴을 도와주기만 했을까요? 이런 의문을 풀려면 핼리의 질문이 정확히 무엇을 의미하는지 그리고 핼리가 알고 있던 것은 무엇이고 그것을 어떻게 알게 되었는지 정리할 필요가 있습니다.

행성 사이에 잡아당기는 힘이 작용한다는 사실은 뉴턴이 살던 시대에 이미 널리 알려져 있었습니다. 그도 그럴 것이 만약 둘 사이에 힘이 작용하지 않는다면 한 별이 다른 별 주위를 돌 이유가 없기 때문이지요. 저 멀리 날아가 버리면 그만입니다. 그렇지만 누구도 정확한 힘의 형태에 대해서는 알지 못했습니다. 별 사이에 작용하는 힘이 눈에 보이는 것도 아니고 또 사람이 직접 느껴보면서 알아볼 수 있는 것도 아니었으니까요.

그런데 변화가 찾아왔습니다. 행성운동에 관한 궁극적인 답, 그러니까 실제 행성이 태양에서 얼마만큼 떨어져 있으며 정확히 어떤 궤도로 움직이는지에 대한 브라헤와 케플러의 고차원적인 분석결과가 알려진 것입니다. 현상에 내재된 법칙이 무엇인지 자세히 알아볼 길이 열린 것이지요. 과학자들은 때는 이때다 하고 분석에 착수했습니다. 어떤 형태의 힘이 존재하는지 역추적을 시작한 것이죠. 특히나 1673년 네덜란드의 물리학자 하위헌스Christiaan Huygens가 원운동하는 물체에 작용하는 힘의 특성을 분석해냄으로써 행성의 운동에 관한 각종 추정은 더욱 탄탄한 근거 위에 서게 되었습니다. 결국 1679년 핼리와 훅Robert Hooke 그리고 렌Sir Christopher Michael Wren이 독자적으로 역제곱의 법칙을 제안하기에 이르렀죠.

힘이 역제곱에 반비례할 것이라고 추정한 데는 케플러의 제3법칙인 조화의 법칙이 주요한 역할을 했다고 합니다. 케플러와 브라헤의 업적이 얼마나 위대한지 다시 한 번 느낄 수 있는 부분이지요.

하지만 누구도 이 힘이 확실히 작용한다고 말할 수 없었습니다. 눈에 안 보이는 어떤 것이 눈에 보이는 현상을 일으킨다고 말하는 것은 쉬운 일이 아니죠. 특히 이때까지는 '추정된 힘'으로 케플러의 제3법칙만을 이해하는 상황이었습니다. 다른 이를 설득할 수 있으려면 알려진 모든 현상을 설명할 수 있어야 하는데 말입니다. 요컨대 그들의 답은 미완성이었던 것입니다.

이것이 핼리가 뉴턴에게 답을 알면서도 물어본 이유입니다. 핼리는 행성의 움직임에 관한 모든 것을 이해하지 못했습니다. 조금 더 정확히 말하면 제3법칙을 발판으로 답을 내리긴 했지만 행성의 궤도가 타원일 것이라는 케플러의 제1법칙과 행성이 도는 속도를 설명한 제2법칙을 이해하는 데는 실패했습니다. 답의 설득력이 강하려면 모든 법칙을 다 설명할 수 있어야 하는데 아직 그러지 못했던 것이죠. 이것이 핼리가 '역제곱 법칙을 만족한다고 추정된 힘'을 이용해 유도한 행성의 궤도 형태가 어째서 타원인지를 뉴턴에게 물었던 이유입니다. '추정된 힘'을 통해 제1법칙을 이해할 방법을 찾고 있었던 것이죠.

사과, 만유인력의 영원한 상징

뉴턴은 『프린키피아』를 통해 운동을 분석하는 기본적인 관점뿐만 아니라 행성의 운동까지 완벽히 이해하는 방법을 제시했습니다. 수백 년이 넘도록 끊이지 않고 언급되는 데는 다 그만한 이유가 있는 것이지요. 이 일의 의미가 얼마나 큰지는 그 유명세로도 알아 볼 수 있습니다. 당장 주변에서 '만유인력'에 대해 모르는 사람이 있는지 찾아보세요. 흔치 않을 겁니다. 어찌나 유명한지 수식은 전혀 몰라도 만유인력이란 말은 알고 있는 것이지요.

수백 년 전에 밝혀낸 이론인데도 꽤 어렵다는 사실을 생각하면 뉴턴의 업적이 더더욱 돋보입니다. 역제곱 법칙으로 타원궤도를 이끌어내는 방법은 가장 쉽다고 알려진 것조차 쉽게 이해하기 힘들지요. 엄밀한 증명을 하기 위해서는 대학교 1학년 수준보다 한 단계 더 높은 물리학과 전공 과목을 배워야만 합니다. 대학교 1학년 교재로 주로 사용하는 각종 일반 물리학책 중에는 정확한 증명법이 실린 것이 거의 없습니다. 게다가 기하학을 이용한 뉴턴의 방식은 특별히 더 어려워서 요즘은 잘 배우지 않습니다. 물리학을 전공해도 순수하게 뉴턴이 사용한 방법을 만날 일은 거의 없을 정도지요.

비록 엄밀하게는 아니더라도 뉴턴이 어떤 식으로 궤도운동을 이해했는지, 그런 생각에 이르기까지의 과정은 어떠했는지 알아보는 것은 상당한 의미가 있습니다.

어려운 얘기이긴 하지만 첫발은 쉽게 뗄 수 있습니다. 뉴턴의 사과에서부터 얘기를 시작해봅시다. 단지 생각의 편의를 위해 바닷가에서 사과를 떨어뜨린다고 상상합시다. 먼저 공중에 살짝 놓은 사과의 운동을 예측해봅시다. 아마 곧장 아래로 떨어질 것입니다. 지구가 만드는 만유인력이 사과를 아래로 당기니까 사과는 직선으로 쭉 떨어지지요. 그런데 만약 바다를 향해 사과를 던지게 되면 얘기가 '살짝' 달라집니다. 비록 지구가 사과를 밑으로 당기고는 있지만 사과가 나아가는 것은 막지 못합니다. 사과는 약간 앞으로 떨어지지요. 그리고 사과를 앞으로 빠르게 던지면 던질수록 사과는 점점 더 멀리 떨어집니다.

그런데 사과를 앞으로 던지는 속도를 조금씩 빠르게 하면 얘기가 '많이' 달라집니다. 이제 사과는 둥근 지구의 모양 때문에 떨어지는 게 안 보일 정도로 먼 곳까지 날아갑니다. 사과의 속도가 전 지구적 스케일로 확대되는 것이지요. 점점 사과를 세게 던지다 보면 어느 순간부터 떨어지지 않게 됩니다. 분명히 떨어지는 과정 중에 있지만 실제로는 떨어지지 않는 것이죠. 즉 바다와 거리를 항상 일정하게 유지하는 순간이 옵니다. 그림처럼 말입니다!

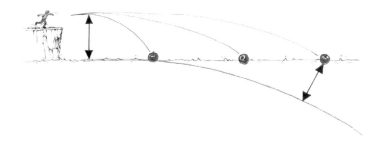

결국 사과는 지구가 잡아당기는 만유인력 때문에 항상 지구중심을 향해 떨어지지만 어떨 때는 수직으로 떨어지고 어떨 때는 지구 주위를 원운동한다는 결론에 도달하게 됩니다. 사실 이 둘은 형태만 다르지 완전히 똑같은 상태입니다. 사과의 처지에서 생각한다면 이 점은 더욱 분명하지요. 사과한테는 눈이 없습니다. 그래서 사과는 날아가고 있는 동안 자신이 원운동을 하는지 아래로 떨어지는지 알 수가 없죠. 사과는 그냥 지구가 당기는 방향과 자신을 던진 세기에 그대로 따를 뿐입니다.

 이제 타원 궤도에 대해서도 개략적으로 이해할 수 있습니다.

원운동을 막 하기 시작한 속도보다 아주 약간만 더 세게 던진다면 사과는 원운동의 궤도보다 약간 높은 지점까지 갔다가 되돌아오겠지요. 그러면 약간 찌그러진 원, 즉 타원과 비슷해보이는 궤도가 됩니다.

이때 이 찌그러진 모양을 엄밀하게 결정하는 것이 역제곱의 법칙입니다. 원궤도를 도는 공이 궤도를 벗어나 얼마나 더 올라갈 수 있는지는 지구가 공을 얼마나 세게 당기느냐에 달려 있기 때문입니다. 만약 공이 지구에서 멀리 떨어질수록 지구가 당기는 힘도 작아진다면 공도 더 많이 올라가겠지요. 반대로 점점 힘이 세진다면 공은 약간 올라가다가 바로 내려올 것입니다. 뉴턴이 한 일은 역제곱의 법칙이 성립한다면 저 모양이 타원과 같아짐을 증명한 것입니다. 그냥 적당히 찌그러뜨리는 것이 아니라 수학적으로 엄밀히 정의한 타원 말입니다.

신보다 믿음직한 사과

뉴턴이 사과를 이용해 궤도운동을 설명했다는 사실은 꽤 중요합니다. 뉴턴 이전에는 우주란 곳을 지상과 완전히 다른 세계로 생각했기 때문이지요. 감히 사과 따위를 이용해 설명할 수 없는 신성한 곳이었습니다. 행성들에 붙은 이름 자체가 그 증거입니다. 케플러의 사랑을 받았던 화성은 영어로 마스Mars인데요, 전쟁을 관장하는 신이지요. 목성의 이름인 주피터Jupiter는 신들의 왕이라고 추앙받는 신의 이름이고요. 상업의 신 머큐리Mercury는 수성, 미의 여신 비너스Venus는 금성의 이름입니다.

행성의 이름은 로마시대에 지어진 이름을 따르는데요, 로마의 신들은 그리스신화의 신들과 동일시되곤 합니다. 예를 들어 로마의 신 주피터는 그리스의 신 제우스Zeus와 동일하다고 여겨지죠.

과거 인류의 조상은 밤하늘을 신에 관한 관념과 연결시키곤 했습니다. 밤하늘은 인간사와 상관없이 원래 모습을 수백수천 년 동안 그대로 간직하고 있지요. 그 영속적인 모습을 신과 연결하는 심리가 충분히 이해됩니다. 서양사에서 이런 생각의 기원은 피타고라스Pythagoras까지 거슬러 올라갑니다. 그는 밤하늘이 완벽한 조화로 이루어져 있어서 수학적으로 아름다운 비례를 이룬다고 생각했습니다. 자신은 밤하늘이 연주하는 소리를 들을 수 있다고까지 했지요. 동양 사람들도 별들의 움직임을 통해 세상사에 관한 힌트를 얻고자 했습니다. 그들에게 천체의 운행은 신들의 장기판 같은 것이었죠. 이런 생각은 중세시대까지도 거의 그대로 이어졌습니다. 별이 있는 곳은 신들의 세계라 영원불변하고 신성한 곳이었죠. 이런 세계관은 조선시대에 만든 별자리 지도인 천상열차분야지도天象列次分野之圖에서도 드러납니다.

 별이란 그들에게 정확히 어떤 의미였을까요?

　상황이 이러하다 보니 브라헤가 초신성을 발견해 우주의 변화를 기록한 일은 큰 사건이었습니다. 변화가 없을 것 같던 바로 그곳에서 변화가 관찰되었으니까요. 이제 사람들은 신들의 세계에도 정해진 수명이 있어 영원하지 않다는 것을 알게 되었습니다. 비슷한 맥락에서 갈릴레오가 목성의 위성과 줄무늬를 많은 사람에게 보여준 것도 충격이었다고 합니다. 완전무결한 세계를 세속적으로 묘사한 것이기 때문이지요.

　머리 위에 광활히 펼쳐진 신성한 공간과 지상이라는 세속적 공간 사이에는 달이 있었습니다. 달은 신성한 성격과 세속적인 성격을 모두 갖춘 것처럼 보였기에 '경계'라는 지위가 잘 어울리는 대상이었지요. 달은 대단히 긴 시간 동안 지구 주변을 돌면서 일정하게 운동해왔지만 완벽한 모습은 아니었습니다. 달은 표면에 흠집도 많고 차고 기울면서 형태까지 바뀌기 때문입니다. 그래서 달보다 더 먼 곳은 신들의 신성한 세상이고 그 아래는 세속적인 세상이라고 생각했던 것이죠.

그런데 뉴턴이 이 모든 것을 지상의 사과로 묶어버렸습니다. 이제 각 행성은 만유인력으로 움직이는 거대한 사과가 되었습니다. 행성이 그렇게 도는 이유를 그것이 질량을 가진 돌덩이라는 가정만으로 설명했지요. 행성은 신이 아니라 돌덩이라고 선언하는 것과 같은 일이었습니다. 별들을 움직이게 하기 위해 천사가 필요하지도 않게 되었지요. 인간의 이성은 모든 관측자료를 하나로 통합하는 간단한 원리를 찾아냄으로써 모든 것을 설명해냈습니다. 신이 존재하는 곳이라고 언제나 당연히 생각하던 하늘 저 높은 곳에서 신을 없애버린 것입니다. 뉴턴의 업적을 '인간 이성의 승리'라고 말하는 의미가 바로 여기에 있지요.

그래서 사과는 진짜예요?

 으, 응? 사과라니, 갑자기 무슨 소리니? 어디 한번 자세히 설명 좀 해봐.

왜, 그 얘기 있잖아요. 사과가 뉴턴 어깨에 툭 떨어져서 어쩌고저쩌고.

진짜이겠냐? 사과가 떨어지는데 그거 보고 궤도운동을 생각했다고?

어느 정도는 진짜 같다. 진짜 그 사과가 뉴턴을 맞추지는 못했겠지만. 뉴턴과 절친했던 스터클리William Stukeley의 기록에는 뉴턴이 전해지는 이야기와 비슷한 상황에서 중력의 개념을 갑자기 떠올렸다고 얘기해줬다는 내용이 있지. 이 정도면 뉴턴의 사과가 실제 있었다고 할 수 있지 않을까?

떨어지는 사과만 보고도 연구에 몰두하는 사람이 있긴 있구나.

책상 앞에서도 게임 생각하는 학생들도 있으니까 반대도 있는 거지.

…….

낙하하는 하마에게는 날개가 없다

궤도운동의 본질이 낙하운동이라는 것만 이해하고 나면 궤도운동의 성질 몇 가지를 어렵지 않게 알아낼 수 있습니다. 비록 형태는 다르지만 둘의 본질이 같기 때문에 낙하운동의 성질에서 궤도운동의 성질을 유추해내는 것이지요. 이런 방법으로 궤도운동의 성질 중 가장 눈여겨볼 만한 두 가지 성질을 쉽게 이해할 수 있습니다.

첫 번째 성질은 낙하운동의 특징, 즉 자유낙하하는 모든 물체는 같은 속도로 떨어진다는 사실에서 도출할 수 있습니다. 낙하하는 모든 물체는 지구 때문에 전부 같은 빠르기로 떨어집니다. 커다란 하마든지 아니면 작은 동전이든지 높은 곳에서 동시에 떨어뜨리면 땅에도 동시에 닿지요. 이것은 대단히 재미있는 사실입니다. 인간의 힘으로 하마와 동전을 던지면 둘이 다른 속도로 날아갈 것이 분명하니까 말입니다. 당연히 하마가 그 큰 질량 때문에 더 천천히 날아가겠죠. 따라서 하마와 동전의 속도가 같다는 것은 지구가 동전보다 하마를 더 센 힘으로 잡아당기고 있음을 의미합니다. 그것도 하필이면 정확히 그 질량만큼만 세게 잡아당기는 것이 분명해보입니다.

정확하게는 지금 사용하고 있는 '빠르기'라는 단어 대신에 가속도라는 표현을 써야 옳습니다. 하지만 너무 딱딱할 것 같습니다. 일단 여기서는……

그렇다면 해변에 서서 사과를 던져 궤도운동하게 한 것과 똑같은 추론을 하마에게도 적용할 수 있습니다. 하마나 사과나 떨어지는 빠르기는 같으니까 사과를 궤도운동하게 한 바로 그 속도로 하마를 던질 수만 있다면 하마도 사과랑 똑같은 궤도운동을 하겠지요. 같은 추론을 모든 물체에도 적용할 수 있습니다. 그러면 자연스럽게 더욱 과학적인 결론에 도달하게 됩니다. '궤도운동하는 물체의 속도'는 물체의 질량과 무관하다고 말입니다.

달과 함께 지구 돌기

궤도운동의 두 번째 성질은 '궤도운동하는 물체의 속도'와 물체의 높이와의 관계입니다. 다시 해변에서 던진 사과를 생각해보면 물체가 땅으로 떨어지는 속도가 '궤도운동하는 물체의 속도', 그러니까 앞으로 나아가는 물체의 빠르기를 결정한다는 것을 쉽게 짐작할 수 있습니다. 사과가 땅에 천천히 떨어진다면 앞으로 살짝만 던져도 땅에 닿기 전에 나아갈 수 있지요. 만약 사과가 매우 빠르게 땅에 떨어진다면 충분히 앞으로 나아가도록 하기 위해 엄청난 속도로 던져야 할 겁니다.

물론 지상의 모든 사과는 전부 비슷한 빠르기로 땅에 떨어집니다. 웬만해서는 전부 다 같지요. 하지만 지구중심과 충분히 멀리 떨어진 위치에서 사과를 놓는다면 얘기는 달라집니다. 왜냐하면 만유인력의 크기가 역제곱의 법칙을 따르기 때문이지요. 지구가 사과를 잡아당기는 힘의 크기는 거리의 제곱에 반비례합니다. 따라서 질량이 똑같은 물체라도 지구중심과의 거리가 다르면 잡아당겨지는 힘의 크기도 달라집니다. 당연히 멀리 있는 물체가 더 작은 힘을 받게 됩니다.

키가 대단히 큰 사람이 사과를 던진다고 상상해보세요.

그러니까 지구중심과 충분히 멀리 떨어진 곳에서 사과를 궤도운동시키는 데 필요한 속도는 지구랑 아주 가까운 곳에서 사과를 궤도운동시킬 때와 사뭇 다릅니다. 지구중심에서 멀리 떨어진 사과는 내버려둬도 어차피 별로 안 떨어지거든요. 그러니까 지표면과의 거리를 일정하게 유지하기 위해 지표면에 있을 때처럼 빠르게 던질 필요가 별로 없는 것이지요. 결국 지구에서 멀리 떨어질수록 사과는 천천히 돕니다. '궤도운동하는 물체의 속도'는 물체의 고도와 밀접한 관계를 맺는 것입니다. 실제로 우리 머리 위에는 지구 주위를 한 바퀴 도는 데 한 달이나 걸리는 유유자적한 녀석이 있습니다. 바로 달입니다.

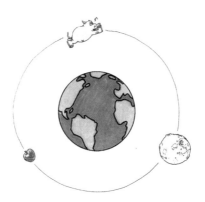

앞의 두 얘기를 종합하면 결국 하마 한 마리를 달과 같은 높이에서 던지면 달처럼 한 달에 한 바퀴 돌 것 이란 뜻이죠.

조수, 지구와 바다와 달의 삼각관계

이렇게 천체들의 원운동을 이해하고 나면 관련된 여러 가지 현상을 더 잘 이해할 수 있게 됩니다. 실제로 뉴턴은 밀물과 썰물 현상에 대해서도 이해할 수 있었지요. 밀물과 썰물은 바다의 수위가 높아지다가 낮아지기를 반복하는 자연현상입니다. 바닷물의 수위가 높아지면 물이 육지 쪽으로 밀려들어 오는 것처럼 보이지요. 이것을 밀물이라고 합니다. 반대로 바다 쪽으로 물이 빠져나가면 썰물이라고 하고요. 이런 현상 전체를 조수 또는 조석이라고 하는데요, 사실 이 현상을 지칭하는 단어가 정말 많습니다. 해수면이 낮아지는 현상을 간조, 해수면이 높아지는 현상을 만조라고도 하지요. 흔히들 조수간만의 차 또는 조차라고 하면 간조와 만조 시 해수면의 높이 차이를 뜻합니다.

큰 바다에서는 조차가 얼마 안 됩니다. 하지만 몇몇 지역은 지형의 특이성 때문에 조차가 매우 커지기도 합니다. 우리나라의 서해안도 세계적으로 조차가 큰 곳에 속합니다. 우리나라에서 두 번째로 큰 항구도시 인천의 조차는 8m에 육박합니다. 동해에 접하고 있는 제1항구 도시 부산의 조차가 1m가량인 것과 크게 비교되지요. 캐나다의 노바스코샤Nova Scotia 주에 있는 펀디 만Bay of Fundy에서는 10m가 넘는 조차도 기록된다고 합니다.

조수로 생긴 바다의 흐름을 조류라고 부릅니다. 조차가 큰 지역은 격렬한 물의 흐름을 만들고 때로는 소용돌이를 만들기도 합니다. 조수해일이라는 현상을 만들기도 하지요. 중국의 항저우 시杭州市를 지나는 첸탕강钱塘江 하류에서는 매년 8월 중순이 되면 조수 현상으로 거대한 파도가 항구 쪽으로 밀려들어 오는 장관을 볼 수 있습니다. 많은 관광객이 이를 보러 몰려들기도 하죠. 남아메리카의 거대한 강 아마존Amazon 하구에서도 2월에서 3월경에 거대한 조수해일을 볼 수 있다고 합니다.

 첸탕 강 하류의 모습입니다. 강이 아니라 바다 같네요.

이순신 장군이 명량해전을 벌인 울돌목도 조류가 센 지역이지요. 강한 조수를 이용해 단 13척의 배로 왜적선 수백 척을 상대한 무용담은 너무나 유명합니다.

뉴턴은 조수의 원인이 달이라는 것을 증명해냈습니다. 그런데 이미 많은 사람이 조수와 달의 관련성을 눈치채고 있었다고 합니다. 어떤 메커니즘인지 알지 못했던 것뿐이지요. 뉴턴은 만유인력을 이용해 조석현상을 성공적으로 설명했습니다. 그 핵심은 두 가지로 간단히 정리할 수 있습니다. 첫째는 달이 지구와 바다를 각각 다른 크기의 힘으로 당긴다는 것이고 둘째는 달과 지구가 서로 자유낙하 중이라는 것입니다.

만약 지구와 달이 고정된 위치에 '정지'해 있다고 합시다. 그러면 지구의 부위마다 작용하는 달의 힘이 다를 것이고 결과적으로 지구 위의 물은 마치 수도꼭지에 물방울이 매달리듯이 전부 달 쪽으로 몰리게 될 것입니다.

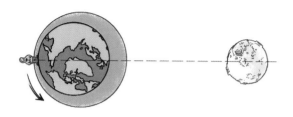

'지구와 달이 모두 정지한 상태라고 가정할 때' 달 때문에 비대칭적인 모습을 하게 된 바다를 묘사한 그림입니다. 화살표는 지구의 자전을 의미합니다.

그림처럼 세상을 이해하면 지구 위의 사람들이 바다를 어떻게 관찰할지도 상상할 수 있습니다. 하루에 한 바퀴씩 자전하는 지구 때문에 사람들은 정확히 하루에 한 번씩 바닷물이 늘어났다가 줄어드는 것을 보게 될 것입니다. 바닷물은 가만히 있는데 사람은 자전하는 지구를 따라 움직이므로 '바다의 깊이'가 달라진다고 느끼는 듯한 모습이지요.

이 해석은 딱 한 가지만 빼고는 완전합니다. 그것은 이 해석이 실제 세계와 다르다는 점입니다. 밀물과 썰물은 하루에 두 번씩 일어나지요. 그러니까 지구와 바다 사이의 관계가 다음 그림처럼 되어야 한다는 것입니다. 이제 무슨 이유로 바다가 저렇게 대칭적인 모양이 됐는지 이해할 차례입니다.

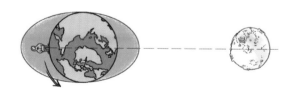

달을 공전하는 지구

이미 다들 알고 있겠지만 달과 지구가 '정지'해 있다고 생각한 부분부터 문제입니다. 지구와 달은 엄연히 움직이고 있으니까요. 그런데 그냥 움직인다고 생각하면 크게 도움이 되지 않습니다. 정확하게 알아야 할 뿐만 아니라 깊이 있게 알아야 하지요.

지구와 달은 정지해 있지 않고 서로 공전하는, 즉 궤도운동하는 관계라는 사실을 다시 생각해볼 필요가 있습니다. 그러니까 달이 지구를 향해 떨어지는 동시에 스스로 옆으로도 가고 있어서 지구와의 거리가 좁혀지지 않는 것이지요. 한데 이 운동을 지구의 관점으로 약간 다르게 해석하는 방법도 있습니다. 지구가 달을 향해 가고 있는 것으로 생각하자는 것이지요. 어차피 우주에 절대적인 존재는 없으니까 운동을 관찰하는 기준을 어디에 놓아도 상관없지 않겠어요? 그러니 지구가 달을 향해 떨어지는 동시에 달을 피해 옆으로도 휙휙 도망간다고 이해하자는 겁니다. 지구와 달이 서로를 계속 비껴가니까 서로를 향해 아무리 열심히 떨어져도 둘 사이의 거리가 바뀌지 않는 것이지요. 상황을 이렇게 인지하는 것이 지구와 그 위에 있는 물, 즉 바다의 운동을 제대로 이해하는 첫걸음입니다.

요컨대 지구도 달 주위를 공전한다는 것입니다. 즉 지구도 궤도운동의 특징을 고스란히 띤다는 뜻이지요. 이제 궤도운동의 특징을 다시 곱씹어보면 대단히 중요한 요소가 있음을 깨닫게 됩니다. 바로 공전속도입니다.

아마 기억날 겁니다. 공전하는 속력은 물체의 고도가 낮으면 빨라지고고 물체의 고도가 높으면 반대로 느려진다는 것 말입니다. 물론 이것은 질량과는 관계가 없었습니다.

지구와 달 사이의 거리는 지구의 어느 부분에서 재는지에 따라 다 다릅니다. 이때 지구와 달 사이의 가장 짧은 거리와 가장 먼 거리는 지구 지름만큼이나 차이가 나겠지요. 달 주변을 공전하는 데 필요한 공전속도도 어느 부분에서 재는지에 따라 다 다릅니다. 달과 가까운 쪽에 있는 바다는 더욱 빠른 속력으로 달 주위를 돌려고 하고 역으로 반대편 바다는 더욱 천천히 돌려고 합니다. 하나는 지구보다 빨리, 하나는 지구보다 느리게 가고 싶어 하는 것이지요! 바로 이것이 지구를 사이에 두고 바다가 양쪽으로 벌어지는 이유입니다. 이로써 달과 만유인력이 조수를 일으키는 마지막 퍼즐을 맞춘 것이지요.

물론 이와 같은 정성적 해설이 실제 바다의 모든 조수를 세밀하고 완벽하게 설명하는 것은 아닙니다. 바다에 대해 더욱 적절하게 가정할 필요가 있기는 하죠. 뉴턴 자신도 아직은 불완전하다는 것을 알았습니다. 하지만 이때 뉴턴의 해석은 불완전했을지언정 방향은 제대로 잡은 것입니다. 더욱 완벽한 해설은 이후 라플라스가 완성하지요.

달의 위력

요컨대 바다와 지구의 속도 차이는 조수가 원인입니다. 달을 향해 누가 더 빨리 떨어지고 있느냐의 문제였던 것이죠. 하지만 그렇다고 바다가 지구와 분리되는 일은 일어나지 않습니다. 그저 약간 부푼 모양을 유지할 뿐입니다. 왜냐하면 바다는 달로 떨어지고 있으면서도 동시에 지구의 만유인력을 받아 지구 쪽으로 당겨지고 있기 때문입니다. 지구와 바다 사이의 만유인력은 아주 강해서 바다 혼자 지구 밖으로 떨어져나가는 일은 불가능하지요. 여기서 이상의 관점이 다분히 바다 중심적이었다는 것을 얘기해야 할 것 같습니다. 지금까지는 바다가 어디로 얼마나 빨리 가려 하는지, 어떤 힘을 받아서 왜 거기 있는지 설명했지요. 하지만 이제부터는 이 현상을 지구를 중심으로 해석하겠습니다. 같은 현상을 지구는 어떻게 느끼고 있을지 알아보는 것이지요. 지구에 어떤 물리적인 일이 일어나고 있는지 분석하기 위해서는 또 관점을 바꿔야 합니다.

떨어지는 엘리베이터를 예로 들어서 차근차근 생각해봅시다. 우선은 '떨어진다'는 것이 물체끼리 주고받는 힘에 어떤 영향을 미치는지 알아보겠습니다. 엘리베이터가 정지해 있을 때는 엘리베이터나 그 속의 사람이나 체중계나 신발이나 몸속의 내장이나 들고 있는 물체나 전부 서로 힘을 주고받으며 잘 있을 수 있지요. 이것은 근본적으로 엘리베이터가 떨어지지 않고 있으므로 일어나는 현상입니다. 이와 달리 엘리베이터가 지구를 향해 떨어질 때는 서로 지지해주지 못한다는 것을 쉽게 알아챌 수 있습니다. 모두 같은 빠르기로 떨어지고 있으니 서로 지지하고 있을 방법이 없지요. 또 서로 힘을 주고받을 이유도 없습니다. 다시 말해 각 물체의 떨어지는 빠르기가 물체 사이에 작용하는 힘을 결정하는 것입니다.

같이 떨어지는 물체 중 하나가 (그림에서는 들고 있는 물체가) 모종의 이유로 더 빨리 떨어지려고 하면 그때부터는 그 녀석에게 힘을 줄 수밖에 없습니다. 그래야 같이 떨어질 수 있으니까요. 둘이 똑같이 운동을 하고 있다면 서로 힘이 작용할 이유도 없다는 점을 꼭 집고 넘어가야 합니다.

이 상황은 지구와 바다에도 정확히 적용됩니다. 둘 다 달 쪽으로 떨어지고 있기 때문이지요. '달 쪽 바다'는 달로 달아나려는 바다를 지구가 꽉 쥐고 있는 듯한 모습을 하고 있습니다. '반대쪽 바다'도 마찬가지입니다. 지구에서 멀어지려는 바다를 지구가 잡고 있는 모양입니다. 이 상황들을 종합해볼 때 지구를 둘러싼 바다는 지구의 양쪽으로 늘어나려고 하는 것이 분명합니다. 만약 만유인력이 아니었으면 바다는 지구에서 멀리 떨어져 나갔을 것입니다. 이것은 마치 바다를 지구에서 떼어놓으려고 누군가 양쪽으로 잡아 늘이는 것과 같습니다. 만약 지구와 바다 사이의 만유인력이 약했다면 실제로 바다는 지구에서 떨어져 나갔겠지요. 달보다 훨씬 힘이 센 별이 지구에 달만큼 가깝게 있었다면 아마 바다는 남아나지 못했을 것입니다.

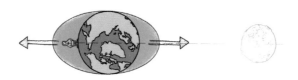

결국 이런 일이 일어난 핵심적인 이유는 만유인력이 거리에 따라 다르게 작용하기 때문입니다. 달이 지구에 주는 힘이 지구의 부위마다 다르다는 것이죠. 이를 조수를 만드는 힘이라고 해 기조력tidal force이라고 부릅니다.

당연히 달보다 큰 천체는 매우 큰 기조력을 만들지요. 어떤 기조력은 별의 물을 잡아당기는 수준이 아니라 별 자체를 찢어버릴 정도로 크기도 합니다. 가령 블랙홀의 기조력은 정말로 커서 근처의 웬만한 물체는 전부 갈기갈기 찢어집니다. 블랙홀과 아주 가까이 있는 물체는 분자 단위로 쪼개진다고 추정되지요. 당연히 우주선이나 사람도 블랙홀 근처에서는 멀쩡하게 존재할 수 없습니다.

지구와 달은 서로 멀어지는 중

이 모든 사건을 달의 관점에서 바라보면 어떻게 되는지도 알아보겠습니다. 지구-바다-달, 이 셋이 함께 작용하는 현상인데 달이 받는 영향에 대해서는 여태 한 번도 얘기하지 않았잖아요? 이제 달의 차례입니다. 간단히 말하면 달이 지구의 바다를 꽉 움켜쥐고 있는 것처럼 보입니다. 사실 자전하는 지구를 잡으려 하는 것인데, 지구 본체는 너무 견고해서 스윽 미끄러져 나가니 그 겉을 둘러싸고 있는 바다만이라도 꽉 잡고 있는 모양새이지요. 그런데 이 사실 하나만 가지고도 많은 것을 얘기할 수 있습니다. 특히 달의 미래에 대해서 말입니다.

우주공간에서 그 누구의 방해도 받지 않고 자유롭게 도는 줄 알았던 지구가 사실상 달이라는 복병을 만난 셈입니다. 달이 지구의 바다를 꽉 움켜쥐고 있음으로써 지구가 자유롭게 도는 것을 방해하고 있었던 것이지요. 지구가 바다와는 아무런 마찰도 없이 부드럽게 돌면 좋겠지만 절대 그런 일은 일어나지 않습니다. 바다와 지구는 격렬하게 반응하는데 그 결과가 바로 거친 조류이지요. 지구와 바다 간의 마찰이 바다를 휘젓는 것입니다. 따라서 조류의 막대한 에너지는 따지고 보면 지구의 자전에너지라고 할 수 있습니다. 지구는 엄청난 에너지로 바다를 휘휘 젓고 있고 그로 인해 자전에너지를 천천히 소진하고 있습니다.

실제로도 지구의 '하루'가 천천히 줄어들고 있다고 합니다. 3억 년 전 석탄기이나 4억 년 전데본기 산호의 화석을 보면 1년이 365일이 아니었다고 하죠. 하루의 성장을 나타내는 성장선의 개수가 지금보다 많았다고 합니다. 이 값들을 통해 역추적하면 하루가 대략 10만 년에 1초 정도 늘어난다고 합니다. 이 값은 100년 동안 1.7msec밀리초 정도 하루가 늘어난다는 현대의 정밀한 관측결과와 엇비슷합니다.

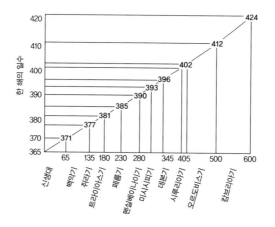

 산호도 성장하면서 나무의 나이테 같은 성장선이 만들어집니다. 단 낮과 밤의 성장률 차이 때문에 생긴다는 점에서 나이테와 다르지요. 미국의 고생물학자 웰스John West Wells는 산호화석을 이용해 과거의 일 년과 하루의 시간을 추론했습니다.

사라진 지구의 자전에너지 중 일부는 바다라는 매개체를 통해 달에 전달됩니다. 달이 바다와 지구를 끌어당기는 것도 맞지만 사실 지구와 바다도 달을 잡아당기고 있거든요. 바로 작용-반작용의 법칙 때문이죠. 지구는 바다를 돌리고 바다는 돌면서 달을 당기기 때문에 달은 아주 조금

씩이지만 지구의 자전 방향을 따라 도는 속도가 점점 빨라지게 됩니다. 결과적으로 달의 운동에너지가 점점 커지지요. 지구 주변의 인공위성들이 각종 마찰 때문에 점점 운동에너지를 잃다가 결국 지구로 떨어지는 것과는 정반대입니다. 덕분에 달은 오히려 지구에서 멀어집니다. 달과 지구 사이의 거리가 살살 늘어나는 것이지요. 정밀한 측정에 따르면 일 년에 35mm 정도씩 늘어난다고 합니다. 지구랑 달 사이 거리의 1/1,000만 정도 수준이지요.

여태 일어났던 사건을 하나의 흐름으로 바라볼 수 있습니다. 자연은 무수한 현상으로 밤하늘을 가득 채웠습니다. 인류의 수많은 과학자가 그것들을 기록했고, 마침내 16세기에 이르러 브라헤라는 걸출한 천문학자가 정밀한 관측에 성공했습니다. 케플러는 이 관측결과를 훌륭하게 분석했고, 이를 토대로 뉴턴은 자연에 내재하는 법칙을 알아냈습니다. 그리고 이를 바탕으로 조수의 움직임을 이해했지요.

이 세 명의 석학이 100년에 가까운 시간을 투자해 행한 일을 요약해보면 자연을 관찰하고 분석해 이를 토대로 질서를 찾아낸 뒤 검증한 것입니다. 이렇게 보니 이 행위들은 전부 과학실험이라면 당연히 해야 하는 것들입니다. 차이점이 있다면 매우 긴 시간 동안 여러 명이 했다는 것뿐이지요. 그러니까 천체의 질서를 찾는 일 자체가 하나의 거대한 실험이었던 셈입니다. 별들의 움직임을 대자연의 실험이라고 비유한 이유가 바로 여기에 있습니다.

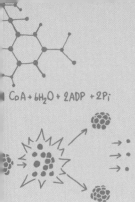
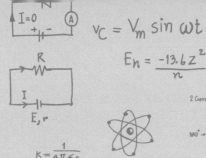
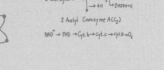

$v_C = V_m \sin \omega t$

$E_n = \dfrac{-13.6 z^2}{n}$

$CoA + 6H_2O + 2ADP + 2P_i$

$I = 0$

R

I

E, r

$K = \dfrac{1}{4\pi\varepsilon_0}$

3. 새로운 개념, 새로운 시각

뉴턴도 전지전능한 것은 아니어서 그의 이론에도 여러 가지 문제가 있습니다. 사실 모든 것에 관한 이론이란 게 아직 없으니까 과학적 기준으로는 누구도 완전할 수 없지요.

지금 뉴턴이 틀렸다고 하시는 건가요?

설마, 큰일 날 소리. 어떤 과학이론이든 그 시대에 맞는 평가를 해야 한다는 뜻이지. 아직까지 자연 앞에 완전무결한 이론은 없단다. 뉴턴의 이론도 뉴턴이 처음 제시한 이후 계속 발전에 발전을 거듭했지. 이때 발전한 물리학 분야를 통틀어서 고전역학이라고 한단다.

완전무결하지 않은 거랑
틀린 거랑 다른 거예요?

좀 다르단다. 고전역학이 잘 들어맞는 영역이 있고 아닌 영역이 있을 뿐이지.

뭔가 얘기가 말장난같이 느껴져요.

뉴턴이 세상의 갖가지 운동을 설명할 간략한 원리를 인류 최초로 찾아냈지만 그것이 완전한 끝을 의미하는 것은 절대 아닙니다. 몇몇 부분은 당시 사람들은 물론이거니와 뉴턴 자신에게조차 완전히 만족스러운 것이 아니었죠. 특히 만유인력에 관해서는 유명한 문제 두 가지가 따라다녔는데요, 바로 '원격작용 문제'와 '관성질량과 중력질량의 관계'입니다. 이 둘은 모두 후대 물리학자들이 물리학의 더욱 본질적인 부분을 밝히면서 해결되었다는 공통점이 있지요.

눈과 귀는 없어도 '장'은 있다

서로 닿아 있는 부분이 하나도 없는데도 작용을 주고받을 수 있다는 것은 상당히 부자연스러운 일입니다. 사람이나 동물이나 상대방에게 어떤 식으로든 영향을 주려면 물리적으로 연결되어 있어야 합니다. 팔로 밀든 다리로 밀든 말이지요. 우리가 상대의 말을 들을 수 있는 것도 우리의 귀와 상대의 입이 공기로 연결되어 있기 때문입니다.

만유인력은 눈도 팔도 없는 물체끼리 작용을 주고받도록 합니다. 놀라지 않을 수가 없지요. 특히 두 물체가 서로의 존재를 어떻게 알아채는지는 정말로 미스터리합니다. 눈도 귀도 없는데 말입니다. 생각해보면 빛의 속도로 가도 8분이나 가야 할 정도로 어마무지하게 멀리 떨어져 있는 태양이 자기 자신에 비하면 하염없이 작고 물이 조금 있을 뿐 별것도 없는 동그란 돌덩이 지구의 존재를 알고 있다는 것 자체가 기가 막힌 일입니다. 마찬가지 얘기로 지구는 어떻게 달이 있는지 알까요? 지구는 지구

위의 모든 물체와 정해진 방법을 통해 작용을 주고받습니다. 지성은커녕 오감도 생명도 없는 물체가 질량이 있는 대상을 정확히 파악해 작동하는 것이지요.

뉴턴 시대에는 원격작용과 같은 용어가 연금술사나 마법사들이나 쓰는 비과학적인 것이었다고 합니다.

　이는 간단하게 해결할 수 있는 문제가 아닙니다. 과학자들이 오랜 기간에 걸쳐 장場, field, 마당이란 개념을 개발하고 발전시킨 뒤에야 해결할 수 있었지요. 과학자들은 질량을 가진 물체가 만유인력이 작용하는 자신만의 공간을 주변에 만들어낸다고 생각했고 이 공간을 장이라 부르기로 했습니다. 그것의 실체가 무엇인지는 명확히 제시하기 힘듭니다. 눈에 잘안 보이는 해파리 발 같은 것일 수도 있고요, 아주 작은 빛 알갱이 같은 것일 수도 있습니다. 오늘날의 과학도 장의 실체가 본질적으로 무엇인지 완벽히 밝혀내지 못합니다. 다만 질량을 가진 물체는 주변에 마당을 만든다는 것과 그 마당의 성질이 어떠하다는 것을 개념화했을 뿐입니다.

장이 무엇인지 마음대로 상상해봅시다.

원격작용이 일어나는 대략적인 과정을 이해하기 위해 이렇게 상상해 봅시다. 먼저 빈 공간에 존재하는 물체가 주변에 장을 만듭니다. 이후 그 공간의 어느 구석에 다른 물체가 추가됩니다. 그 물체도 자신의 장을 만들려고 노력합니다. 한데 이미 기존의 물체가 만들어 놓은 장이 있죠. 따라서 두 번째 물체는 자신의 장을 만드는 데 애를 먹습니다. 물론 애를 먹는지 아닌지 모르지요. 오히려 도움을 받을 수도 있죠.

중요한 것은 이 둘이 똑같은 성질을 지녔다는 것입니다. 그러니 서로 반응한다고 해도 이상할 것이 없지요. 비록 눈에 보이지도 않고 느껴지지도 않지만 장이란 것이 존재한다면 두 장은 서로 영향을 주고받을 거라는 게 핵심입니다.

그리고 장 서로 간의 상호작용은 곧바로 물체에 영향을 미칩니다. 왜냐하면 각 장이 물체에서 비롯되었다고 할 만큼 물체와 강하게 연결되어 있기 때문입니다. 요컨대 장끼리 영향을 주고받는 것인데 결과적으로는 물체끼리 영향을 주고받는 모양새가 되지요. 이렇게 큰 그림을 그리고 나면 물체가 다른 물체를 인식하는 것처럼 보이는 현상도 설명됩니다. 물체는 사실 아무것도 인식하지 못하는 겁니다. 주변에 뭐가 있든 없든 물리법칙을 따라 자기 할 일을 하는 것인데 그것이 인간의 눈에는 원격작용처럼 보일 뿐입니다.

이쯤에서 고득점을 위한 팁을 드리죠. 실제 교과과정에서 제시되는 문제를 풀 때는 '장과 물체'가 직접 반응한다고 이해하는 편이 훨씬 낫습니다.
사실 두 물체의 장끼리 영향을 주고받는다고 이해하는 것은 대칭성문제 같은 각종 '철학적인' 문제들을 피해가기 위한 장치일 뿐입니다. 개념을 활용하거나 문제를 푸는 순간에는 좀더 유용한 방법을 사용하는 것이 유리합니다.

현대물리학의 핵심요소

처음 뉴턴이 만유인력을 주장했을 때는 장 개념이 없었습니다. 만유인력이 아닌 또 다른 원격작용을 설명하면서 장 개념이 태동하기 시작했지요. 사람들은 패러데이가 전기와 자기적 현상을 도식화하면서 그린 화살표가 장 개념의 출발점이라는 데 대체로 동의합니다. 이후 장 개념은 발전에 발전을 거듭했습니다.

원격작용을 장으로 설명하면서 장은 여러 종류가 되었습니다. 만유인력을 설명할 때의 장은 중력장이고 전자기적 현상을 설명할 때의 장은 전기장과 자기장입니다. 당연히 셋은 종류가 다르지요. 이런 식으로 물리학자들은 자연계에 원격작용이 총 네 가지가 있고 이것들이 전부 장을 만든다고 이해하고 있습니다. 바로 만유인력과 전자기력, 약한 상호작용력과 강한 상호작용력이 그것들입니다. 약한 상호작용력과 강한 상호작용력은 각각 약력, 강력이라고도 부르는데요, 원자핵 안의 현상을 연구하다가 알게 된 힘이지요.

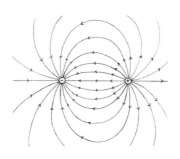

전기적 성질을 띤 두 입자 사이에도 전기적 성질에 따라 주고받는 작용이 있습니다. 이를 화살표로 나타낼 수가 있지요. 이때 전기적 작용력은 형태면에서 질량을 가진 물체가 따르는 만유인력의 법칙과 상당히 유사합니다.

시간이 지날수록 물리학에서 장 개념은 점점 더 중요한 개념으로 자리 잡게 됩니다. 전기장과 자기장이 양자역학적으로 해석되면서 크게 발전하기도 했습니다. 이 내용은 양자전자기학Quantum Electrodynamics, QED이란 이름으로 정리되었는데요, 이 이론을 이해하면 현대물리학에서 장 개념이 어떻게 정립되었는지 잘 이해할 수 있습니다. 또 인류가 알고 있는 모든 힘의 본질을 탐구하기 위한 연구도 진행 중입니다. 이 연구를 통해 약력, 강력, 전자기력의 근원이 같다는 것을 알게 되었지만 아직 만유인력과 나머지 힘과의 관계가 제대로 밝혀지지 않았죠. 사람들은 이처럼 네 가지 본질적인 장들의 관계를 다루는 이론에 통일장이론unified theory of field이라고 이름 붙였습니다.

장 개념이 앞으로 얼마나 더 발전할지는 모르는 일입니다. 아직 중력장을 양자역학적으로 이해하려는 시도가 완전히 성공하지 못한 것을 생각하면 더 발전하긴 해야 합니다. 하지만 어떤 모습으로 발전할지는 누구도 장담할 수 없습니다. 다만 확실한 것 한 가지는 장 개념이 현대물리학에서 빼놓을 수 없는 핵심요소라는 것입니다.

확실한 것이 한 가지 더 있습니다. 현대물리학에서 말하는 장 개념을 이해하는 게 상당히 어려운 일이라는 점입니다. 물리학을 전공한 사람도 세부전공이 다르면 완벽히 파악하지 못할 가능성이 크지요.

다른 듯 같은 중력질량과 관성질량

'중력질량과 관성질량의 문제'도 여태껏 별로 주의 깊게 생각하지 않던 부분을 다시 살펴볼 때 드러나는 문제입니다. 의심스럽게 여길 부분은 만유인력의 크기가 질량에 비례한다는 지점입니다. 보통은 무거운 물체끼리 더 큰 작용을 주고받는다고 생각하지요. 일상적인 경험이나 관찰과 대단히 잘 부합하니까요. 하지만 당연하다고 넘어가기에는 약간의 문제가 있습니다. 다른 원격작용인 전자기 현상과 비교해보면 문제가 명확히 드러납니다.

전하끼리 주고받는 힘인 전기력은 그 크기가 전하에 비례합니다. 그런데 전하가 무엇인지는 설명할 수 없습니다. 전하는 전기적 성질을 부여하는 어떤 것으로 자연을 이루는 본질 중 하나입니다. 즉 본질이기 때문에 더욱 본질적인 다른 무언가로 설명할 수 없는 것입니다. 그것이 자연에 존재하며 전자기력의 크기를 결정한다고 받아들이는 수밖에 없습니다. 이것은 인간의 한계이기도 하지만 따지고 보면 완결된 설명이기도 합니다. 자연현상을 설명할 수 있는 어떤 존재가 있는데 그것을 통해 모든 현상이 설명된다면 그로서 충분하지요. 굳이 그 존재를 더욱더 근본적인 무언가를 다시 이용해 이해할 필요는 없는 것입니다.

전자는 기본입자입니다. 그 외의 기본입자가 어떤 것이 있었는지 기억하시나요?

전자기력의 크기가 전하에 비례하듯이 만유인력의 크기는 질량에 비례합니다. 마치 전하가 전기력에 대해 그러하듯이 질량은 만유인력의 크기를 결정짓는 어떤 성질인 것입니다. 그런데 전하와 치명적으로 다른 부분이 있습니다. 전하와 달리 질량은 힘의 크기를 결정하는 일 외에 또 다른 일을 이미 하고 있었거든요.

애초에 질량은 만유인력과 아무런 상관없이 정의된 양입니다. 힘이 가해질 때 물체가 갖게 될 가속도의 크기를 결정해주는 양이지요. 1kg짜리 물체 A와 2kg짜리 물체 B에 같은 크기의 힘을 주면 A가 B보다 두 배 더 큰 속도 증가량을 갖게 되는데 바로 이것이 질량이란 말입니다. 질량의 본질적 성질에 관한 이 짧은 설명 속에 만유인력은 조금도 등장하지 않지요. 지구가 A를 얼마나 세게 잡아당기고 있는지는 A와 B의 질량비를 결정하는 데 아무런 영향을 미치지 못한다는 얘기입니다.

그렇다면 질량은 만유인력과 아무런 상관이 없어야 자연스럽습니다. 전혀 관련 없는 두 현상에서 각각 정의된 개념이니까요. 따라서 만유인력의 크기를 결정하는 질량이 있다면 기존의 질량과 구별해서 불러야 할 것 같습니다. 학자들은 전자를 무게를 결정한다고 해―지상에서 만유인력의 크기가 중력이니까요―중력질량이라고 부릅니다. 후자는 관성의 크기를 결정한다고 해 관성질량이라고 부르지요. 이제 과학자들의 질문을 간단명료하게 다시 표현하면 이렇습니다.

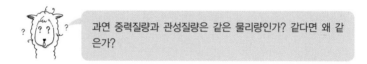

과연 중력질량과 관성질량은 같은 물리량인가? 같다면 왜 같은가?

이 둘이 같다고 가정하면, 그러니까 중력질량과 관성질량을 구별하지 않고 전부 '질량'으로 통칭하면 모든 물체가 지구를 향해 같은 빠르기로 떨어지는 현상을 말끔하게 설명할 수 있습니다. 지구는 질량이 큰 물체를 강하게 당기고 질량이 작은 물체를 약하게 당깁니다. 정확히 말해 지구는 물체의 질량이 큰 정도만큼 강하게 당기고 질량이 작은 정도만큼 약하게 당깁니다. 물체의 질량은 주어진 힘에 반항하는 역할을 하니까 지구는 그 질량에 비례해 물체가 딱 반항하는 만큼의 힘만 주는 것이지요. 결과적으로 지구에 떨어지는 물체들의 빠르기는 전부 다 같게 됩니다. 과학자들은 이렇게 사과와 하마가 똑같이 떨어지는 이유를 설명했습니다.

그래도 의문이 계속 남는 것은 어쩔 수 없지요. 관성질량과 중력질량이 사실 다른 것은 아닌지 궁금할 수도 있습니다. 사실 아주 약간 다른데 눈치채지 못한 건 아닌까 걱정되지 않아요?

그게 좀 다르면 어떻게 돼요?

 관성질량과 중력질량이 정말 다르다면 하마가 약간 더 먼저 떨어지겠지.

사과가 먼저 떨어질지도 모르잖아요?

 하하. 그렇지. 그렇지만 일단 지구가 하마를 더 강하게 잡아당기는 건 사실이잖니?

그럼 사슴은요?

 사슴은…….

그럼 알파카는요?

  …

　결론부터 얘기하자면 중력질량과 관성질량은 같습니다. 실제로 관성질량과 중력질량은 서로 독립적으로 정의된 물리량인데도 일반적인 상황에서는 언제나 같은 값을 가집니다. 본질적으로 다른 두 물리량이지만 항상 같이 붙어 다니는 것일 수도 있습니다. 매개하는 또 다른 무언가가 있어서 이 둘이 같아지도록 조절해주는지도 모르지요. 어쩌면 정말로 우연히 같아 보이는 것일 수도 있습니다. 어찌 되었건 물리학자들은 이 현상을 설명해내야 합니다. 그래야 직성이 풀리는 사람들이니까요.

공간의 왜곡, 직선으로 원을 만들다

중력이 관련된 문제이니만큼 이 문제를 풀기 위해서는 중력장에 관해 깊이 고민해야 하지요. 특히 아인슈타인이 생각해낸 중력장에 관해서 깊이 생각해봐야 합니다. 앞서 우주론에서 얘기했듯이 아인슈타인은 중력장이 공간을 휘게 한다고 생각했습니다.

우주론적인 문제가 아니더라도 공간이 휘어진다는 것은 사실 큰 문제를 야기합니다. 이것은 곧 직선에 대해 다시 생각해봐야 한다는 것을 의미하기 때문입니다. 이것이 얼마나 심각한 상황인지는 다음 언명으로 명확하게 드러납니다.

'공간이 휘어지면 직선의 형태가 바뀐다.'

직선은 형태가 바뀌어도 직선이라는 다소 궤변적인 이 상황을 이해하기 위해 우주론을 공부했을 때처럼 이번에도 공간을 2차원으로 한정해봅시다.

먼저 2차원의 평평한 평면 위에 있는 자전거 안장에 깃발을 세워둡니다. 그리고 자전거가 일정한 속력으로 조금의 흔들림도 없이 직선운동한다고 상상해봅시다. 자전거가 등속으로 예쁘게 나아가는 한 균형을 한 번 맞춰 놓은 이 깃발이 쓰러질 이유는 전혀 없습니다. 갑자기 감속 또는 가속하거나 좌우로 회전하지만 않는다면 말입니다. 이번에는 깃발을 손에

쌀짝 올려놓고 벨로드롬 안에서 자전거를 탄다고 생각해봅시다. 이때도 깃발이 쓰러지지 않게 할 수 있습니다. 적절한 빠르기로 적절한 궤도를 돌면 되지요. 이제 진짜 질문을 던져보겠습니다.

벨로드롬을 따라 저런 원운동을 하기 위해선 핸들을 한쪽 방향으로 꺾어야 할까요? 아니면 핸들을 꺾지 말고 직진해야 할까요?

답은 분명히 후자입니다. 밖에서 보기엔 벨로드롬을 따라 분명히 원운동하고 있지만 그 안에서 움직이고 있는 자전거는 직선운동할 때와 똑같은 모습으로 나아가고 있는 것입니다.

공간이 휘어진다는 것을 가장 잘 보여주는 예가 바로 질량이 큰 별 근처에서 빛의 경로가 휘어지는 현상입니다. 사실 빛은 질량이 없기 때문에 아무리 중력이 센 별 근처라 할지라도 그 '중력을 받아서' 휘어진다는 것은 말이 안 됩니다. 중력은 질량의 크기에 비례하기 때문입니다. 하지만 중력이 공간을 휘게 한다면 얘기가 달라집니다. 빛은 언제나처럼 직진하지만 외부에서 보기에는 그 경로가 직선이 아니기 때문입니다. 빛은 늘 자신만의 깃발이 쓰러지지 않도록 진행할 뿐입니다. 깃발이 쓰러지지 않도록 공간의 휘어짐을 따라 진행하는 것이지요.

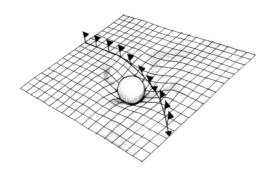

100년도 넘게 걸린 문제풀이

이제 질량을 가진 물체가 무슨 일을 하는지 추론할 수 있습니다. 물체는 공간을 찌부러뜨립니다. 이 공간 안에 새롭게 들어오는 물체는 공간이 휘어졌는지 아닌지 당연히 모릅니다. 눈이 없으니까 자신이 아무것도 없는 우주에 홀로 있는지 아니면 블랙홀 바로 옆에 있는지 알 수 없습니다. 그저 자신에게 처음 주어진 속도를 따라 등속직선운동할 뿐이지요. 깃발이 쓰러지지 않도록 말입니다. 단지 공간이 평평하지 않기 때문에 운동의 형태가 직선이 아닐 수도 있는 것이지요.

이제 지구로 떨어지는 물체의 운동을 완전히 다른 관점에서 이해할 수 있습니다. 뉴턴은 지구가 그 물체를 자기 쪽으로 잡아당기고 있다고 생각했지요. 모종의 작용 때문에 물체가 힘을 받아 지구 쪽으로 쏠리게 된다고 말입니다. 그러나 아인슈타인의 생각대로라면 물체는 자신이 있는 공간에서 가장 자연스럽게 운동하려고 할 뿐입니다. 물체는 자신에게 있는 깃발이 쓰러지지 않도록 공간을 따라 이동할 뿐이지요. 공간을 누가 휘었는지 따위에는 관심이 없습니다. 가장 중요한 것은 휘어진 공간 그 자체이지요. 만약 무언가 이 운동을 막아서 자연스러움을 방해한다면 깃발은 쓰러질 것입니다.

깃발이 쓰러지지 않으려면 적당한 빠르기로 왔다 갔다 해야 합니다. 물론 적당한 빠르기는 곡면의 생김새가 정하겠지요.

이제 중력질량과 관성질량이 같은 이유를 추론해볼 수 있습니다. 지구 주변의 물체가 지구 쪽으로 이동하는 것은 자연스러운 일입니다. 딱히 지구가 무언가로 물체를 잡아당기는 것이 아닙니다. 단지 공간을 따르려는 자연스러운 운동일 뿐인데 마치 지구 쪽으로 힘을 받는 것처럼 보일 뿐이지요. 우리가 무게라고 부르는 것은 이 자연스러운 운동을 가로막을 때 느껴지는 힘입니다.

그런데 자연스러운 운동을 억지로 정지시키려면 질량에 비례하는 힘이 필요합니다. 등속으로 움직이는 물체를 정지시킬 때와 상황은 크게 다르지 않습니다. 질량이 큰 물체는 큰 힘에도 운동을 쉽게 멈추려 하지 않고 질량이 작은 물체는 작은 힘에도 운동을 쉽게 멈추려 하지요. 그러니까 자연스러운 운동을 멈추게 할 때는 질량, 그것도 관성질량에 비례하는 힘이 필요한 것입니다.

즉 무게는 관성질량에 비례하게 됩니다. 아니, 따지고 보면 무게 자체가 관성질량에서 비롯되는 것입니다. 물체에 관성이 없다면 무게 자체가 느껴질 이유도 없어지는 것이니까요. 만유인력의 크기를 관장하는 중력질량이 사실은 관성질량이었던 셈입니다. 둘은 같은 것이지요.

뉴턴은 문제를 정확하게 인지했지만 이 두 질량이 같아야 할 필연적인 이유를 찾아내는 데는 실패했습니다. 그는 관찰결과를 토대로 과감하게 이 둘이 같다고 가정한 채 『프린키피아』라는 역작을 썼지요. 하지만 좀더 설명이 필요한 본질적인 부분은 남겨놓았던 셈입니다. 후대 과학자들은 이 점을 놓치지 않고 붙들었지요. 그리고 그 문제를 해결하면서 물리학은 더욱 풍성해졌습니다.

원격작용의 놀라운 진화
현대의 물리학자들은 원격작용을 더욱 놀라운 방법으로 이해합니다. 그들은 힘이 입자를 매개로 전달된다고 생각합니다. 예를 들어 정지한 배에 타고 있는 사람이 무거운 공을 힘껏 던지면 그 반대방향으로 배가 움직인다는 것입니다. 마찬가지로 정지해 있는 반대편 배에 탄 사람이 그 공을 받으면 배는 공의 진행 방향으로 움직이게 되겠지요. 만약 우리 눈에 공이 안 보인다면 두 배는 서로에 척력을 가한 것처럼 보일 겁니다. 이때 공의 역할이 바로 힘을 매개하는 것이죠.

　애초에 원격작용을 이해하기 위해 장 개념이 발전했다고 했지요? 그러니까 각 장에 힘을 매개해주는 보이지 않는 입자가 있다고 생각하는 셈입니다. 가장 대표적으로 광자^{photon}가 있습니다. 광자는 전자기장으로 설명했던 전자기력을 매개하는 역할을 합니다. 우리는 이를 '빛'이라고 하죠. 이 외에 강력을 매개하는 입자를 글루온, 약력을 매개하는 입자를 W보존, Z보존이라고 부릅니다.

그러면 중력은요?

많은 물리학자가 아직 발견되지는 않았지만 중력에도 매개입자가 있다고 생각합니다. 이름은 벌써 지어주었지요. 그 이름이 바로 중력자^{graviton}입니다. 중력자가 어느 날 발견될지도 모릅니다. 또는 발견되지 않을 수도 있지요. 발견되지 않는 것이 정상이라고 결론 내릴 지도 모르고요. 중요한 것은 이런 연구를 통해 과학은 더더욱 풍성해질 것이란 점입니다.

조금 더 생각하기 12. 상대성이론 1

등속직선운동의 비밀

일반상대성이론의 핵심 아이디어를 설명하는 가장 유명한 방법을 소개할까 합니다. 특수상대성이론 때와 마찬가지로, 우주 한가운데 있는 기차를 이용하는 것이죠. 모든 관찰자는 광속을 동일하게 관찰한다고 결론 내리게 했던 바로 그 기차 말입니다. 기차 대신 엘리베이터를 써도 된다는 것까지 똑같지요.

이번에도 두 기차를 상정합시다. 하나는 정말 아무것도 없는 광활한 우주공간에 있는 기차입니다. 이 기차에 탄 승객은 절대로 편안할 수 없습니다. 왜냐하면 엘리베이터 안에서처럼 둥둥 떠다닐 것이 분명하기 때문입니다. 기차와 관찰자가 서로 주고받는 힘은 만유인력 외에 아무것도 없습니다. 따라서 관찰자가 기차의 한쪽으로 몰려 있을 이유도 전혀 없습니다. 두 다리로 지탱하고 있을 필요도 없고요. 기차의 어느 면이든 관찰자에게는 다 똑같은 벽일 뿐입니다. 완벽히 아무것도 없는 곳에 존재하니까 말 그대로 무중력 상태에 있는 것이지요.

그런데 이와 똑같은 상황이 일어나도록 할 수 있습니다. 바로 관찰자가 기차와 함께 지구로 떨어지는 것입니다. 그러면 기차와 승객이 똑같은 빠르기로 지구를 향해 떨어지기 때문에 서로가 서로를 전혀 지지할 수 없게 됩니다. 떨어지는 방향에 대한 정보나 공기의 저항 같은 것이 없다면 기차 안의 관찰자는 자신이 떨어지는지 아니면 광활한 우주에서 외톨이처럼 가만히 있는지 알 길이 없지요. 그리고 이와 똑같은 상황을 만드는 방법이 하나 더 있습니다.

궤도운동이 낙하운동과 똑같다는 것을 상기해보세요.

우주에서 무중력 상태를 느끼는 원인을 학생들에게 물어보면 열에 아홉은 지구와 멀어져서 중력이 약해졌기 때문이라고 대답합니다. 하지만 그것은 전혀 사실이 아닙니다. 지구의 만유인력은 달을 끌어당길 만큼 먼 곳까지 강력하게 작용합니다. 핵심은 궤도운동의 본질이 사실은 낙하운동과 크게 다르지 않다는 데 있습니다. 궤도운동할 때도 낙하운동하는 동안 둥실 뜨는 것과 똑같은 상황이 벌어집니다.

아인슈타인은 이 지점에서 놀라운 생각을 합니다. 만약 다른 상황에 놓인 두 관찰자가 상황을 완전히 똑같다고 느낀다면, 완전히 같은 힘을 받아 같은 운동을 하는 것처럼 느낀다면, 사실 두 관찰자가 진짜로 같은 상태에 있는 것은 아닐까 하고 말입니다. 두 물체가 완전히 똑같은 운동을 하고 있다면 각각 다른 물리적 환경에 있을 것이라고 판단할 이유는 전혀 없습니다. 동일한 경험을 하는 두 관찰자는 빛의 속도도 동일하게 봐야 한다고 결론 내렸던 것과 일맥상통하지요. 동일한 상황의 두 관찰자가 동일하지 않은 상황을 경험할 거라고 판단할 근거란 어디에도 없습니다.

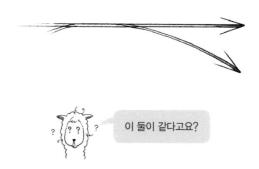

이 둘이 같다고요?

그런데, 문제는 무한히 넓은 우주에서 엘리베이터는 분명히 등속직선운동하는 데 반해 — 또는 가만히 있을 수도 있습니다 — 지구 주변의 엘리베이터는 분명히 등속원운동한다는 점입니다. 하지만 아인슈타인에게이 점은 문제가 되지 않았습니다. 오히려 새로운 관점의 시작이었습니다. 아인슈타인은 둘 다 등속직선운동한다고 결론을 내렸죠. 그리고 궤도 밖에서 보기에는 원형 궤도를 따라 운동하는 듯 보이는 지구 주변의 엘리베이터가 사실은 등속직선운동 중이라고 생각하기로 했습니다. 그리고이 '물리적'인 판단이 사실이 되기 위해서는 주변의 공간이 휘어져 있어야 한다고 생각한 것입니다.

 정말이지 이 놀라운 상상력에는 감탄하지 않을 수 없습니다.

조금 더 생각하기 13. 상대성이론 2

자연을 설명하는 최적의 방법

일반상대성이론이 아인슈타인의 아이디어에서 출발했다는 것에 주목하면 다소 독특한 점을 발견할 수 있습니다. 이 이론은 한 사람의 생각에 크게 의존해 완성된 몇 안 되는 이론 중 하나입니다. 그런데 그 이론을 수학적으로 정제하자 자연을 설명하는 최고의 도구로 완성된 것이지요. 대부분의 과학 연구는, 관찰한 현상에서 규칙성을 발견하고 그 규칙성을 수학적으로 옮겨 쓰면서 법칙으로 정리합니다. 그러니까 아인슈타인은 정반대인 것이죠! 먼저 아이디어를 내놓았는데 그게 자연을 잘 설명한 것입니다.

수년간 각고의 노력 끝에 최종결과를 얻는 데는 리만기하학이라는 수학이 큰 역할을 했다고 합니다. 아인슈타인이 학자들에게 배우기까지 했다는 기록도 있습니다.

그런데 그 이론적인 결과물이 자연과 너무나 잘 맞아 들어갔기 때문에 몇몇 사람에게 새로운 고민거리를 안겨주었습니다. '인간이 만든 수학적 도구가 어떻게 이렇게 자연과 일치할 수 있는가?'라고 말이지요. 리만기하학은 19세기에 발전했는데 기존에는 없던 새로운 종류의 기하학이었습니다. 자연과는 독립적으로 존재한다고 생각한 인간의 사고로 빚은 발명품이라고 할 수 있지요. 그런데 그것이 등장하자마자 자연을 설명하는 최적의 방법 중 하나가 된 것입니다. 이것은 단순한 우연의 일치일까요? 아니면 어떤 필연의 결과물일까요?

수학적 발전이 물리학의 발전과 맞물려 돌아가는 사례는 이것 말고도 적지 않습니다.

상대성이론의 이러한 특징 때문에 간혹 사람들은 상대성이론을 오해하기도 합니다. 몇몇 비전공자는 아인슈타인이 순전히 생각만으로 그 이론을 만들었기 때문에 그가 그저 자연을 바라보는 한 방법을 생각해 낸 것에 불과하다고 여기는 우를 범하기도 하지요. 다른 생각에서 출발하면 또 다른 결론을 내릴 수도 있다고 생각하는 것입니다. 또 어떤 이는 검증되지 않은 아이디어에 불과하다고 평가절하하기도 합니다. 누구도 빛의 속도로 가지 못하니까 검증할 수 없다든가, 우주에는 가보지 못하니 이 설명이 맞는지 확인하지 못한다든가 하는 것이죠. 하지만 각종 어려움을 뚫고 여러 증거를 수집해 결론을 내리는 것이 과학자입니다. 다음 두 가지가 가장 유명한 검증사례입니다.

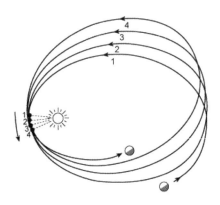

 아인슈타인 이전에는 수성의 저런 운동을 설명하지 못했습니다. 이처럼 축이 움직이는 회전운동을 세차운동이라고 합니다. 몸통은 빠르게 회전하고 있지만 축은 기울어진 채로 천천히 움직이는 팽이의 세차운동이 대표적인 예입니다.

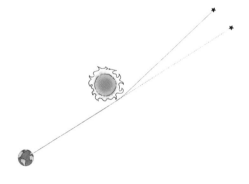

 개기일식 때 태양 주변에 보이는 별들을 태양이 없을 때의 모습과 비교하면 약간 성기게 보입니다. 이것도 빛이 (태양의) 중력 때문에 휜다는 주장과 잘 부합합니다.

일상생활 속에서 일반상대성이론으로 설명할 만한 상황을 관찰할 가능성은 거의 없지만 빛의 속도를 유한하게 볼 만큼 큰 공간에서는 그의 이론이 절대적인 영향력을 발휘합니다. 우주의 수많은 현상이 그의 이론을 바탕으로 해석되었지요. 인류는 아인슈타인 덕분에 광활한 세상을 이해하는 데 필요한 새로운 도구를 얻은 셈입니다. 실로 빛나는 업적이라고 할 수 있지요. 가끔 뉴턴에 버금가는 과학자로 그의 이름이 오르내리는 것도 전혀 과한 일이 아닙니다.

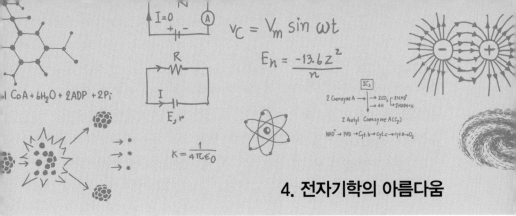

만유인력 외에도 자연계에는 원격작용이 몇 개 더 있습니다. 작용의 세기가 커서 인간도 쉽게 느낄 수 있기에 상당히 이른 시간부터 주목받은 것들이지요. 바로 전기력과 자기력이라고 불리는 것들입니다. 얼마나 일찍 발견되었는가 하면 자그만치 기원전 6세기에 고대 그리스의 자연철학자 탈레스Thales가 자석에 관해 남긴 기록이 있을 정도입니다. 중국에서 발견된 기원전 4세기의 기록에도 자석에 관한 얘기가 있습니다.

그렇지만 오랫동안 알고 있었다고 해서 잘 이해하고 있던 것은 절대 아닙니다. 만유인력이 자신의 실체를 1,000년이 넘는 시간 동안 감춰왔던 것을 생각해보세요. 머리 위에 항상 밤하늘이 펼쳐져 있었지만 천체의 운동 속에 내재된 질서를 찾아내는 것, 중력의 본질을 밝혀내는 것은 인류에게 고난도의 과제였습니다. 전기력과 자기력도 쉽게 본질을 드러내지 않았지요. 전기적 현상 사이에 숨은 규칙성을 찾아내고 법칙을 밝혀내는 것부터 하나하나 차근차근 알아내야만 했습니다. 브라헤와 케플러 그리고 뉴턴이 중력에 대해 탐구했던 것처럼 말입니다.

본격적으로 전기력과 자기력을 연구하기 시작한 것은 1746년 독일의 레이던 대학 교수였던 뮈센브르크Pieter van Musschenbroek와 클레이스트Ewald

Georg von Kleist가 각각 독립적으로 레이던병이라고 불리는 도구를 개발하고 나서부터입니다. 이 도구를 이용해 비록 실체는 모르던 상태였지만 전하라 불리는 것을 따로 모을 수 있게 되었으니까요.

학자들은 머지않아 번개를 일으키는 것, 개구리 뒷다리를 꿈틀거리게 하는 것, 사람들을 깜짝 놀라 번쩍 뛰어오르게 하는 것 등이 모두 전하라는 동일한 원인에서 비롯되었다는 걸 알아냈습니다. 전하가 무엇인지, 또 전하의 영향이 어떠한지조차 모를 때 학자들은 전하가 사람을 몇 명까지 깜짝 놀라게 할 수 있는지 본다면서 군인들을 감전시키곤 했답니다.

 전기력과 자기력은 인간이 경험할 수 있는 거의 모든 현상의 원인입니다. 하지만 이것을 이해하는 데 필요한 개념들은 쉽지 않습니다. '전하'는 시작일 뿐입니다.

전기장과 전하, 자기장과 자하

지금의 전자기학은 전기장과 자기장을 주인공으로 삼아 기술되어 있습니다. 전자기학에서 다루는 원격작용이 전기력과 자기력 두 가지니까 당연한 것이지요. 사실 전자기학에서 전기장과 자기장의 중요성은 백번 강조해도 지나치지 않습니다. 물리를 고차원적으로 공부할수록 많이 등장하지요. 그렇다면 자연스럽게 전기장과 자기장을 만드는 것들도 주인공에 버금가는 지위를 차지해야겠지요? 마치 중력을 얘기할 때 만유인력을 일으킨다는 이유로 질량을 가진 물체가 주인공이었듯이 말입니다.

그래서 등장하는 것이 바로 '전하'electric charge입니다. 전기적 성질을 띠는, 즉 전기적 현상을 일으키는 근본적인 성질을 일컫는 말이지요. 그것이 무엇인지 본 적도 없고 만져본 적도 없었지만 학자들은 많은 연구를 통해 그것이 존재한다고 확신하게 되었습니다. 그래서 이름까지 붙인 것이지요.

그렇다면 똑같은 맥락에서 '자하'magnetic charge도 있을까요? 전기장을 유발하는 것을 전하라고 했으니 자기장을 유발하는 것에도 자하라고 이름 붙이자는 말입니다. 존재여부도 모르지만 용어만 보면 상당히 그럴듯합니다.

그러면 지금부터 전기장과 자기장 그리고 전하와 자하 이렇게 네 개념이 어떤 관계를 맺고 있는지 하나하나 이해해보도록 합시다.

'전하'라는 약속

이미 누누이 얘기했듯이 전하를 엄밀히 정의하기란 쉬운 일이 아닙니다. 곤란하다는 표현이 더 알맞을지도 모르겠네요. 마치 질량이란 무엇이느냐는 질문에 대답하기 난감했던 것과 비슷한 상황입니다. 질량이나 전하는 자연계에 원래 주어진 본질적인 개념입니다. 그것이 어디에서 어떻게 왔는지는 설명할 방법이 없지요. 둘의 차이점이라면 질량은 우리가 무척이나 익숙해서 그것이 무엇인지 궁금해하지 않는다는 것 정도뿐입니다.

이처럼 비록 엄밀한 정의는 없지만 '전하'라고 했을 때 그 누구도 혼란에 빠지지 않는다는 점이 중요합니다. 오랫동안 다양한 현상을 연구하면서 과학자들은 '전하'라는 말이 무엇을 지칭하는지에 대해 완벽히 합의하게 되었습니다. 그래서 완벽한 정의가 없다고 하더라도 연구에 지장이 생길 일은 전무합니다. 마치 질량에 대해 철학적 논쟁을 벌이지 않고도 만유인력을 공부할 수 있는 것과 마찬가지지요.

이 부분은 현대과학의 연구분야가 '타자로서 존재하는 자연'임을 확실히 보여주는 대목이기도 합니다. 현대과학은 연역적으로 증명되는 보편타당한 원칙이나 정의에서 유도된 절대적 성질을 연구하는 것이 아닙니다. 그것은 종종 추구되는 것일 뿐이지요. 과학은 자연의 특성을 관찰과 실험을 통해 알아가는 과정 그 자체입니다. 언제든 새로운 관찰결과로 더 나은 이론과 개념이 생길 수 있습니다. 자연이 인류에게 자신을 언제 어떻게 드러낼지는 아무도 장담할 수 없으니까요. 학자들은 그저 매 순간 가장 적절한 표현을 찾아내고는 만족할 뿐입니다.

전자, 모든 물체에 영향을 미치는 마법의 가루

전자는 세상을 이루는 기본입자이니만큼 전자의 도움을 받아 전하를 정의할 수도 있습니다. 학자들이 전자의 전하를 양+이 아닌 음-으로 정의한 것은 실수 아닌 실수 같습니다.

처음 전하에 대한 개념이 만들어질 때와 달리 지금은 전자라는 가장 유명한 기본입자의 도움을 받아 전하를 정의할 수 있습니다. 지금까지 과학자들이 파악한 바에 따르면 전자는 세상을 구성하는 기본입자 중의 하나이기 때문에 더 근본적인 원인을 이용해 설명할 수 없습니다. 전자는 그냥 전자일 뿐 무언가에서 비롯되지 않지요. 그런데 이런 전자가 마침 전기적 성질을 띠고 있는 것입니다. 과학자들은 바로 이 성질을 전하라고 정의했습니다. 그러니까 다음과 같이 말입니다.

"전하는 전자가 지닌 전기적 성질을 의미한다. 전하에는 두 극성이 존재하는데 전자가 지닌 전기적 성질을 음(-)전하라고 하자."

이렇게 전하를 정의하면 실제 일어나는 전기적 현상을 이해하는 데도 상당히 편리합니다. 특히 전자를 통해 전하라는 미지의 무언가를 시각화할 수 있다는 점에서 대단히 좋습니다. 예를 들어 물체에 전자가 많아지면 음(-)전하를 띠게 되고요 반대로 전자가 줄어들면 양(+)전하를 띠게 되는 것이지요. 전하가 흐르면 전자가 한쪽으로 이동한다고 보면 되는 것입니다. 그러면 중성의 물체들이 전기적 성질을 띠지 않는 이유도 이해할 수 있습니다. 이들은 전자의 전하량과 정확히 같은 양의 양(+)전하를 갖고 있기 때문에 중성인 것이죠. 음(-)전하와 양(+)전하의 양이 같다면 상쇄될 테니까요.

이처럼 쉽고 간단한 이치는 현실에서 일어나는 일과 매우 잘 부합하기 때문에 가치가 높습니다. 실제로 전자는 이 세상 거의 모든 물체의 전기적 성질을 조절하는 데 관여합니다. 전자를 포함하지 않은 물체가 거의 없기 때문이지요. 또 질량이 매우 작아서 이리저리 이동해도 물체의 질량에는 거의 변화를 주지 않지요. 그래서 마치 물체의 전기적 성질만 바꾸는 것처럼 보입니다. 분자 크기의 매우 작은 물체에서부터 초대형 자석 같은 커다란 물체에 이르기까지 말입니다. 전자는 마치 전기적 성질만 관장하는 마법의 가루 같죠. 덕분에 우리는 전하라는 개념을 구체적으로 상상하며 이해할 수 있습니다. 새로운 개념을 학습할 때 이보다 바람직한 환경은 없다고 볼 정도입니다.

어디선가 본 듯한 느낌

곧 학자들은 전하끼리 작용하는 힘에 대해서도 탐구하기 시작했습니다. 18세기 중반 프랑스의 물리학자 쿨롱Charles Augustin de Coulomb이 두 전하 사이에 작용하는 힘을 정량적으로 분석해 그 힘의 크기가 만유인력과 유사하게 역제곱의 법칙을 따른다는 것을 알아냈습니다. 그의 이름을 따서 쿨롱의 법칙이라고 부르지요.

자연이 이렇게 대칭적일 수 있다니 신기할 정도입니다. 완전히 새로운 현상과 개념이 등장했는데 이미 배웠던 것과 형태가 고스란히 똑같다니 말입니다. 원격작용이라는 점도 똑같고 그 크기가 거리의 제곱에 반비례한다는 점도 똑같습니다. 유일한 차이라면 전하는 종류가 둘이어서 이 전하들 사이에 척력이 작용할 가능성도 있다는 점이지요.

예를 들어 그림과 같이 서로 잡아당기는 양전하와 음전하, 달과 지구의 충돌 직전 속도를 구하려면 놀라울 정도로 유사한 계산과정을 거쳐야 합니다. 미적분을 수반하는 복잡한 계산이지만 여하튼 두 문제를 푸는 계산과정은 동일하다고 할 정도로 비슷합니다.

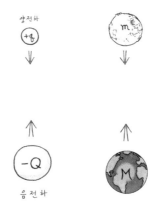

장이라는 개념 없이도 중력이 일으키는 현상 대부분을 이해할 수 있습니다. 그런 이유에서인지 대부분의 교육과정에서는 중력을 배울 때 장 개념을 심도 있게 다루지 않습니다. 하지만 전기장을 배울 때는 반드시 장을 배웁니다.

너무나 까다로운 자하

전하와 전기장이 얼마나 이해하기 편한 것인지는 까다로운 자기장을 공부하다 보면 매우 절실하게 느낄 수 있습니다. 자기장은 손에 잡힐 듯이 구체적으로 이해할 수 없거든요. 자기적 성질을 관찰할 때는 전자와 같은 마법의 가루를 찾을 수 없습니다. 그렇다고 본질이 일맥상통하는 다른 대체자를 쉽게 찾을 수 있는 것도 아니지요. 자기장을 확실히 이해하는 일은 정말이지 쉽지 않습니다.

일단 자하의 두 성분인 N극과 S극은 전하와 달리 절대 따로 돌아다니지 않습니다. 이 두 극은 항상 붙어 다니는데 그렇다고 전하들처럼 시원하게 상쇄되지도 않습니다. 그래서 자석은 쪼개져도 자기 형태를 유지합니다. 이 상식 하나가 난이도를 매우 높입니다.

제일 먼저 자하를 지닌 가루가 있다고 가정하기 힘든 이유부터 설명해보겠습니다. 만약 전자처럼 적당한 가루가 있어서 상태를 조절해준다면 자석처럼 N극과 S극으로 나뉘어 있는 물체는 반으로 쪼갤 때 N극과 S극이 분리되어야 합니다. 하지만 실험결과는 그렇지 않습니다. 두 극은 항상 붙어 다니기 때문에 N극만 있었던 곳에 갑자기 S극이 생기지요. 그 반대도 마찬가지고요. 자하를 지닌 가루가 있다고 해도 절대 전자와 같은 형태일 수는 없는 이유입니다.

더 나아가 전하와 달리 자하는 흐르지 않는다는 추론도 가능합니다. 전하의 흐름은 전류입니다. 하지만 자하의 흐름, 즉 '자'류라고 불리는 것은 없지요. N극과 S극이 항상 같이 다니기 때문에 자하가 흐르더라도 순수 자하량의 총합은 언제나 0이 될 것입니다. 그래서 교과서에 '자'류라는 단어는 등장조차 하지 않습니다.

우주 어딘가에 한 극만 존재하는 진정한 자하가 있을 수도 있습니다. 자기홀극자라고 하지요. 단 여태껏 관측된 사례는 없습니다.

또한 자기장의 모습도 지금까지 보았던 다른 원격 작용들과는 다른 형태를 하고 있습니다. 전기장은 중력장과 상당히 유사해서 개념을 습득하기에 편한 부분이 있었지요. 하지만 자기장은 질량이나 전하가 만드는 장처럼 자신을 중심으로 사방을 향해 뻗어 나가는 모양이 아닙니다. 두 극이 붙어 있기 때문에 자기장이 뻗어 나가다가도 다시 돌아와 반대쪽 극으로 들어가지요. 당연히 역제곱의 법칙도 따르지 않습니다. 중력장은 고사하고 전기장에서 사용했던 계산도 직접적으로는 사용하지 못합니다.

자기장 안에 다른 자하를 놓을 때도 전기장 안에 다른 전하를 놓을 때와는 사뭇 다른 일이 일어납니다. 일단 전하처럼 한 종류만을 놓는 것조차 불가능합니다. N극 S극은 늘 붙어 다니니까 자기장 안에 자하를 놓을 때도 N극 S극이 붙어 있는 상태로 놓아야 합니다. 당연히 한 종류의 극만 놓을 수 있었던 전하와는 다른 현상이 관찰되겠지요? 전기장 안의 전하는 서로 당기든 밀치든 한 방향으로만 작용을 주고받습니다. 그러나 자하는 N극과 S극이 붙어 다니기 때문에 자기장이 한 극을 당기면 다른 한 극은 밀리게 되지요. 결국 자하는 제자리에서 회전하게 됩니다. 나침반이 자기장의 영향으로 빙빙 도는 원리이지요.

둘의 공통점이 전혀 없는 것은 아닙니다. 물리를 계속 공부해서 대학교 2학년 수준의 계산능력을 갖추게 되면 자기장과 전기장이 수식적으로 갖는 공통점들을 알게 됩니다.

과학자의 소설 속 주인공은 전자

자기적 성질에 대한 연구는 전기장과 다른 방법으로 진행되었습니다. 자기장이 전기적인 현상과 직접적인 관련이 있다고 꽤 빨리 밝혀졌거든요. 다소 우연한 기회를 통해 덴마크의 과학자 외르스테드$^{Hans Christian Ørsted}$가 직선 도선 주변에 자기장이 존재한다는 것을 알게 되었습니다. 전기장과 자기장 사이의 강한 연관성이 분명해진 것이죠. 그렇지 않으면 전기적인 현상에서 자기장이 만들어질 리가 없지요.

실험을 통해 밝혀진 이러한 사실은 자하의 정체에 대한 실마리를 줍니다. 자기장도 전하나 질량처럼 장을 만드는 어떤 본질에서 비롯되어야 자연스러울 것입니다. 그런데 자기장은 명백히 전류에서 비롯되는 상황이 종종 있습니다. 결국 자기장을 설명하기 위해 '새로운 본질'을 상정할 필요가 사라진 것이죠. 전하의 움직임으로 자기장을 설명할 수 있으니까 말입니다.

새로운 개념의 도입 없이도 현상을 설명할 수 있다면 훨씬 명료하겠죠. 새로운 현상이 보고될 때마다 현상을 일으키는 모종의 원인을 매번 새로이 상정한다고 생각해보세요. 이론의 가치가 얼마나 떨어지게 될지는 굳이 오컴William of Occam의 면도날 얘기를 꺼내지 않더라도 쉽게 짐작할 수 있습니다.

그렇다면 당시 학자들은 자기장이 어디에서 비롯된다고 추론했을까요? 전류로 자기장이 생긴다는 것을 알아낸 과학자들은 실제 자기장과 유사한 모양의 자기장을 만드는 전류를 생각해냈습니다. 전하의 배치가 전기장의 형태를 결정하듯 적절한 전류의 모양은 자기장의 형태를 결정하지요. 그래서 관심을 두게 된 것이 바로 '고리 모양의 전류'입니다. 둥근 반지를 따라 흐르는 전류를 상상하면 됩니다. 실제로 고리에 전류를 흘리면 그 주변에 자기장이 생기는데 그 모양이 자석 주변에 생기는 자기장과 상당히 유사합니다. 그래서 과학자들은 N극과 S극이 분리된 채 돌아다니는 자하가 있다고 생각하는 대신에 '매우 작은 고리전류'가 자기장의 근원이라고 생각하기 시작했습니다.

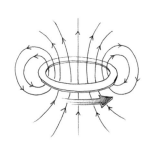
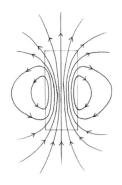

이 정도의 지식을 이용해 자하에 대한 이런 소설을 써보는 건 어떨까 요? 물체 내부에서 고리 모양의 전류들이 자기장을 만들고 있습니다. 눈 에 보이지 않을 정도로 매우 작은, 전자나 원자 크기의 고리전류들이 자 기장을 만드는데 이것이 바로 자하의 역할을 하게 되지요. 만약 어떤 물 체의 고리전류들이 전부 정렬되어 있으면 물체 전체가 자석과 같은 효과 를 띠게 되는 것이고요, 각 고리전류의 방향이 모두 다르다면 결국 전체 가 상쇄되어 아무런 자기장도 못 만드는 것이지요. 이 그럴듯한 소설은 물체 내의 전자가 원자핵 주변을 돌면서 고리전류 역할을 할 수 있다는 부분에서 절정을 맞습니다. 사실 전자 자신도 스스로 돌고 있기 때문에 더 작은 고리전류 역할을 할 수 있다는 데까지 가면 아주 그럴듯합니다.

결국 물질 안에 있는 전자 그리고 그것이 지닌 전하가 모든 전기적 현 상과 자기적 현상의 근본이라는 것이지요. 전자는 존재하는 것만으로 물체에 전하를 띠게 할 수 있으며 그 전자 또는 그 전자가 들어 있는 원자 하나하나는 자석 역할을 해 물체에 자성을 부여하는 것입니다.

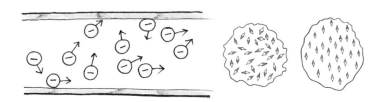

전류와 자성체(자기적 성질을 띠는 물체)를 그림으로 나타낸 모습입니다. 전류가 흐를 때 전자는 저것과 비슷하게 움직입니다. 오른쪽 그림에서 각 화살표가 가리키는 방향이 바로 자하들의 방향이지요. 방향이 마구 섞여 있을 때 물체 전체는 자성을 띠고 있지 않다가 정렬되는 순간 자기적 성질을 띠게 되는 것입니다.

전자기학 개념도의 놀라운 대칭성

이 소설은 대학교 1학년이 쓰는 교재 수준으로 씌어졌습니다. 물론 진짜 교재는 어려운 수식과 여러 가지 문제로 가득하지요. 하지만 기본적인 개념은 이렇습니다. 여기에 살이 붙고 또 더 어려운 개념으로 발전하기까지 하면 근대과학이 이해하고 있는 전자기적 현상을 전부 알 수 있지요.

물론 지금까지 알게 된 것만 해도 절대 적지 않습니다. 전기장과 자기장, 전하와 자하에 대한 이 정도 개념만으로도 알고 있는 것들을 그림으로 그릴 정도가 됩니다. 이때 개념도의 주인공이 전하와 자하가 아니라 전기장과 자기장인 것에 제일 먼저 주목해야 합니다. 어차피 전기적 현상과 자기적 현상은 원격작용이기 때문에 장이 없으면 설명할 수 없습니다. 그 근원이 무엇이든 상관없지요. 전자기적 현상은 반드시 장을 통해서만 일어날 수 있습니다. 따라서 전기장과 자기장이 모든 것의 중심에 있어야 맞습니다.

그리고 다른 개념들을 주변에 적습니다. 적을 때 이들을 원인과 결과로 짝지을 수 있습니다. 전하가 있어야 전기장이 생기니까 전하와 전기장을 화살표로 연결하는 것처럼 말입니다. 같은 원리로 전류에서 자기장을 잇는 화살표도 그릴 수 있겠죠. 외르스테드가 발견한 것이 바로 이것입니다.

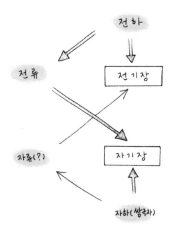

마지막으로 전기장과 자기장을 중심으로 개념도가 적당히 대칭이라는 것을 알아두어야 합니다. 독립된 자하가 있었다면 완전한 대칭이었을 텐데 인류가 아직 독립된 자하를 관찰하지 못했기 때문에 자류까지 그림에 포함해야 하는지는 생각해볼 여지가 있습니다. 실제로 대학교 수준의 물리에 자하를 문제 삼지는 않습니다. 그래서 그와 관련된 연결 고리(가는 화살표)는 가늘게 표현되어 있지요.

이 개념도는 전자기학의 기본적인 부분을 다 정리하고 있습니다. 사실 저 화살표 하나하나마다 대학교 1학년 수준의 물리학 교재 한 단원 분량을 공부해야 하지요. 게다가 아직 미완성입니다!

저렇게 대칭적이라는 것이 신기해요.

그렇지. 그렇지. 사실 마구잡이로 생겼을 법한 자연에 법칙이 있고 대칭성이 있다는 것이 놀랍지. 여기서도 약간 '비대칭'이라는 것에 방점을 찍기보다 거의 '대칭적'이라는 것에 집중해야 한단다.

잘하면 대칭일 뻔 했다, 뭐 이런 뜻인가요?

그것보다 대칭이 되려면 어떤 일이 더 필요하다에 더 가깝지. 만약 자연이 정말 대칭적이라면 이런 간단한 추론을 통해 관측되지 않은 사실 하나를 예견한 셈이 되지 않겠니?

아?!?!

실제로 이런 이유로 전하와 비슷한 자하, 항상 쌍으로 다니지 않는 자하, 즉 자기홀극자라고 명명된 물질에 대한 관심이 생겨났어. 양자역학이 성립되면서, 또 우주론이 발전하면서 자기홀극자의 존재에 대해 학자들은 더더욱 궁금해했고 당연히 자기홀극자를 측정하기 위해 여러 실험도 수행했지. 하지만 성공한 것은 아직 없단다.

자기장과 전기장의 반전

막연히 대칭성이 있어야 보기 좋으니까 있었으면 좋겠다는 수준의 생각이 절대 아닙니다. 근대과학의 시대를 넘어 현대과학이 성립되면서 자기장과 전기장은 생각보다 훨씬 더 밀접하게 연관되어 있다는 것이 밝혀졌거든요.

정확한 개념을 알기란 쉽지 않지만 그렇게 복잡하지 않은 사고실험을 통해 그 의미를 확인해볼 수 있습니다. 먼저 전하로 이루어진 가는 줄을 생각합시다. 이 줄은 전혀 움직이지 않기 때문에 전류가 0이지요. 그렇다면 주변에 전기장이 있을 것이고 자기장은 없을 것입니다.

이 상태 그대로 줄을 그림처럼 이동시킨다고 생각해봅시다. 아무런 전기도 띠고 있지 않은 중성의 줄이라면 움직이든 말든 전기적 효과가 일어나지 않아야 하는데 전하가 있으니 마치 전류가 생긴 것 같은 상태가 됩니다. 따라서 자기장이 생기지요. 이제 줄 주변에는 전기장과 자기장이 함께 있게 됩니다.

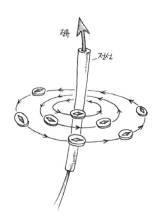

이제 간단한 가정을 해봅시다. 이동하는 줄의 관찰자인 나도 같은 속

도와 방향으로 이동하기 시작했다고 말입니다. 이 관찰자가 보기에 분명 줄은 가만히 있습니다. 따라서 전류는 없는 셈이지요. 그렇다면 자기장은 없고 전기장만 있어야 합니다. 전류가 없으니까요. 그런데 분명 줄이 이 동하면 자기장이 생긴다고 했습니다. 이것이 어찌 된 일일까요?

이처럼 관찰자의 운동상태가 바뀌면 자연현상도 바뀌지만 이는 모순 이 아닙니다. 각 관찰자는 모두 올바르게 현상을 기록하고 있는 것입니 다. 정지한 관찰자는 자기장을 볼 것이고 줄과 함께 이동하는 관찰자는 보지 못할 것입니다.

그렇다면 여기서 결론은 반대로 내려져야 옳습니다. 전기장과 자기장 은 하나의 자연현상이라고 말입니다. 공간에는 둘 다 관측할 수 있는 하 나의 장이 펼쳐져 있습니다. 그런데 이 자연현상은 관찰자에 따라 다르 게 보입니다. 다시 말해 전기장과 자기장은 한 대상의 두 가지 다른 모습 이라는 것입니다.

이렇게 생각하면 자기장과 전기장은 '본질적으로 동일한 것'이기 때 문에 대칭적이어야 한다는 것 역시 대단히 자연스럽습니다. 아니 자연스 럽다는 정도를 넘어서 어쩐지 그래야만 할 것 같다는 생각이 드는 수준 이지요.

 만약 자하가 있어서 그것이 흐른다면 정말 전기장이 생길까요? 그냥 재미삼아 해본 생각입니다.

목숨을 건 연구

여태까지 전자기학의 기본개념들과 그 관계에 대해서 알아봤습니다. 기회가 된다면 통시적으로도 전자기학의 발전을 알아보길 바랍니다. 과학자들이 온갖 오류를 수정해가면서 조금씩 전진하는 모습을 관찰하는 것 자체가 큰 공부이지요. 특히 전자기학이 발전하면서 정립된 개념들, 그 개념들에 붙은 이름들을 살펴보면 당시 과학자들이 무슨 생각을 하고 있었는지 잘 드러나지요. 몇몇 예에서는 초창기의 오류가 그대로 남아 있기도 합니다. 가장 대표적으로 기전력electromotive force이라는 개념이 있습니다. 그때는 힘인 줄 알고 이름에 역力, force을 붙였는데 알고 보니 힘이 아니었죠. 하지만 이름은 그대로 남아 있습니다. 편의상 수정하지 않고 쓰는 것이죠.

 끝으로 다른 모든 과학이 그렇듯 전자기학도 많은 과학자의 관찰과 실험, 이론적 발전이 있었다는 것을 강조하고 싶습니다. 전자기학이 이렇게 발전하는 데는 위험을 무릅쓰고 호기심을 불태웠던 실험정신이 절대적이었죠.

전기가…… 위험하지요.

당시엔 안 위험했던 거 아니에요? 콘센트도 없었을 테고.

위험한지 몰랐을지도 몰라.

 글쎄. 하늘에서 뻥뻥 치는 번개를 보고 그것도 몰랐을까? 너희 프랭클린Benjamin Franklin 알지? 왜 연을 통해 번개의 전기를 레이던병에 담은 사람 말이야.

네.

비슷한 시기에 러시아에서 살던 독일 출신 과학자 리히만 Georg Wilhelm Richmann은 똑같은 실험을 하던 중 벼락에 맞아 죽고 말았단다. 과학자들이 전기가 위험한 것을 몰랐을까?

……

PART 5

파동과 빛,
블록버스터급 명콤비

빛이라는 파장은 매질이 필요 없습니다.
매질 없이도 파동의 성질을 고스란히 보여주죠. 간섭도 하고
회절도 하고 또 에너지도 전달합니다. 드디어 과학자들은 빛의 본질을
알아내는 데 큰 진보를 이루어냈습니다. 빛의 성질을 하나하나 규명하던
수준을 뛰어넘어 큰 그림이 되는 이론을 완성한 것입니다.
100년에 걸쳐 정리한 전자기학의 큰 결론이지요.

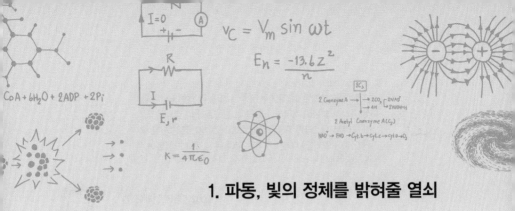

1. 파동, 빛의 정체를 밝혀줄 열쇠

　과학자들은 빛의 본질이 무엇인지 알기 위한 노력을 단 한 순간도 멈추지 않았습니다. 갈릴레오가 빛의 속도를 측정하기 위해 덮개로 덮은 랜턴을 들고 산봉우리에 오른 이후부터 말이지요. 덕분에 20세기에 이르러서 과학자들은 빛이란 무엇인지 제대로 이해하기 시작했습니다. 뉴턴과 하위헌스 등의 노력 덕분에 빛의 성질을 많이 알게 되었지요. 빛의 파동성을 밝히고 뒤이어 빛의 속도측정 실험을 통해 빛이 작은 알갱이가 아니라는 것까지 확인해냅니다. 하지만 냉정히 말해 아직은 빛의 성질 중 한두 가지를 알아낸 것에 불과합니다. 빛의 존재 그 자체에 대한 답을 얻은 것은 아니지요. 당연히 과학자들은 빛의 본질을 알기 위해 멈추지 않고 계속해서 정진했습니다. 물론 이처럼 빛의 본질로 파고들어 가는 과정은 당연히 빛의 성질을 이해하는 일과도 자연스럽게 연결되었지요.

　그렇다면 과학자들은 빛의 본질을 알기 위해 어떤 노력을 했으며 왜 빛을 파동이라고 생각했을까요? 빛과 관련된 어떤 현상이 파동으로 완벽히 설명되었던 걸까요? 그렇다면 이를 어떤 식으로 설명했을까요? 이런 질문에 답하려면 파동이란 무엇인지부터 먼저 정확히 알아야 할 것 같습니다.

난 아직도 2002년 월드컵에서 한국 대표팀이 폴란드와 치른 첫 경기를 생생히 기억하고 있단다. 친구들과 다 같이 한 방에 모여서 자그마한 TV로 경기를 보고 있었지. 경기 시작 직전 어찌나 떨리던지 어떤 친구는 차마 못 보겠다고 했었어.

2002년이면 언제예요?

2002년에 무슨 일이 있었는데요?

 그때 우리가 월드컵을 개최했었단다. 그래서 우리나라가 자그마치 월드컵 4강! 바로 4강에 들었지! 그때 그 순간을 라이브로 본 것이 내 자랑 중 하나란다.

아기 같다. 저런 거 자랑이나 하고.

어쩌라는 건지 모르겠네.

 ……

자연은 매 순간 파도타기 응원 중

스포츠 경기를 볼 때면 응원하는 재미를 빼놓을 수 없죠. 종목마다, 팀마다 고유한 응원이 있지요. 응원 중에는 누구나 다 아는 유명한 것도 있습니다. 바로 파도타기 응원입니다. 아주 간단한 원리로 이루어지기 때문에 누구나 금방 따라 할 수 있습니다. 누군가 자기 자리에서 벌떡 일어나 파도를 시작하면 그 옆 사람, 또 그 옆 사람이 순서대로 일어나며 마치 물결이 옆으로 진행하는 듯한 모양을 만들어내는 것이지요.

쉴 틈 없이 속도감 있게 진행되는 스포츠인 축구에서는 잘 안 하는 응원입니다.

이 응원은 생각보다 섬세함을 요구합니다. 파도가 오는 것을 집중해서 보고 있다가 자기 순서에 맞춰 잘 일어나야 하죠. 옆 사람이 일어나는 것보다 너무 일찍 일어나거나 너무 늦게 일어나면 파도 모양이 흩어지고 맙니다. 그래서 전문적인 응원단원들이나 무용수들은 제대로 된 파도 모양을 만들기 위해 열심히 연습합니다. 특히 서로를 쳐다보지 않은 채 화려한 파도 모양을 만드는 공연은 상당한 수준의 기술이 있어야만 가능한 것이죠.

사람이 인위적으로 파도 모양을 만들기 위해서 애쓰는 것과 달리 자연은 말 그대로 아주 자연스럽게 이 일을 해냅니다. 원리도 전혀 복잡하지 않습니다. 서로서로 용수철로 연결된 채 길게 늘어서 있는 작은 공들만 상상하면 금방 이해할 수 있습니다. 핵심은 공들을 연결하는 용수철이죠. 이 용수철이 상호작용을 유발해서 적절한 모양을 만들거든요. 일단 외부 요인으로 한 공이 강하게 튕겼다고 합시다.

지금까지 해봤던 사고실험보다 어렵지 않습니다. 이런 것은 이제 쉽게 적응할 수 있지요?

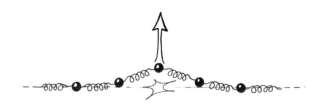

 그 공은 원래 자리에서 빠르게 벗어납니다. 동시에 용수철로 이어진 바로 옆의 공들도 끌고 올라갑니다.

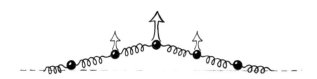

 끌려 올라간 공 때문에 한 칸 더 옆에 있는 공들까지 또 끌려 올라가게 되죠.

 시간이 흐르면 맨 처음 튕겼던 공은 속도가 점점 줄어서 결국 하강하는 방향의 속도를 가지게 될 것입니다.

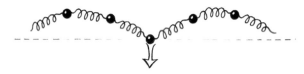

결국 원래 자리로 돌아오게 됩니다. 이때 공은 처음 튕겼을 때와는 반대방향의 속도를 가집니다. 그래서 이번엔 옆의 공들을 반대방향으로 끌어당기죠.

이와 같은 원리로 만들어진 파도는 정확히 같은 원리로 계속해서 옆으로 퍼져나가지요. 각 공은 양쪽에 달린 용수철이 당기는 대로만 움직인다는 아주 간단한 원리에 지배받습니다. 따라서 적절한 초기 움직임만 있으면 예쁜 파도 모양을 이루게 되지요. 이처럼 어떤 변화가 시간의 흐름에 따라 공간으로 퍼져나가는 현상을 파동이라고 합니다.

공과 용수철로 된 세상

공과 용수철처럼 파동이 전달되도록 매개하는 물질을 매질이라고 부르는데요, 실로 다양한 매질의 파동이 존재합니다. 가장 쉬운 예로 넘실대는 파도는 바닷물을 매질로 삼은 파동입니다. 이런 파동을 물 윗면에 있는 파라고 해서 수면파라고 부릅니다. 여러분이 세수할 때 세면대의 물에 생기는 파동도 수면파의 일종이지요. 땅이 흔들리는 지진도 파동의 일종으로 지진파라고 불립니다. 땅을 타고 멀리멀리 전달되는 이 파동은 지구를 횡단할 정도로 규모가 큰 파동이죠. 여러분이 듣는 소리 또한 파동입니다. 목에 있는 성대를 이용해서 공기에 떨림을 만드는 원리죠. 이렇게 만들어진 공기의 떨림으로 귀에 있는 얇은 막이 떨리면 비로서 소리를 듣게 되는 것입니다. 그래서 공기가 없는 달나라에서는 아무리 큰 소리로 말해도 들리지 않습니다.

공기 없이는 일단 숨을 못 쉬니까 말도 못 하겠지만요.

이처럼 매질도 형태도 규모도 다양한 파동이지만 이해하는 데는 공과 용수철을 이용한 비유만으로도 충분합니다. 이 소박한 비유는 생각보다 매우 훌륭하거든요. 파동의 일반적인 특성을 전부 갖추고 있을 뿐만 아니라 엄밀한 계산과 측정이 필요한 실험에서도 큰 오차를 만들지 않는 모델입니다. 그러므로 공과 용수철을 이용해 파동의 여러 가지 성질을 이해하면 현실 속 여러 가지 파동을 더 잘 이해할 수 있습니다. 특히 파동의 특성을 숙지하는 것이 중요하지요. 이 중 몇 가지는 파동만이 가진 고유한 특성이어서 빛이 파동성을 갖는지 확인해볼 때 매우 유용하게 사용할 수 있습니다.

진동이 만드는 부드러운 전진

제일 먼저 공과 용수철이 파동을 따라 이동하지 않는다는 사실을 알 수 있습니다. 그러니까 제자리에서 위아래로 흔들릴 뿐 파동을 따라 옆으로 이동하지는 않는다는 말입니다. 실제 파도치는 바닷물도 넘실거릴 뿐 파도를 따라 나아가지는 않지요. 물 위에 떠 있는 수초나 튜브 또는 물거품을 보면 바닷물이 위아래로만 움직인다는 사실을 확인할 수 있습니다. 파도타기 응원을 할 때 사람들이 옆으로 이동하지 않는 것과 완전히 같습니다. 물론 파도의 윗부분이 부서지면서 물거품이 생긴다거나, 해안가로 몰려온 파도가 앞으로 고꾸라진다거나 할 때는 지금의 논의를 그대로 적용할 수 없지요. 파도의 이런 모습은 용수철이 너무 늘어나서 끊어지는 모습과 같다고 보면 됩니다. 여하튼 이제 지금 논의한 것을 하나의 문장으로 정리해 표현하면 이렇습니다.

'매질은 자기 자리에서 진동할 뿐 파동과 함께 진행하지 않는다.'

각 매질은 위아래로 바쁘게 움직입니다. 하지만 파동 자체는 전혀 품위를 잃지 않습니다. 그 형태를 유지하며 아주 매끄럽게 한쪽 방향으로 진행할 뿐입니다. 파도가 넘실대는 것, 물결이 출렁대는 것 따위와 헷갈리면 절대 안 됩니다. 파동은 마치 고급 승용차처럼 부드럽게 진행합니다.

조건이 잘 갖춰진 이상적인 파동은 형태를 그대로 유지한 채 이동합니다.

직관을 믿어라

공과 용수철의 예는 파동의 속도에 관한 직관적인 논의로 이어집니다. 간단한 사고실험을 통해 파동의 진행속도가 공과 용수철의 반응속도에 크게 의존한다는 사실을 알 수 있죠. 매우 무거운 공을 움직이려면 용수철은 매우 많이 늘어나야 합니다. 당연히 시간도 더 많이 걸리게 됩니다.

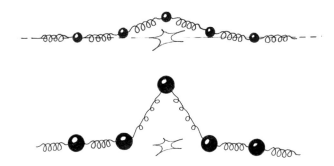

이번에는 공을 매우 가벼운 것들로 교체해봅시다. 이제는 공이 아주 조금만 움직여도, 즉 용수철에 아주 작은 힘만 가해진대도 곧바로 이웃하는 공이 따라 움직이겠죠. 결국 앞의 상황보다 훨씬 짧은 시간 안에 '위아래 방향의 움직임'이 옆으로 전달됩니다. 이처럼 공과 용수철의 성질에 따라 파동의 속도도 달라집니다.

'매질의 성질에 따라 파동의 속도가 달라진다.'

에너지를 고르게 고르게

이번에는 파동이 시작되는 공이 올라갈 때의 속도와 다시 처음의 위치로 돌아올 때의 속도를 비교해봅시다. 분명히 속도는 처음보다 줄어들어 있을 것입니다. 그렇지 않다면 에너지보존법칙에 위배되기 때문입니다. 운동이 시작되는 바로 그 순간에는 공 하나만 움직이기 때문에 모든 운동에너지가 그 공 하나에 집중되죠. 하지만 공은 올라갔다가 내려오면서 옆의 공들도 운동하게 합니다. 그러니까 첫 공의 운동에너지는 줄어들 수밖에 없습니다.

선생님, 너무 자주 책 가운데에서 말씀하시는 것 같아요.

그러게요. 무게 잡는 거 같아서 어색해요.

그만큼 중요한 얘기라 이거지. 무게는 잘 잡혔니?

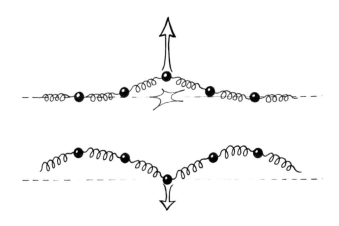

　결과적으로 첫 공은 파동을 만들면서 자신이 가졌던 운동에너지의 일부를 이웃한 공에게 준 셈이죠. 이런 움직임이 옆으로, 옆으로 계속되는 것이 파동이니까, 결국 파동은 어느 지점의 에너지가 다른 지점으로 이동하면서 만드는 모양인 것입니다. 만약 제일 처음 튕겨 올라간 공이 제자리로 올 때마다 원래 운동에너지를 회복하도록 누군가 계속해서 튕겨 준다면 파동도 일정한 모습을 무한히 유지한 채 퍼져나가겠지요. 이처럼 파동과 에너지의 관계에 주목해 파동이 무엇인지 설명할 수도 있습니다.

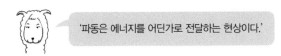

'파동은 에너지를 어딘가로 전달하는 현상이다.'

　소리를 지르는 것도 근육의 에너지를 성대를 이용해 공기 중으로 발산하는 일입니다. 다른 사람의 귀에 이 에너지가 충분한 크기를 간직한 채 도달해야 소리를 듣게 되는 것입니다. 이렇게 생각하면 먼 곳에서 부르는 소리가 잘 안 들리는 이유를 명확히 이해할 수 있습니다. 파원에서 발생한 에너지는 전 공간에 고르게 퍼집니다. 그런데 에너지의 총량은 일정하니까 면적이 넓어질수록 밀도가 옅어질 수밖에 없지요. 소리를 낸 곳과 소리를 들어야 하는 곳의 거리가 멀수록 영역이 넓어지니까 에너지는 더더욱 옅어질 테죠?

동물들이 큰 귓바퀴를 가진 것도 같은 이유입니다. 귓바퀴의 면적이 넓을수록, 곧 귀에 들어오는 소리에너지의 양도 늘어나는 것이죠. 원칙적으로 귓바퀴의 넓이가 열 배 넓으면 소리에 열 배 더 민감하다는 얘기가 되지요. 상대방에게 더욱 큰 소리를 들려주기 위해 손으로 입 주변을 마는 행위도 똑같이 이해할 수 있습니다. 이 손나팔은 목에서 생성된 소리에너지가 한쪽 방향으로 모여서 진행하도록 도와주는 역할을 합니다. 에너지가 퍼지는 영역을 좁혀주니까 소리가 의도한 방향으로 더욱 크게 전달되겠지요.

파동이 파동을 만났을 때

파동의 성질 중에서 가장 중요한 것은 두 파동이 합쳐졌을 때 나타나는 현상입니다. 두 물체는 합쳐질 수 없습니다. 합쳐지려 하다 보면 충돌하지요. 하지만 파동은 일종의 운동상태를 의미합니다. 따라서 질량을 가진 물체처럼 충돌하지 않아요. 오로지 만나는 현상만 있을 뿐입니다. 물체와는 근본적으로 완전히 다른 모습이지요.

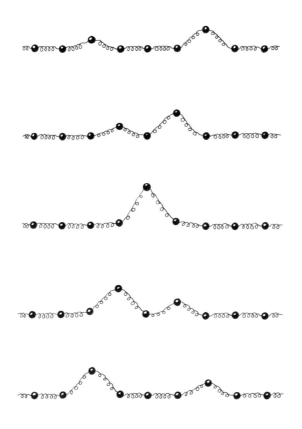

결론부터 말하면 파동은 서로의 변화량을 합한 형태로 변형됩니다. 이 말의 의미를 명확하게 이해하기 위해서는 서로를 향해 진행하는 파동을 상상해보는 것이 가장 적절할 것 같습니다.

제일 가운데 있는 공을 보세요. 만약 왼쪽 파동이 없다면 당연히 오른쪽 파동 혼자 공을 끌어올려야 합니다. 그런데 왼쪽 파동도 공을 끌어올리려 한다면 얘기가 달라지지요. 명백히 공은 두 파동이 함께 끌어올릴 때 더 올라갑니다. 결과적으로 정확히 각 파동의 높이를 합한 것만큼 올라가지요.

예를 들어 왼쪽 파동이 공의 높이를 처음 위치보다 1만큼 올리고, 오른쪽 파동이 공의 높이를 2만큼 위로 올린다고 가정하면, 파동 두 개가 합해지는 지점에서 공의 위치는 3만큼 올라가게 됩니다. 이를 '파동 중첩의 원리'라 부르지요. 거창하게 이름을 붙여놨지만 파동들은 자연스레 모양이 합쳐진다는 말과 별반 다르지 않습니다.

더욱 재미있는 것은 파동은 언제나 원래 모양을 간직한다는 점입니다. 아무리 복잡하게 서로 만나고 헤어진다 하더라도 말이지요. 파동끼리 서로 만나는 과정이 끝난 후 각 파동을 다시 살펴보면 만나기 전의 모양을 그대로 유지하고 있습니다. 이 성질을 '파동의 독립성'이라고 합니다. 바로 아래 그림과 같은 상황이죠. 매우 적절해서 교과서마다 실리는 그림입니다.

파동의 중첩 전 　파동이 중첩되는 순간 　파동의 중첩 후

충돌을 통해 격렬하게 에너지를 교환하는 보통의 물리적 만남과 달리 파동의 만남에는 상호작용이 없습니다. 파동이란 물질의 직접적인 전달이 아니고 오로지 에너지의 전달이기 때문입니다. 다시 용수철과 공으로 생각해봅시다. 각 공의 역할은 에너지가 잘 전달되도록 옆의 공에 일정 정도의 영향을 주는 것입니다. 따라서 파동의 만남으로 공들이 원래 위치에서 벗어나 복잡한 형태를 이루게 된다고 하더라도 옆 공에서 전달받

은 에너지를 다시 옆 공에 전달한다는 원리는 바뀌지 않습니다. 모든 공은 자기가 이미 움직인 것에 새로 전달받은 에너지만큼 더 움직이는 것으로 할 일을 다 하지요.

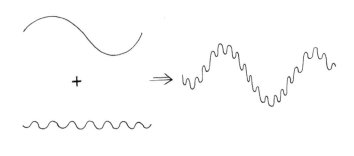

매우 커다란 파동과 매우 작은 파동이 만나는 극적인 예를 보면 더욱 잘 이해할 수 있죠. 각 파동은 자기 모습을 잘 유지 합니다.

간섭현상, 파동과 입자의 결정적 차이

드디어 파동만이 가진 독특한 특징을 알게 되었습니다. 파동 두 개가 만나면 입자 두 개가 만났을 때와는 전혀 다른 상황이 벌어집니다. 둘은 마치 서로를 인식하지 않는 듯 합쳐졌다가 다시 나뉩니다. 이 독특한 특징 때문에 두 파동이 만났다가 사라져버리는 것처럼 보이기까지 합니다. 마치 1루수와 투수가 포수에게 동시에 공을 던졌는데 중간에서 두 공이 합쳐지더니 결국 포수 미트에는 공이 하나도 들어오지 않는 듯한 상황이 벌어지지요. 입자 두 개로는 절대 구현할 수도 설명할 수도 없는 일입니다.

이번에도 그림의 도움을 많이 받아야 합니다. 줄이 두 개 있고 각 줄을 타고 흐르는 파동이 있다고 합시다. 각 파동은 줄 위를 매끄럽게 움직인다는 점을 잊지 마세요.

그런데 줄을 묶어서 하나로 만들어버렸다고 합시다. 그러면 파동도 합쳐져서 커지겠지요.

그런데 합쳐지기 전의 파동이 약간 달라지면 어떻게 될까요. 아래 그림처럼 말입니다.

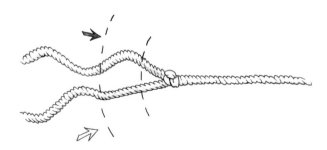

파동은 사라집니다. 위의 줄에서 보낸 파동은 줄을 위로 올리려 하고 아래 줄에서 보낸 파동은 줄을 아래로 내리려 하죠. 파동끼리 항상 정확히 반대방향으로 작용하기 때문에 줄을 조금도 움직이지 못합니다. 이처럼 파동끼리 만나서 파동의 변위가 커지거나, 작아져서 아예 사라지는 현상을 간섭현상이라고 합니다. 파동이 커질 때를 보강간섭, 작아져서 사라질 때를 상쇄간섭이라고 하지요. 파동이 분명히 전달되었으나 아무런 변화도 일으키지 못하는 애매한 현상이 나타나는 것입니다. 무슨 특별한 상황도 아니고 단지 두 파동이 전달되는 데 시차가 생겼다는 사실만으로 이런 일이 일어납니다. 신기한 일입니다.

이 신기한 현상이 바로 우리가 찾던 것입니다. 대상이 파동인지 아닌지 판별해줄 기준 말입니다. 만약 어떤 대상이 간섭현상을 일으키면 그것은 파동이라고 볼 수 있습니다. 만약 전혀 그렇지 않다면 최소한 파동은 아닌 것이죠.

시차라고 했지만 사실 위상차라고 하는 것이 맞습니다. 여기서는 편하게 생각할 수 있도록 위상이라는 개념을 소개하지 않은 것에 불과합니다. 당연히 제대로 공부하려면 위상에 대해 알아야 하지요.

파동처럼 퍼져가는 확신

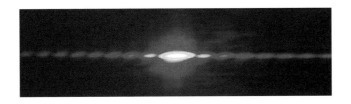

이미 다들 예상하고 있겠지만 빛은 파동성을 지니고 있습니다. 위의 예처럼 도착시각차에 따라 빛이 사라지기도 하고 강해지기도 하지요. 가장 유명한 것이 바로 영의 이중슬릿 실험입니다. 구멍 두 개에서 나온 빛은 스크린을 고르게 밝히지 못합니다. 스크린의 어느 지점은 어두워지고 어느 지점은 밝아지면서 스크린 위에 무늬를 만드는 것이죠. 장소마다 각각의 빛이 도착하는 시간이 다르기 때문입니다.

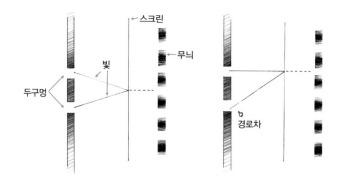

시차가 난다니요? 빛은 그냥 도착하는 거 아닌가요?

아니지. 구멍에서 스크린 위의 각 지점까지의 거리가 다르잖니. 예를 들어 스크린 한가운데 있는 점은 두 구멍까지의 거리가 같겠지. 당연히 구멍에서 동시에 출발한 빛은 그 점에 동시에 도달한단다. 그러면 빛의 세기가 커지지.
그러나 한가운데에서 약간만이라도 옆으로 이동한다면 점과 두 구멍 사이의 거리가 달라지지. 하나랑은 약간 멀어지고 하나랑은 약간 가까워지고. 이제 동시에 출발한 빛의 도착시각이 달라지지 않겠니? 그래서 어두워지는 부분도 생기는 거지.

그런데 진짜 빛이 파동이라서 저런 현상이 생기는 거라면 왜 형광등 같은 거로는 안 생겨요? 지금 여기도 밝고 어두운 무늬가 여기저기 복잡하게 생겨야 하는 거 아니에요?

 당연히 잘 안 보이지. 저런 관찰을 하려면 적절한 조건을 갖추어야 한단다. 예를 들어 눈에 보이는 빛으로 저런 실험을 하기 위해서는 두 구멍 사이의 간격을 대체로 1mm보다 작게 한단다.

과학자들 또 괴상한 짓 했구먼.

어디서 저렇게 이상야릇한 순간을 잘 찾아낼까?

밥 먹고 생각하는 게 저거라 그런가?

이중슬릿 실험은 1802년 영Thomas Young에 의해 행해진 역사적인 실험입니다. 빛이 입자라면 쉽게 이해할 수 없지만 빛이 파동이라면 깔끔하게 이해할 수 있는 실험결과였지요. 빛의 본질을 파동이라고 생각하도록 한 실험이었던 것입니다. 물론 처음에는 사람들이 거부감을 보였습니다. 빛이 입자라고 생각한 대표적인 학자가 바로 뉴턴이었기 때문입니다. 실제로 그의 의견에 반한다는 것 자체가 장벽 중 하나로 작용했다고 하지요. 하지만 빛에 파동의 성질을 있다는 예측은 다른 많은 현상을 관찰하면서 점점 확신으로 변해갔습니다.

교과서에 나오는 또 다른 유명한 현상이 바로 빛의 회절현상이지요. 이것은 빛이 장애물을 통과할 때 나타나는 현상입니다. 만약 빛이 입자라면 장애물에 가로막힌 부분과 그렇지 않고 계속 뻗어 나간 부분 사이의 경계가 뚜렷해야 할 것입니다. 하지만 실제로는 전혀 그렇지 않지요. 경계는 흐릿합니다. 빛이 장애물에 가로막혀 스크린에 도달하지 못했을 거로 생각한 부분까지 퍼졌기 때문입니다. 사람의 그림자보다 높은 빌딩의 그림자의 경계가 더 희미한 이유가 이것이지요.

과학자의 자책골

영은 실험결과를 이론적으로 뒷받침할 수학적 기술을 충분히 해내지 못했다고 합니다. 그래서 당시 학자들에게는 크게 인정받지 못했지요. 그러나 수년 후 프레넬Augustin-Jean Fresnel이 영의 실험을 뒷받침할 수 있는 이론을 개발했습니다. 드디어 빛의 파동설이 시험대에 오른 것이지요. 그결과 푸아송 점이라 불리는 실험이 고안됩니다. 푸아송Siméon Denis Poisson이란 물리학자는 파동이론이 틀렸다며 다음과 같이 지적했습니다. 만약 빛이 파동이라면 장애물을 지난 빛이 장애물 때문에 만들어진 그림자에 밝은 점을 만들 것이라고 말이죠. 상식적으로 말이 안 되는 주장이지요. 그림자에 밝은 부분이 생기다니요. 하지만 파동이라면 가능한 얘기입니다. 그리고 프레넬은 실험을 통해 그 현상을 실제로 관찰했지요. 파동이론을 반박하려던 푸아송이 오히려 파동이론을 지지할 수밖에 없게 하는 멋진 실험을 고안해준 셈입니다.

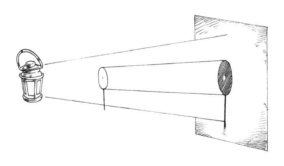

결과적으로 푸아송의 주장이 틀린 것으로 밝혀졌지만 그가 얼마나 핵심을 잘 꿰뚫고 있었는지 보여주는 일화라고 생각합니다. 빛이 파동이라는 사실을 부인할 수 없을 정도로 확실한 증거를 찾기 위해 많은 사람이 혈안이었을 텐데 오히려 정반대의 생각을 지닌 푸아송이 적절한 예를 제시했으니 말입니다.

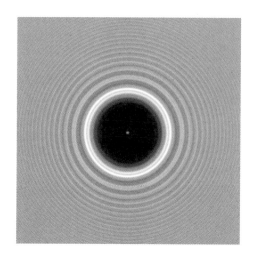

이 그림이 바로 실험결과입니다. 까만 부분은 장애물에 가려서 빛이 통과 못 하기 때문에 생기는 그림자이고요, 주변의 줄무늬는 바로 회절로 생긴 무늬입니다. 한가운데 밝은 점이 바로 빛이 입자라면 절대 설명할 수 없는 부분이지요.

빛이 파동의 성질을 가졌다는 증거로 가끔 교과서에 나오는 것 중에는 뉴턴 링도 있습니다. 뉴턴이 그의 책 『광학』에서 보고했는데요, 평평한 유리 위에 렌즈를 놓으면 그 주변에 링 모양이 반복해서 생긴다는 것입니다. 뉴턴은 단색광을 비출 때 이런 무늬가 생기고 한가운데에 어두운 점이 생긴다는 사실까지 정확히 기술했지요. 하지만 빛이 입자라고 생각한 뉴턴은 이 반복되는 모양을 설명하지 못했습니다. 물론 빛이 파동이라고 가정하면 충분히 설명할 수 있습니다. 뉴턴은 어두운 무늬가 빛의 파동성 때문에 생긴다고는 생각하지 못했기 때문에 그 거무튀튀한 무늬를 없애보려 실험도구들을 열심히 닦기도 했다고 합니다.

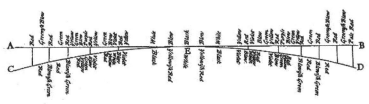

 뉴턴 링을 재현한 모습과 그걸 기록한 뉴턴의 자료입니다.

빛은 정말 파동일까

이렇듯 과학자들은 빛이 파동이라는 증거를 많이 수집했습니다. 그것도 상당히 이른 시간에 말입니다. 언급한 추론이나 결과들은 전부 19세기 초반에 축적된 것이지요. 피조가 광속을 측정해 논문을 발표한 1848년보다도 이른 시기입니다. 피조가 광속을 측정할 당시 이미 많은 사람은 빛이 파동이라고 믿었던 것입니다.

그렇다 해도 피조의 실험이 무의미해지는 것은 아닙니다. 왜냐하면 과학은 본질적으로 귀납적이기 때문입니다. 언급된 증거들은 '빛은 입자가 아니다'는 주장의 증거가 아닙니다. 오직 '빛은 파동으로 해석될 때 가장 자연스럽다'는 주장의 증거들일 뿐입니다. 근본적으로 과학자들은 증거를 뒤집을 가능성에 항상 열려있었습니다. 어느 날 갑자기 놀라운 천재성을 지닌 사람이 이 모든 현상을 빛의 입자설로 완벽하게 해석해낼지도 모르는 일입니다. 또 빛이 파동이라고 했을 때 설명할 수 없는 현상이 나타날지도 모르는 일이고요. 따라서 빛이 파동이라는 증거가 하나하나 쌓일수록 이론의 가치는 점점 더 커집니다. 실험이 지닌 가치도 정당하게 평가받아야 하지요.

결론적으로 일련의 발견에 힘입어 이제 과학자들은 빛이 파동이라는 사실을 정설로 받아들이기 시작했습니다. 그러나 이게 끝이 아니지요. 여태 한 얘기는 19세기 중반 근처의 일일 뿐입니다.

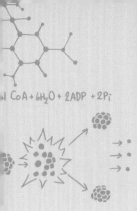
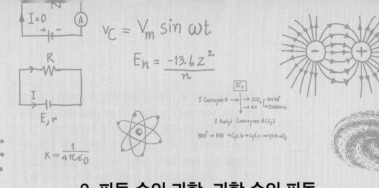

2. 파동 속의 과학, 과학 속의 파동

파동과 진동은 생각보다 훨씬 중요합니다. 특히 파동을 묘사하는 수식은 물리전공과정에서도 상당히 많이 사용되지요.

그러면 지금 수식에 대해 배우는 거예요?

아니, 그런 뜻이 아니고, 파동에 대해 조금 더 자세히 배우겠다는 거지.

그런데 빛에 대해서 얘기한다고 하지 않았나요?

빛에 대해서 이미 알려진 결론을 말하는 것은 어려운 일이 아니란다. 단지 지금은 그 결론에 도달하기 위해 과학자들이 했던 생각을 하나하나 되짚어보는 것이지.

최종결론만 알면 안 돼요? 중간결과들은 틀린 거 아닌가요?

에이, 아니란다. 혹시 전자기학을 배울 때 전기장과 자기장에 대해서 얘기했던 것 기억나니? 전기장과 자기장이 하나의 현상이란 건 나중에 밝혀졌지만 오히려 전기장과 자기장을 각각 다른 존재로 파악했을 때 과학자들은 전자기적 현상을 정말 체계적으로 설명할 수 있었지. 현상을 설명하기 위해 상대성이론까지 동원해야 하는 때가 오히려 훨씬 드물었던 거야.

기억 안 나는데요…….

과학자들은 상대성이론으로 설명하는 것과 그렇지 않은 것 사이의 논리적 연결 고리도 가지고 있단다. 따라서 그 두 설명은 서로 배치되는 것이 아니라 상보적인 것이지. 상대성이론이 더 적절한 순간에는 그걸 쓰고 아닐 때는 다른 것을 쓰고. 지금도 마찬가지란다. 빛에 대해 과학자들이 내린 결론 중에…….

왜 기억이 하나도 안 나지…….

…….

안정적이다, 고로 존재한다

언제 어느 때나 파동이 있는 것은 아닙니다. 파동이 존재할 수 있는 환경이 따로 있지요. 파동이 생기기 위해서는 아주 중요한 요건이 하나 충족되어야만 하는데 이른바 '안정적 평형상태'라는 것입니다.

평형상태란 고요한 상태를 의미합니다. 흔들림이나 치우침 없이 일정함을 유지하는 상태가 바로 평형상태이지요. 물체가 가만히 있을 때, 수면에 아무런 물결도 없을 때, 연필이 책상 위에 똑바로 서서 가만히 있을 때 등이 전부 평형상태입니다. 여기에 안정적이라는 말이 더해지면 필요한 조건이 완성됩니다. 안정적이란 현재의 상태가 쉽게 바뀌지 않는다는 것을 의미합니다. 그래서 평형상태에 변화가 찾아왔을 때 '변화가 더 커지지 않도록' 모종의 작용이 일어나는 상태를 특별히 안정적 평형상태라고 일컫습니다.

안정의 반대인 불안정의 뜻을 알고 나면 안정적 평형상태에 대해 더욱 명확히 알게되지요. 예를 들어 책상 위에 똑바로 서 있는 연필이나 가만히 서 있는 오뚝이를 떠올려보세요. 이것들은 전부 평형상태입니다. 오뚝이는 옆으로 밀어도 즉시 원래 모습으로 돌아오려고 합니다. 원래의 평형상태를 복원하려는 것입니다. 반면에 연필은 톡 하고 치면 그 방향으로 넘어지지요. 여기서 안정과 불안정의 차이를 알 수 있습니다. 평형상태에서 벗어나게 되었을 때 원래 상태로 돌아오려는 작용이 있으면 안정적 평형상태라고 하지요.

지금 한 이야기는 파동을 배울 때 썼던 공과 용수철 모델에도 적용할 수 있습니다. 공들이 아무런 변화 없이 일렬로 쭉 나열되어 있는 상태가 평형상태입니다. 관중석의 모든 관중이 자리에 엉덩이를 붙이고 있을 때와 같지요.

그러다가 공이 자리를 이탈하면 양쪽의 용수철이 공을 당기게 됩니다. 공은 평형상태에서 벗어나는 순간부터 원래 자리로 돌아오게끔 강요당하는 셈이지요. 모든 공에 평형상태로 돌아오게 하는 힘이 가해지고 있으니 공과 용수철 모델은 분명 안정적 평형상태를 이룹니다. 다른 모든 파동도 마찬가지입니다. 파도에 요동치는 바다도 바람이 멎으면 잔잔해집니다. 지진에 흔들리는 땅도 지진파가 없을 때는 움직이지 않습니다. 둘 다 원래 형태를 유지하려고 하는 것입니다. 바로 안정적 평형상태 말입니다.

 이처럼 원래 형태로 돌아오게 하는 힘을 복원력이라고 부릅니다.

사실 이 복원력이 제일 중요합니다. 앞 장에서 얘기했듯이 파동은 이동하지 않는 매질이 제자리에서 진동만 하는 것입니다. 그렇다면 당연히 매질을 진동하게 하는 것이 파동의 핵심요소이겠지요. 그런데 매질의 진동에는 복원력이 필수적인 역할을 합니다. 복원력 없이는 애초에 진동이 성립할 수 없기 때문이지요. 만약 이 힘이 없다면 한 번 자리를 이탈한 매질은 다시는 돌아오지 않을 것입니다. 파도타기 응원을 하려고 일어났던 사람이 다시 앉고 싶어 하지 않는다고 생각해보세요. 복원력은 파동의 핵심입니다.

진폭과 진동수, 파동을 지탱하는 두 기둥

'복원력이 작용하는 진동의 연속'으로 파동을 이해하면 파동이 에너지를 어떻게 전달하는지 더욱 깊이 이해할 수 있습니다. 파동은 에너지를 전달하는 현상입니다. 줄의 한쪽 끝을 잡고 열심히 흔들면 줄을 따라 에너지가 전달되지요. 가만히 있던 줄이 흔들리기 시작했다는 것 자체가 에너지가 유입되었음을 의미합니다. 줄의 처지에서 보면 더욱 명확합니다. 처음에 흔들리는 부분은 한쪽 끝이지만 시간이 지나면 다른 부분도 흔들리게 됩니다. 가만히 있던 다른 부분은 에너지가 0이었는데 어느 순간 에너지를 전달받아 진동하게 된 셈이지요. 이 에너지는 줄을 따라 전달된 것이 명확합니다.

만약 한쪽 끝을 계속 흔든다면 줄은 에너지를 계속 공급받게 됩니다.

줄은 이 에너지를 진동의 형태로 고스란히 간직하지요. 물론 모습은 파동이 됩니다. 파동은 예쁘게 반복되는 모양을 유지한 채 줄을 따라 계속 이동합니다. 그런데 시간이 지날수록 '흔들리는 부분'이 점점 길어집니다. 에너지를 가진 부분이 점점 길어지는 것이지요. 이는 줄에 유입된 에너지가 많아졌음을 의미합니다. 줄이 지닌 총 에너지는 줄에 가한 에너지와 완전히 같은 것입니다.

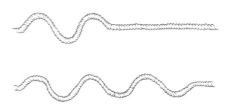

 에너지를 전해준 시간이 길어지면 당연히 파동의 에너지도 커집니다.

   같은 시간 동안 에너지를 공급했더라도 줄이 공급받은 총에너지는 다른 여러 가지 요인에 따라 달라질 수 있습니다. 대표적으로 줄을 흔드는 폭에 따라 달라지지요. 이때 흔들리는 크기를 파동의 진폭이라 부르는데요, 진폭이 클수록 진동의 크기도 커진다는 것을 어렵지 않게 상상할 수 있습니다. 당연히 큰 진동은 작은 진동보다 에너지가 크고요. 즉 진폭이 클수록 파동을 통해 줄에 전달되는 에너지도 커진다는 것입니다. 에너지 공급자인 줄을 흔드는 사람의 관점에선 팔을 크게 흔듦으로써 작게 흔들 때보다 더 많은 에너지를 공급하는 셈입니다.

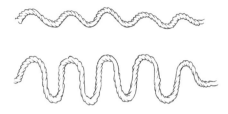

　　같은 시간 동안 동일한 진폭으로 줄을 흔들더라도 줄이 흔들리는 정도에 따라 전달되는 에너지의 양이 달라지기도 합니다. 예를 들어 줄을 더 빨리 흔든다면 빨리 흔들지 않았을 때보다 더 큰 에너지가 줄에 전달됩니다. 줄의 각 요소가 더욱 격렬하게 진동함으로써 더 큰 에너지를 품게 되지요. 이때 파동이 얼마나 자주 흔들리는지를 진동수 또는 주파수라고 합니다. 1초당 몇 번이나 움직이는지를 측정해 숫자로 나타내고 단위로는 Hz^{헤르츠}를 써서 표현합니다. 이 단위는 독일의 물리학자 헤르츠^{Heinrich Rudolf Hertz}의 이름을 딴 것이지요.

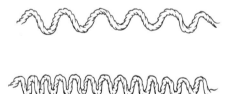

 두 파동은 진폭과 속도가 같습니다. 진동수만 다르지요. 저 두 파동 앞에 서 있다고 상상해보세요. 어느 파동 앞의 사람이 더 심한 흔들림을 경험할지는 자명하지요.

같은 에너지, 다른 파동

결국 파동의 에너지가 커질 방법은 두 가지인 셈입니다. 그런데 이 두 가지는 뚜렷이 구분된다는 재미있는 성격이 있습니다. 에너지의 변화량이 같더라도 둘 중 어떤 식으로 에너지를 조절할지 자연이 임의대로 정할 수 없다는 것입니다. 이 둘은 엄연히 다른 물리현상이기 때문에 교환 가능하거나 혼합되지 않습니다. 똑같이 파동에 관여하는데도 말이지요. 예를 들어 '큰 진폭을 가진 파동'은 같은 에너지를 갖는 '큰 진동수를 가진 파동'으로 전환되지 못합니다. 역으로 특정 진동수를 가진 파동들이 합쳐져서 다른 진동수의 파동으로 바뀌는 일도 일어나지 않습니다.

아주 단순한 예로 파동의 간섭현상을 들 수 있습니다. 동일한 진동수의 파동끼리는 서로 합성되며 보강 또는 상쇄간섭합니다. 보강간섭할 때는 파동이 크게 보이고 상쇄간섭할 때는 안 보이지요. 이때 에너지의 크기를 관장하는 것은 오로지 진폭입니다. 보강간섭하는 파동이 많아지면 진폭이 커지기 때문에 에너지도 커지고 반대로 상쇄간섭하는 파동이 많아지면 진폭이 0이 되기 때문에 에너지도 0이 되고 말지요. 진폭의 크기가 커지면서 파동의 에너지도 함께 변하지만 진동수는 조금도 변하지 않습니다. 진동수와 진폭은 임의대로 조절할 수 없지요.

에너지들은 어디로 갔을까요?

이처럼 특정 자연현상이 진폭이나 진동수 중 한 가지 하고만 연결된다는 것은 자연이 두 물리량을 정확히 구별한다는 의미입니다. 자연이 이 둘을 구별한다는 것은 매우 중요합니다. 진동수와 진폭 모두 파동을 구성하는 가장 기본적인 요소란 뜻이지요. 그래서 물리적으로 완전히 똑같은 파동을 만들려면 진동수와 진폭이 완전히 똑같아야 합니다.

예를 들어 에너지가 같다는 것만으로는 파동이 같다고 할 수 없습니다. 진폭과 진동수가 같아야 똑같은 파동이라 할 수 있지요. 이 둘이 다르기 때문에 실제 자연도 파동을 다른 현상으로 구별합니다. 자연현상을 생각해보면 이 점은 더더욱 명확합니다. 진폭이 큰 파도는 큰 에너지를 갖고 있어서 인간에게 큰 위험이 됩니다. 배가 바다에 침몰하는 사고나 사람이 바다에 빠지는 사고 대부분이 커다란 파도 때문에 생깁니다. 하지만 진폭이 작은 대신 더욱 빨리 위아래로 움직여서 파도 간의 간격이 매우 작은 파도는 진폭이 큰 파도와 같은 에너지를 가졌더라도 인간에게 훨씬 덜 위협적입니다. 파도가 일정 수준보다 작으면 아무리 빨리 출렁인다고 해도 별로 무섭지 않지요.

이는 에너지라는 강력한 도구가 종종 다른 현상을 같은 시각으로 볼 수 있게 해주는 것과는 구별됩니다. 에너지 개념을 훌륭한 도구로 사용해 현상을 분석할 수 있을 때가 많거든요. 전혀 다른 상황처럼 보여도 모두 에너지를 매개로 분석할 수 있지요. 투수가 매우 빠르게 던진 야구공이나 10층 높이에서 떨어뜨린 야구공이나 파괴력은 비슷합니다. 에너지가 비슷하기 때문이지요. 물에 작은 불씨를 넣을 때와 숟가락으로 저을 때 물의 온도가 똑같이 오르도록 할 수도 있습니다. 불씨가 물에 전해준 에너지와 숟가락이 전해준 에너지가 같다면 말입니다. 하지만 파동, 특히 파장과 진폭에서는 이와 같은 관점은 유효하지 않습니다.

들리지 않는 소리

 진동수와 진폭의 차이를 가장 극적으로 느낄 수 있는 것이 바로 소리입니다. 공기 중으로 전달되는 파동 말입니다.

인간의 귀도 진동수와 진폭을 구별합니다. 먼저 진폭이 크면 큰 소리로 인지합니다. 똑같은 소리를 내는 악기 여러 개가 동시에 연주되는 상황을 생각해본다면 쉽게 이해할 수 있습니다. 여러 악기 소리가 큰 소리로 합쳐지는 순간이 바로 동일한 진동수를 가진 소리의 파동이 서로 중첩되어 에너지가 커지는 순간입니다. 진폭이 커지는 상황이지요.

그렇다면 진동수가 커지는 것은 어떤 상황일지 어느 정도 감이 잡힙니다. 인간은 소리의 진동수를 음의 높낮이로 인식합니다. 낮은 소리일수록 진동수가 작은 소리이고 높은 소리일수록 진동수가 큰 소리이지요. 진동수가 너무 크거나 작은 소리는 우리 귀가 듣질 못합니다. 인간의 귀는 특정한 진동수 범위 안의 소리에만 반응하거든요. 일반적인 사람은 대략 20Hz에서부터 2만Hz까지 들을 수 있습니다. 이 범위 안의 진동수를 들을 수 있는 주파수라고 해서 가청주파수라고 부르지요.

각 동물도 고유의 가청주파수를 갖고 있죠. 코끼리는 인간이 들을 수 있는 소리보다 훨씬 낮은 12Hz의 소리까지 들을 수 있다고 합니다. 돌고래나 박쥐는 인간은 듣지 못하는 고주파의 소리를 들을 수 있지요. 이처럼 주파수가 높아서 인간이 들을 수 없는 소리를 초음파라고 합니다.

12Hz, 그러니까 초당 12회의 떨림은 사람이 매우 빠르게 손으로 부채질하는 수준의 떨림입니다. 코끼리는 이 손의 움직임이 내는 소리를 들을 수 있는 것이지요. 신기하죠? 악어도 등껍질을 떨며 꽤 빠르게 물장구치는데 인간에겐 물장구로 보이지만 악어들은 그것을 소리로 듣겠지요.

사람은 소리를 내려고 떠는 데가 없지 않나요?

사람도 다른 동물들과 똑같단다. 신체의 일부를 떠는데 바로 성대지. 숨을 내쉬면서 적절히 목에 힘을 주며 떠는 법을 알지. 동물들도 몸을 떤다기보다 '이렇게 하면 소리가 나더라' 하는 것을 몸으로 기억하는 것 아닐까?

그냥 선생님 생각이죠?

어머, 당연히 그냥 내 생각이란다. 내가 동물들 맘을 어떻게 알겠니.

뭔가……, 이상한데…….

음악이 된 파동

소리가 공기의 진동이라는 것은 어려운 얘기가 아닙니다. 소리란 공기 분자들이 흔들리면서 전달되는 파동입니다. 그러니까 우리 귀에 소리가 들릴 정도로 손을 빨리 떨면 정말로 손에서 소리가 나는 것입니다. 사실 신체 어느 부위, 아니 어떤 물체라도 공기 중에서 충분히 빨리 떨기만 하면 소리가 납니다. 문제는 그게 쉽지 않다는 것이죠. 20Hz, 그러니까 초당 20번씩이나 왕복운동하기란 쉽지 않습니다. 궁금하면 한번 손을 떨어 보세요. 얼마나 어려운지 바로 알 수 있을 겁니다.

하지만 악기의 도움을 받는다면 쉽게 할 수 있습니다. 악기는 일정한 진동수로 떨림으로써 안정된 소리를 내지요. 특히 떨리는 부분을 직접 볼 수 있는 현악기를 살펴보면 파동이 어떻게 소리를 만드는지 충분히 이해할 수 있습니다.

 양 끝이 고정된 줄을 현이라고 합니다. 현이 떨리는 것이 핵심인 악기들을 현악기라고 하지요.

소리를 내기 위해 연주자들은 현에 에너지를 가합니다. 기타나 하프 같은 악기는 현을 튕기지요. 바이올린 같은 악기는 활로 켭니다. 어쨌든 이 행동은 현에 에너지를 줄 뿐이지 현을 특정한 진동수로 떨게 하는 것은 아닙니다. 일단 에너지를 받은 현은 줄을 따라 에너지를 흘려보냅니다. 만약 현이 무진장 길었다면 여태 우리가 살펴본 파동과 크게 다르지 않았을 것입니다. 그런데 악기에 매달린 현들은 하나같이 짧습니다. 줄의 양 끝 사이의 간격이 짧은 것이지요.

에너지는 이 끝을 넘지 못합니다. 그러면서도 에너지는 보존되어야 하니까 결국 파동은 반사됩니다. 줄을 따라 전파되던 파동이 반사되어 되돌아오는 것입니다. 이제 줄 위에는 모양은 완전히 똑같지만 진행방향이 다른 두 파동이 동시에 존재하게 되었습니다. 이때 정상파라 불리는 파동이 형성됩니다. 아래 그림은 이 파동이 형성되는 과정을 순서대로 묘사한 것입니다.

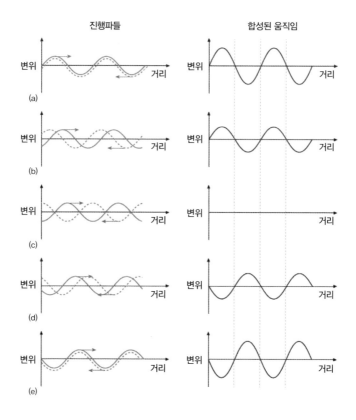

진행파들   합성된 움직임

(a)

(b)

(c)

(d)

(e)

다른 방향으로 진행하는 두 파동이 합쳐지자 결과적으로 넘실대는 듯한 새로운 흔들림이 생긴 것입니다. 특히 마디, 즉 시간이 지나도 절대 움직이지 않는 지점이 생겼다는 것에 유의하세요!

    두 파동이 만나서 정상파를 이루는 현상은 자연계에서 흔히 일어나는 일입니다. 실제로 수면파가 왜 넘실대는 듯 보이는지 이 현상을 통해 잘 설명할 수 있습니다. 해안절벽에 부딪치는 파도나 호숫가의 파도, 세수하다 쳐다본 세면대의 물은 전부 넘실대는 것처럼 보입니다. 파동은—물론 본질은 제자리에서 위아래로 흔들리는 것이지만—부드럽게 진행하는 것처럼 보여야 하는데도 말입니다. 수면파의 움직임이 이런 것은 여러 파동이 합성되어 만들어진 정상파 때문입니다. 수많은 원인으로 만들어진 각종 파동이 복잡하게 얽히고 합성되면서 넘실대는 모양을 만들게 된 것이죠.

현악기 위의 현에도 정상파가 생깁니다. 호숫가의 넘실대는 파동이 제 각각이듯 현 위에도 온갖 정상파가 생길 수 있습니다. 그런데 악기 위의 현은 상황이 다릅니다. 제약이 있거든요. 바로 양 끝이 떨리지 않는다는 것입니다. 현 위에 다음 그림처럼 두 종류의 정상파가 생겼다고 합시다. 하나는 정상파의 마디가 현의 양 끝과 겹치고 다른 하나는 안 겹치지요.

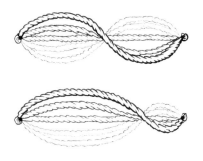

아래 파동은 현의 끝을 움직이게 하려고 애쓰는 중입니다. 마디와 현이 일치하는 파동은 현과 아무런 갈등 없이 흔들리는 것과 비교되지요. 갈등이 있는 파동, 불가능한 것을 되게 하려고 애쓰는 파동은 순식간에 자신의 에너지를 그 무의미한 일에 쏟아붓고 사라지게 됩니다. 결국 현 위에는 한 종류의 정상파만 남게 되지요. 현에 에너지를 줄 때는 무지막지하게 다양한 파동이 생기지만 고정된 양 끝이라는 제약 때문에 많은 파동이 순식간에 사그라지고 맙니다. 그래서 줄의 양 끝, 즉 줄의 길이가 파동의 모양을 결정합니다.

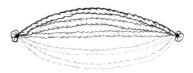

기타가 있는 친구들은 실험해보세요. 줄을 세게 퉁기면 처음과 나중 소리가 아주 약간 다르다는 것을 알 수 있습니다. 이것이 무엇을 의미하는지 이제 알겠지요?

　짧은 줄에서는 짧은 모양의 정상파가 형성되고 긴 줄에서는 긴 모양의 정상파가 형성됩니다. 이 모양의 차이가 바로 줄이 흔들리는 진동수의 차이를 만듭니다. 모양이 짧을수록 촘촘하게 흔들리는 파동과 같아집니다. 이때 파동의 진행속도는 언제나 똑같기 때문에 촘촘한 모양의 파동은 줄이 더 격렬하게 흔들리도록 하지요. 줄을 타고 있는 사람이 있다면 위아래로 더 자주 왔다 갔다 할 것입니다. 이처럼 짧은 줄에서 생기는 정상파는 긴 줄에서 생긴 정상파보다 진동수가 더 큽니다. 당연히 공기에 전달되는 진동수도 더 크게 되고 결과적으로 더욱 높은 음을 만들어내지요.

결론적으로 말해 다양한 길이의 줄이 바로 현악기가 여러 음을 낼 수 있게 해주는 것입니다. 피아노처럼 여러 길이의 줄을 달아놓기도 하고요, 아니면 바이올린처럼 줄의 길이를 손으로 바꿀 수 있도록 하기도 하지요.

공명, 티끌 모아 태산을 이루다

에너지의 관점에서 정상파를 바라보면 더욱 재미있는 현상을 하나 더 만나게 됩니다. 결국 에너지의 소모 없이 현의 양 끝에서 잘 반사된 파동만이 현 위에 계속 머물 수 있다는 것이죠. 그렇지 못한 파동들은 잠시 현 위에 머물다가 곧바로 에너지가 사라져서 없어지고 말지요. 그래서 적합한 파동만이 살아남는 것입니다.

 그러면 이번엔 에너지를 선별적으로 현에 전달해보자. 그러면 무슨 일이 일어날까?

선별적으로……가 무슨 뜻이죠?

 아까는 기타 줄에 마구 에너지를 줬잖아. 줄이 어떤 소리를 내는지도 모르고 말이야. 그런데 이번에는 그 줄에 어울리는 진동수로 줄을 살살 튕겨보자고. 줄 위에 머물지 못하는 파동과는 애초에 상관이 없도록 말이지.

아직도 무슨 얘긴지 잘…….

 그러니까 지금까지는 줄 위에 적합하지 않은 파동을 가진 진동수도 있었지. 애초에 진동수랑 상관없이 에너지를 줄 위에 투입했으니까. 그런데 이번에는 적합한 파동이 가진 진동수로만 에너지를 투입하자는 말이지.

그러니까 손을 소리의 진동수만큼 떨면서 에너지를 주입하자고요?

손이 슈퍼맨이네.

손 분해되겠다.

 아니 그러니까 에너지만 그렇게 전달한다고 가정하면 되니까……

모터를 다나?

전기드릴로 드드드……

 …….

아무리 살아남기에 적합한 파동이라도 영원히 살아남을 수는 없습니다. 현의 바깥으로 에너지가 빠져나가기 때문입니다. 가장 대표적인 것이 바로 소리에너지입니다. 줄 주변의 공기를 떨게 함으로써 소리의 형태가 된 에너지가 공기 중으로 퍼져나가지요. 따라서 시간이 지나면 결국 진동은 잦아듭니다. 물론 외부에서 충분한 에너지가 공급된다면 반대 상황도 성립할 것입니다. 현 밖으로 에너지가 빠져나가는 것보다 현 안으로 공급되는 에너지의 비율이 더 높으면 현에는 계속 적정 수준의 에너지가 존재할 것입니다.

대부분 아무리 에너지를 잘 공급해도 현에 적합한 파동이 아니면 잘 관찰되지 않습니다. 적합하지 않은 파동이 그만큼 빨리 에너지를 주변으로 내보내고 없어지기 때문이죠. 그에 반해 적합한 파동은 정말 오래 잘 살아남습니다. 주변에서 아주 작은 에너지만 공급해줘도 잃어버리는 양이 적기 때문에 계속 연명할 수 있습니다. 에너지를 정말 잘 안 잃어버린다면 그 작은 에너지가 쌓이고 쌓여 오히려 진동이 더 커지기도 합니다.

이런 현상을 바로 공명이라고 합니다. 아주 작은 에너지들이 한곳에 축적되어 큰 에너지가 되는 것 말입니다. 일상에서도 아주 쉽게 발견할 수 있는 현상입니다. 친구가 탄 그네를 밀어주는 것이 바로 공명이지요. 보통 그네를 밀 때면 그네가 앞으로 나아가는 순간에 맞춰 밉니다. 그렇게 전달한 에너지들이 합쳐져서 친구가 탄 그네는 대단히 많이 나아가게 되지요. 이것이 바로 공명입니다.

소리와 관련해서도 똑같은 현상이 일어날 수 있습니다. 현에 가장 적합한 진동수로 튕겨주기만 하면 되지요. 물론 손으로 하기는 쉬운 일이 아닙니다. 하지만 현 주변의 공기로는 할 수 있습니다. 그것도 주기적으로 매우 작게 말입니다. 바로 현이 내는 소리와 같은 소리를 주변에 흘리는 것이죠.

현 주변을 지나가는 에너지나 현을 흔드는 에너지는 매우 작겠지요. 하지만 현은 자신에게 적합한 진동수의 에너지를 매우 잘 저장합니다. 따라서 적절한 양의 에너지만 계속해서 전달한다면 현은 충분히 크게 진동하게 될 것입니다. 공명이 일어나는 것입니다.

공명을 가장 잘 보여주는 전형적인 실험이 바로 소리막대를 이용한 실험입니다. 소리막대에서 난 소리 때문에 옆에 놓인 소리막대에서도 소리가 나지요. 또 멀쩡한 크리스털 글라스에서 소리가 나기도 합니다. 글라스마다 고유한 진동수가 있는데 같은 진동수의 소리가 전해지면 에너지를 차곡차곡 저장합니다. 그래서 점점 더 크게 떨리게 되고, 자기가 견딜 수 있는 한계를 넘어서면 깨지기도 합니다.

소리로 글라스를 깨려면 일단 글라스가 내는 소리와 같은 소리를 내야 합니다. 소프라노 가수나 낼 수 있는 고음이지요. 음높이가 안 맞으면 적합한 진동이 아니니까 깨지지 않습니다. 목소리가 굵은 남자들은 목소리가 아무리 커도 웬만해선 글라스를 깰 수 없는 이유이지요.

이처럼 적지 않은 물체가 공명을 일으키는 진동수를 갖고 있습니다. 물체의 재질, 생김새, 주변 환경 등에 따라 달라지지요. 물체가 처한 고유한 상태에 따라 진동이 다르다고 해서 고유진동이라고 부르기도 합니다. 그리고 이때의 진동수를 고유진동수라고 하지요.

더 깊은 공부를 위한 투자

지금까지 파동을 상당히 자세히 알아봤습니다. 현상 하나하나를 뜯어봤다고 해도 과언이 아니지요. 그런데 이것은 절대 과한 것이 아닙니다. 파동에 대해 지금 공부한 것들은 더 많은 것을 배우는 데 필요한 것이기 때문입니다. 지금은 약간 돌아온 듯하지만 미래를 위해 제대로 투자한 셈입니다.

실제로도 파동을 다루는 수식과 그것과 관련된 현상은 물리를 깊이 배울수록 상당히 자주 만나게 됩니다. 특히 그 수식체계는 고차원적인 연구를 할 때 중요한 역할을 합니다. 그뿐만 아니라 파동의 수식체계는 공학적으로도 유용합니다. 그러니까 파동을 엄밀하게 공부하면 자연을 바라보는 새로운 기술을 얻는 것이라고 할 수 있습니다.

이제 빛에 대해 얘기해보도록 합시다. 투자를 회수할 수 있을지도 모르겠습니다.

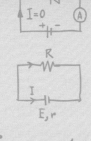

3. 빛, 매질이 없는 파동

 자, 그러면 이제부터 빛이 무엇인지 같이 얘기해보자.

아, 한참 기다렸다.

 오, 내가 빛에 대해 얘기할 거란 걸 알고 있었니?

아니, 여태 기다렸는데 그걸 모를 리가 없잖아요.

 와! 그래도 너희 내 얘기를 듣고 있기는 했구나.

그럼요. 내용을 잘 듣고 있어야 언제 끝날지 예상하지요.

문맥상 빛이 파동이라는 얘기가 나와야 될 거 같아요. 그게 나와야 이제 좀 끝나가는 거지요.

  ······

생각한 대로! 가정한 대로! 이름 짓는 대로!

여러 가지 실험에서 알 수 있듯이 빛에는 파동의 성질이 있습니다. 빛이 파동이라고 가정하면 빛이 만드는 독특한 무늬들도 매끄럽게 이해할 수 있습니다. 빛의 속도를 측정한 실험도 빛이 파동이라는 주장에 힘을 실어 주지요. 이처럼 빛이 파동이라면 과연 무엇이 진동하는지 생각해봅시다. 수면파는 물의 진동이고, 소리는 공기의 진동이었던 것처럼 빛도 '어떤 것'의 진동이라고 추론할 수 있습니다. 정말로 빛이 파동이라면 그 파동이 계속되도록 무언가가 안정적 평형상태를 유지해주고 있을 테지요. 빛이 진행할 수 있도록 제자리에서 진동하며 정해진 방향으로 에너지를 전달하는 물질, 한마디로 빛의 매질 말입니다.

이때 매질을 단순히 빛의 경로에 있는 물질 정도로만 생각하면 곤란합니다. 매질은 빛을 진행시키는 원동력을 품고 있어야 합니다. 공기 중이든, 물속이든, 유리 안이든 환경에 구애받지 않고 빛의 진행 원리를 밝혀줄 수 있는 모델이 필요한 것이죠. 빛이 지나가니까 거기에 매질이 있을 것이라는 막연한 추론이나 용어적 정의는 아무런 가치도 없습니다.

그래서 과학자들은 '에테르'aether라는 가상의 물질을 도입했습니다. 밝혀지지 않았지만 빛의 진행을 돕는 물질이 분명 존재한다는 것이지요. 그러니까 에테르 가설에 따르면 세상은 인간이 느낄 수 없는 무엇인가로 가득 차 있는 셈입니다. 다소 신비주의적으로 느껴질 수 있는 대목이지요. 실제로도 의미가 약간 불명확한 부분이 있습니다. 그런데 생각해보면 불명확할 수밖에 없습니다. 아직 발견하지 못한 물질이니까요.

에테르는 아리스토텔레스가 온 세상의 물질을 설명할 수 있는 근본 물질로 제시하면서 천상의 것이라는 뜻으로 붙인 이름입니다. 뜻은 정말 멋지네요.

황당무계한 가정인 것만은 아닙니다. 우리가 전혀 느끼지 못하는 물질이라도 분명히 존재할 수 있지요. 특히 현대과학의 발전에 힘입어 이런 물질을 가정하기가 더 쉬워졌습니다. 현대물리학에서는 아예 연구대상으로 삼고 있기도 합니다. 공간을 가득 메운 중성미자가 바로 그것입니다. 앞에서 보았듯이 너무나 측정하기 어렵고 전혀 느낄 수 없는 존재라고 해도 크게 문제 되지 않지요. 따라서 에테르라고 해서 존재하지 못할 이유는 없습니다.

실제로 많은 학자가 에테르의 존재를 믿었습니다. 패러데이, 맥스웰 등의 학자도 에테르가 실제로 존재한다고 믿었거든요. 이들은 에테르가 실제로 무엇인지, 어떤 역할을 하는지는 확실히 몰랐지만 분명히 있긴 있을 거라고 믿었습니다. 과학이 발달하면 알게 될 것으로 생각했지요. 그래서 적지 않은 연구가 에테르를 가정한 채 이루어졌습니다. 대단한 믿음이지요.

'도저히 그냥 지나칠 수 없었다'

에테르가 처음 도입될 때 그것이 무엇인지 구체적으로 아는 사람은 아무도 없었습니다. 그저 현상을 설명하기 위한 도구에 불과했지요. 실체를 관찰하게 된다면 그때는 많은 것이 명확해지겠지만 그 전에는 마음껏 상상해도 문제가 없습니다. 어차피 에테르는 가상의 존재이니까요. 과학자들은 이런 생각으로 에테르를 이용해 전자기적 현상을 이해하려고 시도했습니다.

물리학자들은 일단 가정하고 나중에 증명하는 데 대단히 익숙합니다.

제일 처음 에테르가 부여받은 역할은 장을 공간에 존재하게 하는 것이었습니다. 과학자들은 공간을 가득 채우고 있는 에테르 덕에 전기적인 현상과 자기적인 현상이 일어날 수 있다고 생각했지요. 에테르 때문에 전자기적 원격작용이 원격작용인 양 보인다는 것입니다.

이와 같은 중책을 맡기고 보니 증명해야 할 에테르의 성질이 드러났습니다. 하나는 유전율이라 불리는 것이고요, 다른 하나는 투자율이라 불리는 것입니다. 기호로는 각각 ε_0와 μ_0라고 씁니다. 이 두 상수는 각각 전하와 전류에서 전기장과 자기장이 얼마만큼 생겨야 하는지 결정하는 역할을 합니다. 예를 들어 특정한 전하량이 있을 때 유전율이 그 전하량에 해당하는 전기장의 양을 결정하는 식이지요. 에테르가 정말로 전기장과 자기장을 공간에 존재하게 한다면 이 상수와 연관되지 않을 수 없습니다.

그런데 두 상수와 관련해 신기한 사실이 하나 발견되었습니다. 이 두 상수를 조합해 적절하게 계산하면 당시 계산되었던 빛의 속도와 똑같은 값이 나왔던 것입니다. 꼭 이런 일이 있으면 그냥 지나치지 않고 깊게 생각하는 사람들이 있습니다. 그런 사람 중에는 과학자들이 많지요. 여기서 등장할 인물은 바로 맥스웰입니다.

"도저히 그냥 지나칠 수 없었다."

유전율과 투자율이 만들어낸 값을 알고 난 후 맥스웰이 한 말입니다. 맥스웰은 수학을 대단히 잘했기 때문에 자기 생각을 수학적으로 전개할 수 있었지요. 그리하여 오래지 않아 전기장과 자기장이 만드는 파동, 즉 전자기파의 존재를 이론적으로 이끌어낼 수 있었습니다. '빛의 전자기파설'이 탄생한 것입니다. 맥스웰의 이론은 상당히 어려워서 당시 사람들에게 바로 받아들여지지 못했습니다. 끝까지 전자기파설을 거부한 켈빈 경의 이야기는 유명하지요. 특히 맥스웰은 전자기파의 작동원리를 전기장과 자기장을 이용해 수식적으로 표현하는 데 집중했습니다. 현실에서 어떤 것이 전기장과 자기장을 매개하는지 따위에는 상대적으로 관심이 덜했던 것이죠. 당시 물리학자들이 강렬하게 원했던 에테르의 존재와 역할에 대해서는 충분하게 설명하지 않은 셈입니다. 맥스웰의 최대 업적 중 하나가 널리 받아들여지는 데 시간이 걸린 이유죠. 실험적인 증명도 아주 약간 늦어졌지요. 맥스웰은 꽤 이른 나이에 세상을 떠났기 때문에 헤르츠의 전자기파실험을 직접 보지도 못했습니다.

그래도 맥스웰이 마냥 불행하지는 않았을 것입니다. 이미 크게 인정받는 학자였을 뿐만 아니라 자신의 결과가 옳다는 것을 확신하고 있었거든요. 이 천재 과학자에게 남들이 이해 못 한다는 건 중요한 것이 아니었습니다.

에, 그걸 어떻게 알아요.

미루어 짐작하는 거지. 맥스웰은 방정식을 유도한 그날 밤에 부인이 될 사람과 산책에 나섰어. 그러고는 저 밤하늘을 밝히는 별빛의 정체를 아는 유일한 사람과 걷는 기분이 어떠하냐고 물었다고 해. 이 정도면 이미 큰 자신감이 있었다고 봐야 하지 않을까?

데이트할 때 그런 말을 해도 되나요?

대단한 자신감인데. 놀 때 물리 얘기라…….

……

Let there be electromagnetic waves

맥스웰이 예측한 전자기파의 원리를 이해하려면 그가 살던 시대에 전기장과 자기장에 대해 알려져 있던 사실 두 개를 언급해야만 합니다. 하나는 패러데이의 법칙이라고 불리는 것으로 '자기장(B)의 변화'가 전기장을 만든다는 내용입니다. 다른 하나는 맥스웰이 정립한 것으로 '전기장(E)의 변화'가 자기장을 만든다는 내용이지요.

패러데이의 법칙은 교과서에서 대단히 자주 등장합니다. 여기서는 편의상 '자기장의 변화'라고 설명했지만 사실은 '자속의 변화'라고 표현하는 것이 가장 정확한 표현입니다. 당시에 있었던 여러 가지 실험적 사실을 '자속'이라는 개념 하나로 통합해 설명한 것 자체가 패러데이의 혜안이었지요.

이 두 가지 성질이 전자기파를 만듭니다. 만약 공간에 '전기장(E)의 변화'가 생기면 그 영향으로 자기장이 생깁니다. 자연스레 '자기장(B)의 변화'가 발생하지요. 이 새로 생긴 '자기장(B)의 변화'가 다시 전기장을 만듭니다. 전기장이 있는 곳에 전기장이 또 생기는 꼴이니 이것을 다시 '전기장(E)의 변화'를 의미합니다. 이런 식으로 공간에 계속해서 변화가 퍼져나가는 것이 바로 맥스웰의 전자기파입니다.

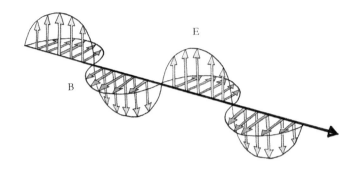

 전자기파의 모양입니다. 전자기파는 우리가 알고 있는 여느 파동처럼 모양을 유지한 채 부드럽게 전진합니다. 제자리에 서 있는 관찰자가 보면 전기장과 자기장이 진동하는 것처럼 보이겠지만요.

빛의 전자기파설은 말 그대로 전자기파가 빛의 본질이라고 설명합니다. 이 가설은 빛이 파동일 것이란 예측과 매우 잘 맞아떨어집니다. 특히 이론적으로 계산한 파동의 속력이 빛의 속력과 똑같지요. 빛과 성질이 매우 유사한 녀석이 이론적으로 예측된 것입니다. 이제 남은 유일한 문제는 전자기파가 진짜로 존재하느냐 입니다.

그런데 이를 실험적으로 증명하는 일은 그리 어렵지 않습니다. 이론대로 전자기파를 만들어보면 되니까요. 게다가 전자기파를 만드는 방법도 그다지 복잡하지 않습니다. 그저 공간에 전기장의 변화만 주면 되니까요. 막말로 전기장을 만드는 녀석 하나만 붙들고 마구 흔들어도 전기장은 변합니다. 실제로 헤르츠가 전자기파의 존재를 발견한 실험도 같은 원리였습니다. 스파크를 이용해 공간에 강한 전기장의 변화를 만든 뒤 그 변화가 다른 곳으로 퍼져나가는지 살펴본 것이지요.

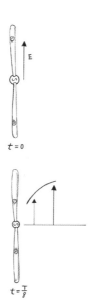

$t = 0$

$t = \frac{T}{8}$

이 그림들은 전자기파의 발생원리를 보여줍니다. 전기장이 변화하도록 전하를 이동시켜주는 모습이지요. 단지 전하를 손으로 움직일 수는 없으니까 전기적으로 움직이는 것입니다. 기술자들이 이용하는 것은 안테나입니다. 전하가 쉽게 움직일 수 있도록 안테나라는 길을 만들어 놓고 빠른 속도로 왔다 갔다 하도록 하지요. 각 그래프 아래 t 는 시간을 의미합니다.

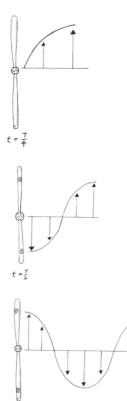

$t = \frac{T}{4}$

$t = \frac{T}{2}$

$t = T$

전자기학과 광학의 성공적 결합

결국 빛의 전자기파설은 널리 받아들여졌습니다. 바야흐로 전자기학과 광학이 성공적으로 결합한 것입니다. 이제 과학의 영역은 더욱 넓어졌습니다. 일찍이 뉴턴이 그의 책『광학』을 통해 궁극적으로 말하고자 했으리라 짐작되는 일이 진정으로 완성된 것입니다.

이런 업적이 달성된 데는 맥스웰의 공이 큽니다. 그가 전기적 현상과 자기적 현상의 관계를 정확히 기술했기 때문에 가능한 일이었습니다. 맥스웰은 '전기장이 변화하면 그 변화가 자기장을 만들어낼 것이라는 사실'을 처음으로 생각한 사람이지요. 그의 생각을 정확하게 표현하면 '전기선 속의 변화가 자기장을 만든다'가 될 것입니다. '자속의 변화가 전기장을 만든다'는 페러데이의 법칙과 여러모로 비슷하지요.

앞서 봤던 개념도에 지금 언급한 것들을 그려 넣어보겠습니다.

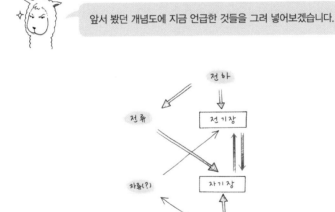

이미 한 번 봤던 관계도이지만 살짝 다른 점이 있습니다. 오른쪽에 빨간 화살표 두 개가 추가되었지요. 그중 제일 오른쪽 화살표가 바로 맥스웰이 추가한 화살표입니다. 그 옆의 화살표는 바로 패러데이의 법칙을 나타내고요. 화살표끼리의 대칭 관계에 주목하면서 맥스웰이 추가한 화살표가 없었을 때의 관계도의 모양을 상상해봅시다. 그렇게 해보면 맥스웰이 마지막 퍼즐을 맞춤으로써 전자기학의 대칭 관계가 완성되었고 그 덕에 전자기학의 완전성이 높아졌다는 것을 알게 될 겁니다.

이뿐만 아니라 맥스웰은 전기장과 자기장을 통해 전자기학을 이해하는 방법도 정리했습니다. 전기적 현상과 자기적 현상이 얽히고설킨 하나의 완성된 학문으로 확립되어 체계를 갖추게 된 것입니다. 내부적으로 완전한 모습을 갖춘 전자기학은 외부적으로도 물리의 다른 분야와 성공적으로 결합할 수 있게 되었습니다. 이런 이유로 맥스웰은 전자기학을 정립했다는 명예로운 평가를 받습니다.

전자기학, 빛의 파동설에 마침표를 찍다

이제 빛이 파동이라는 것을 받아들이는 데 남은 장애물은 거의 없습니다. 우리가 인지하는 빛과 과학을 통해 이해하는 빛의 성질이 훌륭하게 맞아떨어집니다. 소리를 파동으로서 다룰 때와 유사하게 빛이 에너지를 전달하는 방법도 진폭과 진동수를 도구 삼아 분석해볼 수 있지요. 관례상 빛에는 진동수보다 주파수라는 말을 더욱 많이 쓴다는 것 정도만 주의하면 됩니다.

빛의 진폭이 클 때, 즉 진동하는 전기장이나 자기장의 값이 클 때 인간은 빛이 밝다고 느낍니다. 눈이 부신 것은 에너지가 시신경에 너무 많이 전달되기 때문이지요. 인간의 눈은 진폭을 밝기로 받아들이는 것입니다. 이와 달리 주파수는 색깔로 인식합니다. 가령 무지개의 일곱 가지 색깔 중에서 빨간색의 주파수는 작고 반대쪽 보라색의 주파수는 크지요.

백색광은 모든 주파수의 빛이 섞여 있는 것으로 우리 눈에 하얗게 보입니다. 인간의 눈은 이 부분에서 귀와 다르게 반응합니다. 귀는 두 가지 파동이 섞이면 화음으로 듣습니다. 각 파동은 청신경을 따로따로 자극하는데 뇌는 그 소리들을 구별해서 인지하지요. 하지만 눈은 다릅니다. 눈은 파동들이 섞여서 들어오면 혼합된 파동을 새로운 주파수로 인지합니다. 따라서 어떤 빛을 노란색이라고 인지하더라도 그 빛이 진짜 노란색인지는 장담할 수 없습니다. 왜냐하면 인간의 눈은 '진짜 노란색'의 주파수로 된 빛은 물론이고 다른 주파수끼리 합쳐져서 만들어진 '가짜 노란색'도 똑같이 노란색이라고 인지하기 때문입니다. 이것은 순전히 인지의 문제이지 새로운 주파수의 빛이 만들어지는 것은 절대 아닙니다. 파동이 진동수가 다른 새로운 파동으로 바뀌는 게 불가능했던 것처럼 말입니다.

그러면 뉴턴의 프리즘 실험도 명확하게 이해할 수 있습니다. 뉴턴은 태양광이 프리즘을 통과할 때 무지개색으로 분해되는 것을 관찰했지요. 그러니까 태양광 안에는 여러 가지 주파수의 빛이 혼합되어 있는 것입니다. 그래서 우리 눈에 거의 하얀색으로 보이는 것이지요. 그런데 이 혼합된 빛은 프리즘을 지나며 굴절합니다. 이때 굴절하는 정도는 빛의 주파수마다 다릅니다. 그래서 각 빛의 경로가 약간씩 달라집니다. 결국 주파수별로 고유의 색이 드러납니다. 만약 이렇게 분해된 빛들을 프리즘을 통해 다시 합친다면 하얀색으로 보일 것입니다.

그렇다면 프리즘을 통과한 빛 중 일부가 다시 프리즘을 통과한다면 어떻게 될까요? 첫 번째 프리즘을 통과했을 때 이미 주파수별로 나뉘었기 때문에 한 번 더 프리즘을 통과한다 해도 변화하지 않을 겁니다.

한때 시험에 단골로 나오던 문제입니다. '프리즘을 통과한 노란 빛'과 빨간색 셀로판과 초록색 셀로판으로 '합성해서 만든 노란 빛'의 차이점은 무엇인가? 이들을 프리즘에 투과시켰을 때 각각 어떻게 보일 것인가? 답을 아시겠어요?

빛에도 주파수가 있다

가청주파수와 유사한 개념을 빛에서도 찾을 수 있습니다. 바로 가시광선이라고 부르는 것이죠. 소리에서처럼 인간이 볼 수 있는 빛도 있고 볼 수 없는 빛도 있습니다. 볼 수 없는 빛 중에서는 빨간색 빛보다 주파수가 더 낮은 적외선의 존재가 가장 먼저 밝혀졌습니다. 프리즘 실험을 했을 때 빨간색보다 더 바깥쪽에 있는 빛입니다. 찜질방에서 우릴 덥게 만드는 빛이 주로 이 빛이고요, 한겨울에 다 같이 모여 있으면 따뜻해지는 것도 이 빛 때문입니다. 또 대부분의 가전제품용 리모컨도 이 빛을 이용합니다.

옛날 '리모컨 광선'을 맞으면 건강에 해롭다는 헛된 속설이 돌던 적이 있었지요. 정말로 근거 없는 이야기입니다.

적외선보다 더 주파수가 낮은 빛에는 어떤 것이 있을까요? 대표적으로 전자레인지에 사용되는 마이크로웨이브가 있습니다. 이 빛은 물체를 탐지하는 레이더에도 쓰이는 빛입니다. 레이더의 원리는 간단합니다. 커다란 안테나로 쏜 빛이 무언가에 맞고 돌아오면 이를 측정해 그 무언가의 정체와 위치 등을 확인하는 것입니다. 우리 눈에 보이지 않는 빛을 사용할 뿐 어두운 곳에 손전등을 비춰보는 것과 매우 유사합니다. 게다가 이 대역의 빛은 휴대전화에도 쓰이면서 오늘날 가장 유용한 빛으로 확실히 자리매김하게 되었지요. 누군가 마이크로웨이브를 볼 수 있다면 사람마다 전부 밝은 전등을 들고 다닌다고 생각할 것입니다.

아직 끝이 아닙니다. 빛은 주파수별로 소리보다 훨씬 세밀하게 나뉩니다. 텔레비전과 라디오는 휴대전화보다 한 단계 더 낮은 주파수의 빛을 이용해 데이터를 전송합니다. 정말로 거의 모든 통신이 빛을 이용합니다.

흔히들 전파통신에 쓰이는 전파가 따로 있는 줄 생각하지만 사실 주파수만 다를 뿐 다 같은 빛이지요.

높은 주파수 영역도 다 구분되어 있습니다. 프리즘 실험에서 보라색 바로 바깥쪽에 생기는 빛이 자외선입니다. 이 빛은 진동수가 커서 에너지가 높습니다. 그래서 생물에 치명적인 화학반응을 유도하지요. 사람들은 자외선의 이런 성질을 이용해 컵 따위를 소독하는 데 사용합니다. 자외선은 태양빛에도 많이 포함되어 있는데 일광욕했을 때 살 색깔을 까맣게 만드는 주범이 바로 이 빛입니다.

더 높은 영역에는 X선이 있습니다. 병원에서 X선 사진을 찍을 때 이용하는 빛이죠. 이 빛도 세포에 흡수된다면 해롭기는 매한가지입니다. 하지만 인간의 몸을 통과하는 성질도 있기 때문에 유용하게 쓰이는 것이지요. X선 사진의 원리는 물체에 밝은 빛을 쏜 후 그 그림자를 분석하는 것과 똑같습니다. 단지 그 빛이 눈에 잘 안 보일 뿐이지요. 서류봉투에 무엇이 들었는지 밝은 빛에 비춰보는 것과 정확히 같은 원리입니다. 그림자만 보고 무슨 일이 일어났는지 정확히 알아야 하니까 고도의 훈련이 필요합니다. 이것이 의사 선생님만 제대로 X선 사진을 볼 수 있는 이유입니다.

이보다 더 높은 곳의 빛을 γ선이라고 부릅니다. 이 정도 되면 흔히 만날 수 있는 빛이 아닙니다. 엄청난 고에너지 빛이라 생물에 치명적이지요. 방사선이라고 불리는 해로운 것 중 하나입니다. 지구상에 살기 위해 어쩔 수 없이 맞아야 하는 양을 제외하고는 되도록 피하는 것이 좋지요.

지금까지 나열한 빛들은 주파수가 달라서 특성이 다를 뿐 본질적으론 전혀 다른 것이 없습니다. 모두 전자기파의 일종입니다. 그저 우리 인간이 편한 대로 이름을 붙였을 뿐이죠. 이름이 다르고 쓰임새가 다르다 하여 진짜 뭔가 다른 것이 있다고 생각하면 안 됩니다. 종종 전파, 전자파 등 비슷한 용어가 등장하지만 크게 헷갈릴 것은 없습니다. 자연은 인간의 분별심을 신경 쓰지 않으니까요.

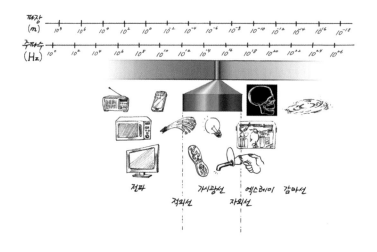

 그림에만 있고 따로 설명이 없는 이름도 많지요. 대개가 용도에 따라 분류된 것입니다.

빛은 매질이 없는 파동?

선생님. 얘기 언제 끝나요? 이제 다음 얘기로 넘어가요.

 아니, 갑자기 왜?

빨리 에테르가 없다는 얘기도 해야죠. 그 얘기까 지 나와야 끝나잖아요. 빨리해주세요.

아, 결과를 알고 있었니?

예전에 했던 얘기 아니에요?
에테르는 없다고······.

맞아, 잘 기억하고 있구나. 그런데 이번에는
조금 더 자세하게 얘기할 수 있을 것 같구나.

헉! 남은 얘기가 많
은 거예요???

맥스웰 덕분에 전자기학 이론이 큰 성공을 거둔 이후 과학자들은 에테르의 실체를 추적하기 위해 노력했습니다. 그중 가장 유명한 실험이 이미 언급한 마이켈슨Albert Abraham Michelson과 몰리Edward Williams Morley의 간섭실험입니다.

실험의 아이디어는 매우 간단합니다. 빛이 에테르라는 매질을 따라 진행한다면 에테르 자체의 속도에 따라 빛의 속도도 바뀔 거란 얘기지요. 하지만 실험의 구체적인 설계는 만만치 않은 일이었습니다. 빛의 속도가 엄청나게 빠르기 때문입니다.

왼쪽을 바라보고 측정한 빛의 속도나 오른쪽을 바라보고 측정한 빛의 속도나 전부 $3 \times 10^8 m/s$ 정도로 가히 어마무지한 값입니다. 이 값에 수 m/s의 변화가 있다고 한들 알아채기 쉽지 않습니다. 그러니까 매우 시끄러운 곳에 있으면 상대방이 아무리 크게 소리를 질러도 잘 들리지 않는 것과 비슷하죠. 원래 값이 너무 크면 작은 변화량은 구별하기 힘들어지는 것입니다.

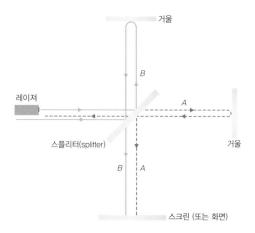

 이제 파동의 보강간섭, 상쇄간섭을 알고 있기 때문에 원리를 정확하게 이해할 수 있습니다.

그래서 생각한 것이 바로 간섭계입니다. 마이켈슨-몰리 간섭계는 빛이 갈라져 각각의 방향으로 진행했다가 되돌아와서 서로를 간섭하도록 설계되었습니다. 빛이 진행하는 동안 무슨 일이 있었는지 비교·분석하기 위한 장비인 것이지요. 궁극적으로는 다른 방향으로 진행한 각 빛의 속도를 인간이 직접 측정해서 비교하지 않고 자연이 직접 비교하도록 하는 것이 목적입니다.

간단히 설명하면 이렇습니다. 만약 각 경로의 길이가 완전히 같고, 또 빛의 속도도 완전히 같다면 진행 시간까지 같아지기 때문에 빛끼리는 보강간섭할 것입니다. 만약 어떤 연유로든 속도가 달라진다면, 그래서 각 빛의 도착시각에 차이가 생긴다면 간섭무늬가 바뀌겠지요. 각 경로의 길이가 달라지거나 에테르에 대한 지구의 운동 방향이 바뀌거나 실험 중에 장비의 각도가 바뀌거나 하는 등의 여러 이유로 두 빛의 도착 시각이 달라져도 무늬는 바뀌게 됩니다.

그런데 이런 예상과 달리 아무런 변화도 나타나지 않았습니다. 빛의 속도는 사방 어디로든 똑같았습니다. 그렇다면 내릴 수 있는 결론은 에테르의 속도가 사방 어디로든 같다, 즉 지구는 에테르에 대해 상대적으로 정지해 있다는 것이죠. 전 우주가 빛의 진행을 돕는 에테르로 가득 차 있는데 이 에테르가 하필이면 인간이 사는 지구에 대해 정지하고 있다니 과학자들이 보기에는 도저히 자연스러운 결론이 아니었습니다. 보통의 상식으로도 이해하기 쉽지 않습니다. 인간 중심적인 정도가 거의 천동설에 버금가지요. 따라서 이때 내릴 수 있는 결론은 뻔합니다. 에테르라는 것은 존재하지 않습니다.

장, 파동, 에너지의 컬래버레이션

빛은 에테르 없이 진행합니다. 빛이 전기장과 자기장의 진동을 통해 전진할 수 있는 이유는 에테르라는 매질이 존재하기 때문이 아니고 전기장과 자기장 그 자체 때문입니다. 빛이라는 파장은 매질이 필요 없습니다. 매질 없이도 파동의 성질을 고스란히 보여주죠. 간섭도 하고 회절도 하고 또 에너지도 전달합니다.

그렇다면 이런 질문이 가능합니다. 빛에너지를 품고 있는 것은 무엇일까? 빛을 제외한 거의 모든 파동은 매질이 진동하면서 에너지를 품게 됩니다. 이를 매질의 운동에너지로 생각할 수 있지요. 그런데 빛에는 흔들려줄 매질이 없습니다. 과연 무엇이 에너지를 품고 있는 것일까요?

빛이 에너지를 품는 방법은 사실상 하나밖에 없습니다. 어떠한 매질도 없이 에너지가 전달되고 있으니 공간 그 자체에 에너지가 저장된다고 생각하는 것입니다. 조금 생소하지만 물리적인 현상에 대한 관점을 살짝 바꿔본다면 그렇게 어렵지 않게 이해할 수 있습니다. 이때 핵심은 전자기적 현상의 주체를 전하에서 장으로 바꾸는 것입니다.

먼저 전하를 띤 공이 공간 한가운데 있다고 합시다. 눈을 가진 인간은 바로 저곳에 전하가 있다는 것을 압니다. 그러나 전기장은 전혀 보이지 않지요. 이제 사람과 전혀 다른 능력을 갖춘 괴생물체를 상상해봅시다. 이 괴생물체는 전기장을 보는 능력이 있습니다. 그러나 물체를 보는 능력은 없죠. 이 괴생물체는 아마 전하를 띤 공을 직접 보지 못할 것입니다. 하지만 그 주변에 생긴 전기장은 모조리 볼 수 있겠지요.

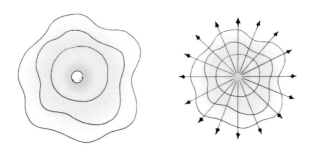

위의 그림은 정확히 같은 대상을 바라보는 전혀 다른 관점을 묘사한 것입니다. 그래도 저 대상에 어떤 물리적인 사건이 일어난다면 각 관점은 똑같은 결론에 도달해야 합니다. 동일한 사건이니까요.

따라서 각 관점의 물리적 특성은 같아야 합니다. 전하가 전혀 없던 빈 공간에 전하를 지닌 공을 만들 때 필요한 에너지나, 괴생물체가 전기장을 만들 때 필요한 에너지나 똑같아야 하는 것입니다. 시스템을 만드는 데 필요한 에너지가 똑같지 않고서는 물리가 같을 수 없으니까요.

괴생물체가 전기장을 구체적으로 어떻게 보고 어떻게 조합하는
지는 중요한 것이 아닙니다. 괴생물체의 능력을 상상하지 못하
겠지요. 여기서는 인간과 괴생물체가 같은 현상을 관측한다는
것만 중요합니다.

곧 과학자들은 괴생물체가 어떻게 세상을 바라보는지 유추하게 되었
습니다. 개념 자체는 실로 간단합니다. 괴생물체는 공간밖에 볼 수 없으
므로 공간에 전기장이 생기면 공간에 에너지가 축적된다고 생각하겠지
요. 공간에 아무런 장이 없을 때는 그 양이 0이고, 전기장이나 자기장이
생기면 그에 해당하는 만큼의 에너지가 저장되는 식으로 말입니다.

이제 과학자는 괴생물체가 그 에너지를 계산할 때 사용하는 수학적 형
태만 정확하게 알아내면 됩니다. 자연을 바라볼 수 있는 새로운 방법을
하나 더 알게 되는 셈이죠. 전하라는 주체 없이 오로지 공간에 있는 장만
을 이용해 이 세상을 이해하는 길이 열리는 것입니다.

전자기파가 에너지를 품은 상태로 이동하는 현상은 이런 식으로 완벽
히 이해할 수 있습니다. 전자기파는 진행하면서 장이 없는 공간에 장의
변화를 이끌어냅니다. 에너지가 없던 공간에 에너지를 전달하는 것이지
요. 매질이 없지만 전자기파는 에너지를 전달합니다. 이처럼 빛은 다른
파동과 약간 다르지만 근본적으로는 같습니다. 빛은 파동의 일종입니다.

끝은 새로운 시작

선생님 솔직히 얘기하면요, 하나 더 얘기
하실 것 알고 있어요.

맞아요, 맞아. 사실은 저도 알고 있었어요.

뭔데?

빛이 파동이 아니라고 얘기하실 거죠?

이중성이니 뭐니 하는 아인슈타인에 관한 얘기를 해야 하잖아요.

아유, 그럼 우리 쉬는 시간은 도대체 언제냐?

너희가 하나만 알고 둘은 모르는구나.

????

나도 힘들단다. 그만하자. 그 얘긴 길고 긴 얘기와 함께해야 하거든.

어? 그렇게 말씀하시니까 갑자기 궁금해지는데요.

그러게요. 도대체 무슨 얘기가 그리 긴데요?

…….

드디어 과학자들은 빛의 본질을 알아내는 데 큰 진보를 이루어냈습니다. 이제 정말 감히 본질이라는 말을 써도 될 정도가 되었지요. 빛의 성질을 하나하나 규명하던 수준을 뛰어넘어 큰 그림이 되는 이론을 완성한 것입니다.

그런데 따지고 보면 이게 겨우 시작입니다. 분명 과학의 큰 성과이고, 100년에 걸쳐 정리한 전자기학의 결론 중 하나이며, 과학사의 큰 족적이기는 하지만 빛의 본질에 관해서 인류가 내디딘 첫발에 불과하지요. 그러니 언제든지 새로운 발전으로 이어질 수 있는 것입니다. 그리고 정말 머지않아 과학자들은 빛의 본질에 관해서 새로운 결론을 내렸습니다.

그러면서 이야기는 더더욱 아리송해집니다. 고전역학적으로 빛을 얘기하기 위해 파동을 전부 설명하고 전자기학적 지식을 총동원할 정도로 어려웠지요. 한데 이번엔 더 어렵습니다. 더욱 생소한 얘기가 가득하지요. 바로 현대물리의 시작이기 때문입니다.

PART 6

미스테리한 빛과
양자역학

:

과학은 절대 닫혀있지 않습니다.
새로운 아이디어에 힘입어 과학이 상상도 하지 못했던 방법으로
도약할 가능성은 늘 열려 있습니다. 지금 이 책을 읽고 있는 바로 여러분
머릿속에 그 씨앗이 들어 있을지도 모르지요.

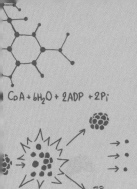
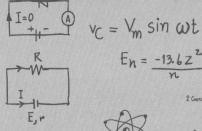
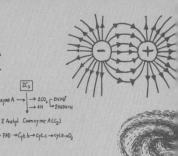

$v_C = V_m \sin \omega t$

$E_n = \dfrac{-13.6z^2}{n}$

$CoA + 6H_2O + 2ADP + 2Pi$

E, r

$K = \dfrac{1}{4\pi\varepsilon_0}$

1. 실체인 줄 알았건만

인간이 새로운 자연현상을 발견하면 과학은 비약적으로 발전할 수 있는 기회를 얻게 됩니다. 물론 몇몇 천재와 그들의 천재적인 발상이 과학의 발전에서 가장 각광받기는 하죠. 하지만 그것들도 '새로운 현상'을 다룬다는 점에 주목해야 합니다. 만약 인류가 '새로운 현상'을 접하지 않았다면 애초에 그런 발상 자체도 없는 것이지요.

또 무슨 얘기하려고 저렇게 거대하게 밑밥을 까는 걸까?

그러게. 뭔가 좀 돌아 들어가는 것처럼 보일수록 얘기가 커지던데.

브라헤-케플러-뉴턴으로 이어지는 과학혁명만 해도 천체운동에 대한 새로운 자료가 결정적인 역할을 했지요. 브라헤의 정교한 데이터는 그 이전까지의 자료와는 차원이 달랐으니까요. 그러니까 20세기…….

…….

야! 정신 차려 들어도 기억 못 하면서 잘 듣지도 않냐. 내용 어려워지면 어쩌려고 그래. 수업에 관심 좀 가져!

수업 자체엔 정말 관심이 많아요. 그만큼 내용에 관심이 없을 뿐이예요. 나름 메타적 관점이라고요.

!!!!

양자역학의 탄생

기술과 산업이 발전하면서 과학자들은 자연의 새로운 면을 계속 발견하게 되었습니다. 세상을 맨눈으로 바라보던 때와는 비교도 할 수 없이 많은 현상을 관찰하게 되었지요. 오늘날 인류는 큰 어려움 없이 금속 표면의 원자 하나를 뜯어보거나 우주에서 지구를 관찰합니다. 100년 전의 과학자들은 꿈도 못 꾸던 일이었죠. 그런데 사실 100년 전에도 상황은 마찬가지였습니다. 그때도 더 이전에는 보지도 알지도 못했던 여러 가지 현상이 관찰되었지요.

특히 몇 가지 중요한 현상은 과학자들에게 큰 도전이 되었습니다. 기존의 관점을 이용해서는 도저히 해석할 수 없는 현상이 한두 개도 아니고 동시다발적으로 여러 개가 보고되었거든요. 과학자 한두 명의 노력만으로는 돌파구를 마련하기 어려운 지경이었습니다. 수십 년간 자료들이 쌓이고 여러 과학자가 다양한 견해를 내고 나서야 겨우 큰 그림을 그릴 수 있었죠. 그렇게 해서 결국 기존의 관점과 모순되지 않는 해결책이 만들어졌습니다. 바로 양자역학이지요. 열과 빛에 관한 자연현상을 관찰하면서 이 모든 것이 시작되었습니다.

물체는 빛으로 말한다

1792년 유명한 도공 웨지우드Thomas Wedgwood는 도기를 굽는 가마에 대한 글을 남겼습니다. 가마가 만드는 빛에 관한 내용이었지요. 웨지우드는 가마에서 나오는 빛의 색깔이 가마의 온도에만 의존할 뿐 가마의 재질이나 가열방식과는 관계가 없다는 사실을 밝혀냈습니다. 각 가마의 특수성을 넘어서는 일반적인 특징을 보고한 것입니다. 가마의 이런 특징은 과학자들의 구미를 당기기에 충분했기 때문에 곧 관심의 대상이 되었습니다. 게다가 철광공업이 발전하면서 빛을 연구하는 데 필요한 고온의 재료가 더더욱 다양해졌지요. 많은 학자가 관련 연구를 진행한 것은 자연스러운 일이었습니다.

 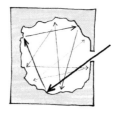

 이 웨지우드가 바로 도자기 회사 웨지우드의 설립자 가문입니다. 어쨌든 연구는 가마의 구조에서부터 시작됐습니다. 가마가 충분히 뜨거워지면 가마 안은 붉게 빛나기 시작하죠. 가마 안의 공동cavity에서 빛이 나온다고 해 공동복사라고 합니다.

교과서에 등장할 만한 후속연구는 19세기 중반 키르히호프Gustav Robert Kirchhoff가 발표했습니다. 그는 몇 가지 관찰을 통해 이 현상에 새로운 이름을 붙일 수 있었지요. 과학자들이 관찰한 것은 공동 옆에 난 작은 구멍에서 나오는 빛입니다. 물론 그 구멍을 통해 가마 안으로 들어가는 빛도 있겠지만 그 빛은 다시 나오지 못합니다. 원론적으로 따지면 나올 수야 있겠지만 들어갔던 바로 그 빛이 다시 나올 확률은 지극히 낮습니다. 따라서 공동에서 나오는 빛은 공동이 스스로 만든 빛일 가능성이 큽니다. 공동의 벽과 내부구조물들이 다 같이 반응해 만들어낸 빛 말이지요.

키르히호프는 이러한 공동과 똑같은 성질을 지닌 이상적인 물체를 상상했습니다. 모든 빛을 전부 먹어버리는 물체 그리고 자신이 만든 빛만 내보내는 물체. 이런 물체는 빛을 전혀 반사하지 않으므로 검게 보일 것입니다. 키르히호프는 이를 흑체Black-body라고 불렀지요. 물리학자들은 공동복사라는 이름 대신 흑체복사라는 이름을 훨씬 더 좋아합니다.

이후 과학자들은 흑체복사에 관한 많은 연구를 진행했습니다. '슈테판-볼츠만의 법칙'Stefan-Boltzmann law과 빈의 변위법칙Wien's displacement law이 대표적이지요. 전자는 공동에서 나오는 빛에너지의 총량이 온도의 네 제곱에 비례한다는 법칙이고 후자는 온도가 상승함에 따라 빛의 파장이 어떻게 바뀌는지를 설명한 법칙입니다. 무엇보다 과학자들은 온갖 기술적 어려움을 극복하고 흑체복사곡선을 성공적으로 관측하게 되었습니다. 물론 과학자들이 이쯤에서 만족하고 멈춘 건 아니었죠. 왜 이런 결과가 나왔는지에 대한 결론을 내려야만 했죠.

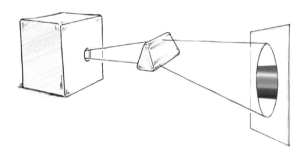

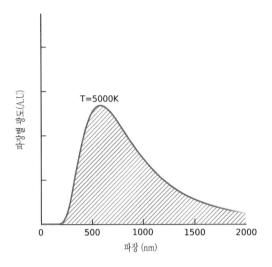

흑체복사, 그러니까 공동에서 나온 빛을 파장별로 세기를 측정해 기록하면 위와 같은 그래프가 됩니다. 당시에는 프리즘으로 빛을 퍼뜨린 후에 위치별로 세기를 측정했지요. 그런데 흑체복사 이거 앞에서 본 것 같지 않나요?

공동과 빛의 사정

구멍을 통해 방출되는 빛의 색이 가마의 재질과 상관없이 결정된다면 결국 빛의 성질을 결정하는 것은 가마 안의 공간 그 자체라고 추론할 수 있습니다. 실제로 각 가마는 고유한 특징으로 그 안에 있을 수 있는 빛을 결정하지요. 이것은 현악기에서 현 위에 머물 수 있는 파동과 머물 수 없는 파동이 현의 길이로 결정되는 것과 정확히 같은 원리입니다. 현 위에 생기는 파동이 정상파를 만들어 현 위에 존재하게 되듯이, 공동 안의 빛도 공동의 벽을 양 끝 삼아 정상파를 만들어 존재하게 됩니다.

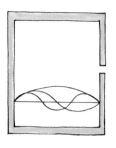

 위의 그림은 공동 속에 존재할 수 있는 빛을 그려본 것입니다. 아래 그림은 현 위에 머무는 파동인데 이 둘이 놀랍도록 유사하다는 걸 알 수 있습니다.

　물론 벽이 아주 잠깐 이상한 빛을 만들 수도 있습니다. 하지만 그렇게 만들어진 빛은 오래 존재하지 못합니다. 이런 빛은 잘 관측되지도 않는데요, 존재하는 시간이 짧다 보니 작은 구멍으로 나올 확률이 높지 않기 때문입니다. 따라서 우리가 관심을 둘 만한 것은 구멍을 빠져나와 검출되는 수명이 긴 빛들이지요.

　현이라면, 그러니까 1차원이라면 이 문제는 대단히 쉬운 문제입니다. 일단 현을 그리기만 하면 어떤 파장의 파동들이 존재하는지 쉽게 시각화할 수 있지요. 하지만 공동은 3차원이기 때문에 전혀 다른 문제를 고민해야만 합니다. 일단 존재할 수 없는 파장이 거의 없다는 게 다른 점입니다. 정상파의 마디가 양 끝과 일치하지 않아도 아래 오른쪽 그림처럼 약간만 기울이면 일치하게 될 테니까요.

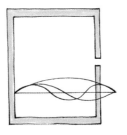 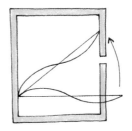

결국 공동 안에 빛이 존재할 방법은 여러 가지입니다. 어떤 파장은 그 파장이 너무 커서 공동 안에 존재할 방법이 몇 가지 없지요. 하지만 파장이 상대적으로 작으면 공동 안에 존재할 방법이 다양해집니다. 여하튼 공동 안의 빛은 정상파의 마디가 공동 내벽의 어느 지점이든 양 끝과 일치하기만 하면 존재할 수 있고 그렇지 않을 시에는 에너지를 잃고 사라집니다.

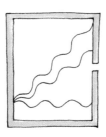

 파장이 짧을 때 가능한 '상태수'number of state는 더 많다는 게 한 눈에 보입니다. 이 사실은 바로 조금 뒤에 다시 등장하지요.

이제 공동에 실제로 빛을 채워 넣는다고 생각해봅시다. 그러면 공동 안에서 빛들이 어떤 형태로 머무는지 알 수 있겠죠. 빛을 채워 넣는 것은 현악기로 치면 '손으로 줄을 튕겨서 에너지를 주는 작업'과 같은 것인데 이번에는 공동을 가열함으로써 이루어집니다. 가열된 공동은 열에너지 일부를 빛으로 발산하거든요. 마구 발산된 빛 중 공동 안에 존재할 수 있는 상태와 딱 맞아떨어진 빛은 공동 안에서 오랫동안 머뭅니다. 자연스럽게 구멍을 통해 나올 가능성도 높아져서 과학자들에게 그 존재를 들키게 되는 것이죠.

그렇다면 공동 내벽이 어떻게 빛에너지를 발산하는지가 중요해집니다. 만약 공동 내벽의 모든 부분에서 빛에너지가 사방으로 뿜어져 나온다고 가정해봅시다. 그러면 공동 안에 빛이 머물 수 있는 여러 상태 중 어떤 상태로 빛이 존재하게 될지 그 확률은 모든 상태가 균일하게 갖게 됩니다. 확률이 고르다는 말이죠. 쉽게 말해 어떤 상태로 빛이 있을지는 완전히 우연에 의존한다는 겁니다. 이것은 앞서 든 메뚜기 예시와 어느 정도 비슷합니다. 메뚜기는 아무 생각 없이 이리저리 뛰어다닐 뿐이었고 따라서 각 통은 메뚜기의 '방문'에 대해 똑같은 확률을 지녔지요. 빛도 마찬가지입니다.

이제 공동 안에 있는 빛에너지가 파장에 따라 크기가 다른 이유도 파악할 수 있습니다. 파장마다 존재 가능한 상태의 수가 다르기 때문이지요. 예를 들어 파장이 600nm^{나노미터}인 빛이 존재할 방법이 파장이 1,200nm인 빛이 존재할 방법보다 다섯 배 더 많다면 공동 안에 머무는 빛에너지의 차이도 다섯 배가 될 것입니다. 요컨대 특정 파장이 존재할 수 있는 상태수의 차이가 빛에너지의 차이를 만드는 것이지요.

1900년 영국의 물리학자 레일리^{John William Strutt, 3rd Baron Rayleigh}는 이와 같은 생각을 바탕으로 공동 안에 가득한 빛이 어떤 종류의 빛인지 계산했습니다. 1905년 진스^{James Hopwood Jeans}가 더욱 자세히 계산했지요. 공동복사에 대한 이 이론을 레일리-진스의 법칙이라고 부릅니다.

공동에서 나오는 빛의 색깔이 빛의 파장과 파장별 세기로 결정된다는 점을 상기하면 공동에서 나오는 빛의 색깔과 공동의 모양이 상관없는 이유를 이해할 수 있습니다. 근본적으로 빛의 파장이 매우 작기 때문입니다. 가시광선은 수백nm, 그러니까 $10^{-9}m$의 수백 배 정도밖에 안 되지요. 따라서 빛이 존재할 방법은 어마어마하게 많습니다. 공동의 모양이 조금 바뀌어 방법의 수에 차이가 조금 생긴들 큰 의미가 없는 것입니다.

공동 안에서 빛은 입자로 존재한다

그런데 실험결과는 레일리-진스의 법칙과 달랐습니다. 파장이 긴 영역에서는 잘 들어맞았지만 파장이 짧은 영역에서는 전혀 맞지 않았죠. 이론적 예측값이 실험값보다 훨씬 컸습니다. 이때 자외선 영역에서 오차가 생겼는데 그래서 이를 자외선 파탄^{Utraviolet catastrope}이라고 부릅니다.

실패한 예측에 이름이 붙는 상황은 흔치 않은데 말입니다.

가만 생각해보면 그 원인을 미루어 짐작할 수 있습니다. 레일리-진스의 법칙은 빛이 존재할 각 방법의 확률이 동일하다고 가정했지요. 마치 평형상태가 되면 모든 물체의 에너지가 같아지듯 말입니다. 따라서 존재 가능한 방법의 숫자가 많은 파장의 에너지가 무조건 크다고 할 수 있습니다. 그런데 자외선 파탄 그림을 보면 파장이 작을수록 방법의 개수가 점점 많아집니다. 그러니까 자외선 쪽으로 갈수록 에너지가 점점 커지는 것이지요. X선이나 γ선까지 고려하면 에너지가 더더욱 커지는 것이기 때문에 상식적으로 이해할 수 없는 상황이 되어버립니다. 가마를 뜨겁게 만들수록 무조건 X선이나 γ선의 에너지가 더 많아진다니 말입니다.

잘못된 것은 공동 안에 존재하는 파동에 관한 추론이 아닙니다. 공동 벽에 관한 추론이지요. 공동 벽이 모든 에너지의 빛을 고르게 낸다는 점을 수정해야 합니다. 공동 벽은 모든 에너지의 빛을 고르게 내지 않습니다. 큰 에너지의 빛은 적게 내고 작은 에너지의 빛은 많이 내지요. 공동이 큰 에너지의 빛을 많이 저장할 수 있는데도 실제 공동 안에 큰 에너지의 빛이 그다지 많지 않은 이유입니다.

이론을 이렇게 훌륭하게 수정한 사람은 독일의 물리학자 플랑크Max Karl Ernst Ludwig Planck입니다. 그는 균일하지 않은 에너지 분포를 식에 대입함으로써 이 문제를 훌륭히 해결했습니다. 그래서 실험으로 얻은 것과 똑같은 흑체복사곡선을 이론적으로 재현할 수 있었지요.

사실 플랑크가 사용한 에너지 분포에는 놀라운 가정이 깔려 있습니다. 바로 빛의 에너지를 마치 알갱이처럼 하나하나 셀 수 있다는 가정이었지요. 빛이 파동의 성질을 갖고 있다는 점은 오랜 시간에 걸친 실험을 통해 입증되었습니다. 맥스웰은 무엇으로 이루어진 파동인지도 제시했지요. 그런데 플랑크가 빛은 알갱이처럼 작용한다는 가정을 세워버린 것입니다. 문제를 해결하기 위해 식을 세웠고 또 문제를 해결했는데 알고 보니 기존의 관점과 정반대였던 것입니다.

많은 학자가 빛이 알갱이라는 가정을 받아들일 만큼 준비되지 못했습니다. 그래서 플랑크의 가설은 처음 제기되었을 때 별 관심조차 끌지 못했지요. 문제를 해결하기 위해 제기된 가설 정도로만 받아들여졌을 뿐 진지하게 빛이 알갱이처럼 작용할 것이라고는 아무도 생각하지 않았지요. 심지어 플랑크 자신도 이 가정에 심한 거부감을 드러냈습니다. 그는 자신의 연구결과가 혁명적인 변화를 일으키는 것을 좋아하지 않았지요.

하지만 세상은 그의 바람대로 흘러가지 않았습니다. 빛이 알갱이처럼 행동한다는 발상의 중요성은 날로 커져서 점점 더 많은 과학자가 이 주제로 논쟁을 벌이게 되었습니다.

성공한 집안 출신의 성실하고 부지런하며 보수적인 학자 플랑크는 지도교수에게 '이론물리학은 이제 거의 완성 상태에 도달했기 때문에' 다른 전공을 선택하는 것이 어떻겠느냐는 제안을 받았었다고 합니다.
자신은 천재가 아니라고 생각한 플랑크가 '할 것이 별로 없는' 학문의 세계에 뛰어들어 수많은 천재가 영감을 얻게 될 업적을 남긴 것입니다. 여러모로 재미있는 상황이지요.

전자, 튀어 오르다

새로운 현상은 다른 곳에서도 발견되고 있었습니다. 19세기와 20세기에 걸쳐 급속히 발전했던 전기기술 덕에 인류는 새로운 현상을 많이 접하게 되었지요. 전자기학이 비약적인 발전을 거듭한 것처럼 이 방면의 기술도 엄청난 속도로 발달했습니다. 더불어 과학자들의 실험능력도 같이 발전했지요. 그리하여 그 이전에는 상상도 할 수 없었던 현상들을 관찰하게 되었습니다. 그중에는 흑체복사실험처럼 빛에 대해 새로운 관점으로 접근해야만 이해할 수 있는 실험도 있었지요. 특히 빛이 입자처럼 행동한다는 플랑크의 화두와 유사한 결론의 실험이 있었습니다. 처음에는 전자를 관찰하는 데서 시작했죠.

거의 모든 물체와 마찬가지로 금속 안에는 전자가 있습니다. 이 전자는 몇몇 상황에서 튀어나와 모습을 드러내는데요. 그중 하나가 바로 광전효과라 불리는 현상입니다. 과학자들은 이 현상을 연구하면서 빛에 관한 새로운 시각을 얻을 수 있었지요.

아, 축구 하고 싶다.

넌 골도 못 넣으면서 왜 매번 욕심내냐?

축구는 미드필드 싸움이 중요한 거야. 패스가 돼야지, 패스가.

아니, 그러니까 빛이 일으키는 화학반응이 꼭 일정한 것이 아니고…….

야, 그럼 노릴 수 있을 때 노려야지. 거기서 패스하냐?

네가 만날 그렇게 축구 하니까 반에서조차 대표로 못 뽑히는 거야.

조직력을 살리란 말이야. 2013년 포항스틸러스는 황선홍 감독님을 맞아서…….

아이, 못 들어주겠네. 이 입으로만 축구 하는 녀석들. 축구라곤 만날 컴퓨터 앞에서 하는 게임이 전부라서 피부가 뽀얗구먼, 잘난 척들은.

…….

전자가 제일 처음 인류 앞에 모습을 드러내기 시작했을 때 과학자들은 그것을 음극선이라고 불렀습니다. 음극에서 나오는 빛이라는 뜻이지요. 과장을 많이 보태면 흔히 쓰는 건전지에서도 일어날 수 있는 현상입니다. 건전지에 있는 음극에서 빛 같은 것이 막 나오는 겁니다. 뭔지는 모르겠는데 빛처럼 직진은 하는 것 같아서 음극선이라고 이름 붙인 것이지요.

물론 건전지에서 나오는 전자를 직접 볼 수는 없고 특별한 작업을 수행해야만 합니다. 일단 눈에 보일 정도로 많은 전자가 빠져나오도록 해야 하지요. 그래서 전지의 전압을 엄청나게 높입니다. 전자에게 건전지 밖으로 나오라고 무언의 압력을 가하는 것과 비슷하지요. 그런데 사실 웬만해서는 아무 일도 일어나지 않습니다. 대기 중에 가득한 공기가 전자의 '외출'을 방해하거든요. 전압을 엄청나게 높이지 않고서는 아무런 반응이 없지요. 따라서 주변의 공기를 제거해야 합니다. 이제 실험은 다음 그림과 같이 다소 복잡한 형태의 도구가 필요해집니다.

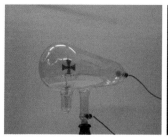

진공을 만들지 않고도 엄청나게 전압을 높이면 공기 중에 전류가 흐르면서 전자가 공기를 따라 흐르게 됩니다. 이런 일이 순전히 자연적으로 일어나면 사람들은 그것을 번개라고 부르지요.

과학자들은 충분한 에너지를 주면 금속 안에 있는 전자도 금속 밖으로 뛰쳐나온다고 결론 내렸습니다. 평소 음전하를 띤 전자는 양전하를 띤 핵의 잡아당기는 힘에 잡혀 있지요. 따라서 음전하는 주변의 도움이 있어야만 양전하의 속박에서 벗어날 수 있습니다. 원자핵의 잡아당기는 힘을 이겨낼 만큼의 에너지를 갖게 되는 순간 전자는 자유를 얻게 되지요. 과학자들은 전압을 높이고 주변의 공기를 제거함으로써 전자의 탈출을 도와준 것입니다.

어떻게 보면 전자는 지구의 중력에 묶여 있는 로켓과 같은 처지입니다. 로켓은 웅장한 엔진으로 충분한 에너지를 뿜어낸 후에야 지구의 영향권을 벗어납니다. 전자도 마찬가지로 충분한 에너지가 있어야만 금속에서 멀어질 수 있습니다. 단지 전자에게는 엔진을 달 수 없으니까 다른 방법을 사용한 것입니다.

그런데 전압을 높이는 것 말고도 금속 안에 있는 전자에게 에너지를 줄 방법이 또 있습니다. 바로 금속에 빛을 쪼이는 것이지요. 전자기파인 빛은 에너지를 갖고 있습니다. 따라서 금속이 빛을 흡수하면 에너지도 흡수합니다. 금속 표면에서 반사된 빛은 원래 빛보다 어둡다는 것이 그 증거지요. 에너지는 보존되어야만 하니까 어두워진 바로 그만큼의 빛에너지가 금속에 흡수되었다고 결론 내릴 수밖에 없습니다. 즉 적절한 빛만 쪼이면 금속에서 전자가 튀어나올 것이라고 추론할 수 있습니다. 그리고 실제로 그런 일이 일어나지요. 이 현상의 이름이 바로 광전효과입니다.

빛과 전자의 이상한 관계

'빛을 쪼이니 전자가 나온다.' 이것이 광전효과의 큰 그림입니다. 여기에는 어떠한 복잡함이나 난해함도 없지요. 그런데 디테일이 문제입니다.

여러 과학자가 오랫동안 이 현상을 면밀히 관찰한 결과 이상한 부분이 있었지요.

전자기파도 파동이니까 흔들림이 빠를수록, 주파수가 클수록 에너지가 크다는 점을 다시 떠올려보면서 읽어보세요.

우선 빛을 아무리 쪼여도 금속에서 전자가 나오지 않을 때가 있었습니다. 빛의 주파수가 낮을 때 이런 일이 일어났는데요, 이때는 아무리 오래 기다려도 전자가 밖으로 나오지 않았습니다. 상식적으로 생각하면 오랫동안 에너지를 줄수록 전자도 높은 에너지를 가져야 합니다. 당연히 약간의 전자라도 관측되어야 하지요. 그러나 그런 일은 일어나지 않았습니다. 빛에너지가 전자에겐 하나도 전달되지 않고 원자에게만 전달된 것일까요? 전자가 에너지를 주변으로 흩어버리기 때문일까요?

다음으로 금속마다 특별한 주파수가 있어서 그것보다 높은 주파수의 빛을 쪼이면 전자가 튀어나가고 그것보다 낮은 주파수의 빛을 쪼이면 전자가 튀어나가지 않았습니다. 이러고 보니 더욱 신기합니다. 빛이 전자기파로서 에너지를 전달한다면 주파수의 차이란 오로지 에너지의 차이에 불과합니다. 본질적으로는 초당 흔들리는 정도에 약간의 차이만 생기는 정도이지요. 그런데 자연은 이를 엄격하게 구별해 어떨 때는 전자를 내보내고 어떨 때는 안 내보냅니다. 그것도 금속 고유의 주파수라는 기준을 따라서요. 기준보다 진동수가 조금 큰 파동과 조금 작은 파동의 차이를 생각해보면 이 상황 자체가 얼마나 황당한 것인지 알 수 있습니다.

다음 그림은 진동수가 10% 차이 나는 두 파동입니다. 큰 차이로 보이나요?

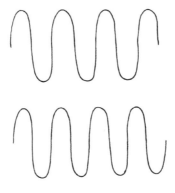

　전자가 튀어나오는 타이밍도 예측을 벗어납니다. 전자는 빛이 금속판에 닿음과 동시에 지체 없이 튀어나옵니다. 만약 전자가 빛에너지를 충분히 흡수해야만 튀어나올 수 있다면 어느 정도 시간이 필요할 것입니다. 만약 빛이 아주 어두우면, 즉 시간당 전달되는 빛에너지의 양이 아주 적으면 전자가 충분한 에너지를 얻는 데 상당한 시간이 걸릴 것입니다. 최소한 빛의 세기에 따라 전자가 반응하는 시간에도 차이가 생겨야 하지요. 하지만 관측된 결과는 예상과 달랐습니다. 전자는 아주 약한 빛에도 바로 반응해 금속을 탈출했습니다.

　마지막으로 이상한 부분은 빛을 밝게 했을 때와 주파수를 크게 했을 때 전자의 반응이 다르다는 점입니다. 빛을 밝게 하나 주파수를 크게 하나 전달되는 에너지의 총량만 같으면 비슷한 일이 일어나야 합니다. 하지만 둘은 확연히 다른 모습을 보여줍니다. 우선 빛을 더 밝게 하면 튀어나온 전자의 수가 늘어납니다. 두 배 밝게 하면 전자의 수도 정확히 두 배가 되지요. 이에 반해 주파수에 변화를 주면 전자의 튀어나오는 속도가 달라집니다. 주파수가 커져서 에너지가 두 배 늘어도 튀어나오는 전자의 개수에는 변화가 없지요. 이처럼 자연은 이 둘을 확연히 구별합니다. 에너지만으로는 이 현상을 이해하는 데 한계가 있다는 것이죠.

빛으로 만들어진 작은 공

모든 문제는 빛을 직접 볼 수 없다는 데서 비롯됩니다. 지나가는 빛을 볼 수 있다면 얼마나 좋을까요? 그러면 들여다보는 것만으로도 빛의 본질이 무엇인지 알아낼 수 있을 텐데요. 하지만 빛은 눈에 들어와서 측정되는 순간 이미 '지나가는 빛'일 수 없게 됩니다. 다른 계측장비도 마찬가지입니다. 지나가는 빛을 있는 모습 그대로 관찰하는 것은 불가능합니다. 따라서 광전효과에서도 전자와 빛이 어떤 반응을 하는지는 직접 관찰할 수 없습니다. 이상한 부분이 있어도 자세히 들여다볼 수 없는 것입니다. 차라리 튀어나온 전자가 말해주기를 기대하는 편이 낫습니다.

이처럼 곤란한 상황에 빠지면 학자들은 가설을 통해 실제 일어났을 법한 일을 재구성합니다. 모든 현상을 재현하고 의문점을 한 방에 날려버릴 훌륭한 가설을 만드는 것이지요. 이때 광전효과를 제대로 설명해주는 마법의 가설은 빛이 여러 종류의 에너지를 지닌 알갱이로 되어 있다는 것입니다. 빛 알갱이의 에너지가 빛의 주파수에 따라 달라진다고 가정하는 순간 설명하기 어려웠던 부분들이 연기처럼 사라지지요.

 광전효과는 전자가 담긴 욕조에 빛으로 된 공을 던진다고 생각하면 적당합니다.

제일 먼저 주파수가 작은 빛이 전자를 금속에서 떼어내지 못한 이유를 설명할 수 있습니다. 주파수가 작은 빛, 즉 에너지가 작은 공은 아무리 전자를 때려봐야 금속에서 떼어내지 못합니다. 공의 속도가 느리면 공이 가진 에너지도 작기 때문에 공에 맞은 물이 튀어봤자 욕조를 넘지 못하지요. 물이 욕조 밖으로 튀기 위해서는 공의 에너지 자체가 커야만 합니다. 물에 다이빙하는 속도 자체가 느린 공이라면 아무리 많이 던진다 한들 소용없지요. 반대로 공이 아주 빠르게 다이빙하면 물은 욕조 밖으로 튀어 오를 것입니다. 마찬가지로 일정한 주파수 이상의 빛은 전자를 금속 밖으로 끄집어낼 수 있습니다.

일단 머릿속에서 그림이 완성되면 나머지 의문점들도 쉽게 해소됩니다. 빛이 금속에 닿자마자 전자가 튀어나오는 이유는 이렇습니다. 공이 물에 닿으면 그 순간 물은 바로 반응합니다. 빠른 공이든 아니든 똑같이 곧바로 반응하지요. 다음으로 빛이 밝아지면 튀어나오는 전자의 개수가 늘어나는 상황은 많은 수의 공을 물에 던지면 튀어 오르는 물의 양이 늘어나는 상황과 같다고 할 수 있습니다. 더불어 빛의 주파수가 커질 때 전자의 속도가 빨라지는 것은 공의 속도가 빨라질 때 물의 튀어 오르는 속도가 빨라지는 것과 마찬가지지요. 이처럼 빛이 에너지를 지닌 알갱이고 이 에너지의 크기는 주파수에 따라 결정된다고 생각하면 미심쩍은 부분 없이 모든 현상을 깔끔하게 묘사할 수 있습니다.

쉽게 눈치채지 못해서 그렇지 광전효과는 우리 주변의 자연을 설명하는 데 꽤 중요한 역할을 합니다. 근본적으로 태양빛은 다양한 주파수의 빛으로 이루어져 있습니다. 따라서 주파수별로 어떤 일을 일으키는지 알아야만 지표면에서 태양 때문에 일어나는 현상들을 제대로 이해할 수 있습니다.

사실 인간은 광전효과를 매일 느끼며 살고 있습니다. 실험실에서나 일어나는 생소한 일이 절대 아니지요. 광전효과는 말 그대로 피부로 느껴질 정도입니다. 화창한 날 집 밖에서 햇볕을 받으면 피부가 까맣게 타지요. 햇볕에 포함된 많은 양의 자외선이 피부에 광전효과와 비슷한 효과를 일으키기 때문입니다. 자외선은 가시광선보다 주파수가 높아서 인간의 몸에 흡수될 때 화학반응을 일으킵니다. 빛이 금속에서 전자를 떼어내듯 자외선이 피부를 구성하고 있는 분자에 손상을 주는 것입니다. 물론 그렇다고 인간의 피부가 불에 타듯이 까맣게 되는 것은 아니고요, 자외선의 공격에 대응하기 위해 피부색을 변화시키는 겁니다. 구릿빛 피부가 그 결과물이지요.

하지만 같은 빛이라도 자외선이 없으면 피부색은 잘 바뀌지 않습니다. 예를 들어 조명 빛으로는 피부색이 잘 바뀌지 않지요. 강한 조명 빛으로 가득 찬 무대 한가운데 서 있어도 피부에는 변화가 나타나지 않습니다. 그저 더울 뿐입니다. 가만히 있어도 더울 정도로 엄청난 빛에너지가 쏟아지는데도 말입니다. 주파수가 낮은 빛으로는 아무리 노력해도 전자가 튀어나오지 않던 상황과 똑같지요.

그러니까 광전효과는 너희의 축구 실력과 비슷하지. 아무리 입으로 축구 얘기해도 실제 축구 실력은 절대 늘지 않는단다. 피부가 살짝 그을릴 정도로 운동장에서 건강하게 뛰어놀아야지. 실제로 공을 차고 놀아야 축구 실력이 느는 거야.

저 축구 잘하거든요. 선크림을 성실히 바를 뿐입니다.

게임이 더 재미있으면 이상한 건가?

광양자설, 아인슈타인의 획기적인 발상

빛을 알갱이라고 하면 광전효과를 깔끔하게 이해할 수 있습니다. 이런 기가 막힌 상황을 연출한 것이 바로 아인슈타인입니다. 그는 1905년 「빛의 발생과 변화에 관한 발견에 도움되는 견해에 대해」"On a Heuristic Viewpoint Concerning the Production and Transformation of Light"라는 논문을 통해 광전효과를 설명했지요. 제목에서 드러나듯 다소 경험적인Heuristic 발상입니다. 빛을 알갱이로 생각하면 관련된 현상들은 설명할 수 있다는 뜻입니다. 이렇게 설명되어야 한다는 필연성이나 개연성은 없지요. 자연 속에서 빛이 알갱이로 존재해야 하는 이유는 모릅니다. 심지어 현상을 유발하는 본질적인 존재는 밝혀내지 못할 수도 있지요. 단지 확실한 것은 빛이 입자처럼 행동한다고 가정하는 순간 광전효과를 완벽히 설명할 수 있다는 점뿐입니다.

그런데 아인슈타인은 플랑크보다 한발 더 나아갔습니다. 그는 빛이 왜 이렇게 행동하는지 따위의 문제에는 매달리지 않았지요. 그는 이것이 빛 본연의 성질이라고 주장했습니다. 빛은 원래 입자의 성질을 가지고 있다는 혁명적인 주장을 한 것이죠. 빛이 전자기파임이 알려져 파동으로 완벽히 해석된 지 얼마 지나지도 않았는데 말입니다.

이 가설에서 가장 중요한 것은 빛이 입자처럼 불연속적으로 에너지를 전달한다는 사실입니다. 빛은 에너지를 하나의 단위로 끊어서 전달하는데 이 단위의 크기가 주파수와 관련 있다는 것이 핵심주장이지요. 과학자들은 이처럼 하나의 물리량이 불연속적으로 행동할 때 '양자화'되어 있다고quantized 합니다. '양'이 입'자'처럼 끊어져 있다는 뜻이지요. 실제로 아인슈타인의 주장을 빛의 양자화라고 합니다. 아인슈타인 자신도 빛의 양light quanta이라는 표현을 썼지요. 그래서 이 모든 것을 통칭해 빛의 광양자설이라고 부릅니다. 입자처럼 돌아다니는 빛을 광양자photon라고 하지요.

밥의 양은 쌀알 한 톨의 질량으로 양자화되어 있습니다. 기차의 길이는 객차의 길이로 양자화되어 있지요. 주변에 양자화된 것이 또 무엇이 있나 찾아보세요.

그런데요, 그러면 아인슈타인이 플랑크 따라 한 거예요?

이걸 보고 따라 한 거라 하면 모든 과학은 모방 그 자체란다.

그렇다면 아인슈타인은 플랑크의 생각을 전혀 모른 상태에서 스스로 아이디어를 냈단 말이에요?

사실 플랑크는 아인슈타인을 발굴했다고 알려진 사람이란다. 게다가 플랑크의 주장은 당시에 대단히 유명했던 것이고. 어떻게 봐도 아인슈타인이 이 사실을 몰랐을 리 없단다. 오히려 영감을 받았겠지.

그럼 따라 한 거잖아요.

아니지. 의심쩍은 성질이 하나 있었는데 아인슈타인은 거기서 한발 더 나아간 것이지. 그러니까 사실은 이 의심쩍은 것이 진짜 자연이 아니냐고 주장한 셈이랄까?

용감한 건가요?

어떻게 보면 그렇지. 기존의 지식에 억지로 매달리지 않고 새로운 결론을 내리고 대담하게 그것을 따라가는 능력이 그를 천재로 만든 거야.

어쨌든 혼자 한 생각은 아니네요.

그렇지. 과학계에 그런 생각은 없다고 봐도 무방하단다. 광양자설도 거의 모든 다른 과학이론과 마찬가지로 단번에 완성된 것이 아니라 태동 단계를 거쳤다고 생각하는 것이 제대로 된 이해 같구나.

그럼 플랑크도 혼자 생각한 거 아니에요?

그렇지. 플랑크 이전에 그에 근접한 많은 연구가 있었지. 대표적으로 빈의 변위법칙이라든가…….

그럼 그 빈…… 어쩌고 하시는 분은 혼자 한 거예요?

아니. 그분도 여러 연구가 먼저 있었기 때문에 가능했지. 가장 먼저는 키르히호프라는 분이…….

그럼 그 키르히호프라는 분은 혼자 한 거예요?

…….

빛, 그것은 아무것도 아니다

빛의 이런 아리송한 성질을 '이중성'Duality이라고 부릅니다. 빛을 입자로 해석하는 것이 유용할 때도 있고 파동으로 해석하는 것이 나을 때도 있지요. 그러니까 빛은 파동도 아니고 입자도 아닌 것입니다. 흔히들 생각하듯 입자이면서 파동인 것과는 정확히 반대 상황이지요. 빛은 보통의 파동도 아니고 입자도 아닙니다. 그렇기 때문에 입자처럼 행동하는 순간도 있고 파동처럼 행동하는 순간도 있는 것입니다. 빛은 머릿속에서 상상하기 힘든 어떤 것입니다. 마치 3차원의 시공간이 왜곡되는 것을 쉽게 떠올리지 못하는 것과 비슷하지요. 빛은 에너지를 전달하지만 그 '모습'이 어떠한지 인간은 쉽게 상상할 수 없습니다. 이중성은 입자성과 파동성을 둘 다 갖고 있는 빛의 이상한 성질을 나타내는 말입니다.

인간이 현상을 전부 표현하는 방법을 찾았다면, 실제 자연에서 일어나는 일은 상대적으로 덜 중요해집니다. 현상 그 자체가 온전히 해석되고 예측된다는 것이 가장 중요하지요. 자연은 위대하고 심오해서 그 본질에 인간의 상상력이 도달하지 못할 수도 있습니다. 눈에 보이는 실체가 없을 수도 있습니다. 불확실한 것일 수 있지요. 그러나 이런 상황을 지나치게 불편해하면 안 됩니다. 자연의 본질이 손에 잡힐 듯한 형태가 아니라는 사실에 괴로워하는 것은 갈대와 같은 심성을 지닌 인간뿐입니다. 빛이 입자이든 파동이든 둘 중 하나가 아니라서 불편한 감정은 인간의 분별심에서 비롯되었을 뿐이지요. 인류가 여태껏 접한 모든 현상을 설명하는 가장 자연스러운 방법은 빛이 이중성을 지니고 있다고 해석하는 것입니다. 과학자들에 따르면 자연은 그런 것입니다.

 빛은 태곳적부터 빛 그 자체였습니다. 한 번도 바뀐 적이 없지요. 인간들이 그것을 보고 왈가왈부할 뿐입니다.

조금 더 생각하기 14. 흑체복사

빛의 색

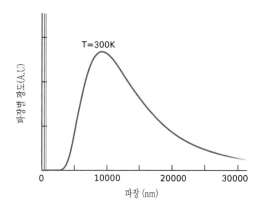

학자들은 흑체에서 나오는 빛을 분석해 위의 그래프를 얻었습니다. 그래프의 가로축은 흑체에서 나오는 빛의 파장을 의미합니다. 세로축은 그 빛의 세기를 의미하지요. 약간 어렵지만 그래프 읽는 법을 숙지하세요. 교과서마다 나오는 유명한 그래프입니다. 참고로 무지갯빛으로 색칠한 부분은 가시광선 영역입니다.

    흑체에서 나오는 빛에는 여러 주파수의 빛이 섞여 있습니다. 그 꼴이 어떤지 보기 위해 주파수별로 빛의 세기를 측정하면 위의 그래프와 같아지지요. 그래프는 온도가 300K인 흑체에서 나오는 빛을 측정한 데이터입니다. 붉은 선은 무지갯빛 기둥으로 표시된 가시광선 영역보다 그 오른쪽 파장에서 훨씬 더 큰 광도 값을 그리고 있지요.

    바로 적외선 영역에서 말입니다. 적외선은 눈에 보이지 않기 때문에 이 물체가 내는 고유한 빛은 눈으로 볼 수 없습니다. 이 물체가 만드는 가시광선은 너무 미약해 거의 없다고 할 수 있죠.

300K은 약간 더운 날의 공기 온도 수준입니다. 훨씬 뜨거운 흑체에서 나온 빛을 온도별로 관찰해 하나의 그래프로 그리면 다음 그래프와 같은 결과를 얻을 수 있습니다.

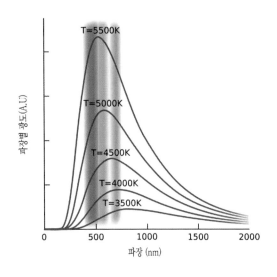

 물체의 온도가 바뀌면 선의 모양이 바뀝니다. 모든 선은 서로 어느 점에서도 만나지 않습니다.

비슷하게 생겼지만 약간씩 다릅니다. 무엇보다 온도가 높을 때의 그래프는 온도가 낮을 때의 그래프를 완전히 포함합니다. 두 그래프는 당연히 만나지 않습니다. (이것이 왜 자연스러울까요?) 그리고 그래프의 최고점이 왼쪽으로 조금 움직입니다. 에너지가 가장 큰 빛의 파장이 짧아지는 것이죠. 이것이 바로 빈의 변위법칙입니다.

흑체의 온도가 3,500K 정도 되면 에너지가 가장 큰 빛의 파장이 가시광선 영역과 만나게 됩니다. 즉 붉은 선의 최대점이 가시광선 영역의 가장 바깥쪽인 붉은색 기둥 부분에 도달했다는 뜻이지요. 흑체는 이때 빨간색으로 보일 것입니다. 흑체에서 나오는 가시광선 중 가장 에너지가 큰 것이 빨간색이니까요. 점점 뜨거워지면 자체 발광하는 물체들이 퍼렇게 달아오르지 않고 벌겋게 달아오르는 이유도 이 때문입니다.

5,000K 정도 되면 붉은 선의 최고점이 가시광선 영역으로 제법 들어옵니다. 이제 눈에 여러 가지 색의 빛이 한꺼번에 들어오기 시작합니다. 결과적으로 인간은 흑체를 노란색 정도로 인지하게 됩니다. 가시광선 중에서 파장이 긴 빛들, 가령 빨간색, 주황색, 노란색이 많이 섞이고 파장이 짧은 파란색, 남색, 보라색 같은 빛은 상대적으로 적게 섞일 테니까 말입니다.

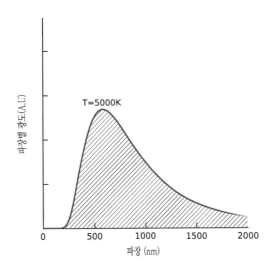

그래프의 면적은 흑체가 전달하는 전체 에너지를 의미합니다. 그래프의 높이가 주파수별 에너지였으니까 높이를 다 합치면 자연스럽게 총 에너지가 나오겠지요. 시험에 단골로 등장하는 문제입니다.

온도가 더 높아지면 흑체에서 나오는 가장 큰 에너지의 빛이 가시광선 한가운데 자리 잡게 되어 우리가 흑체를 흰색으로 보게 됩니다. 온도가 더 오르면 붉은 선의 최고점이 왼쪽으로 가다 못해 아예 자외선 영역으로 옮겨가기도 하지요. 이렇게 되면 이 흑체는 푸른색으로 보일 것입니다. 자신이 발산하는 가시광선 중에서 푸른빛이 차지하는 비중이 제일 커지기 때문입니다.

이 모든 색을 실험실에서 관찰하는 것은 쉽지 않습니다. 모든 색깔을 다 볼 수 있는 곳은 우주뿐이지요. 태양은 표면 온도가 대략 6,000K이어서 우리 눈에 약간 노랗게 보입니다. 그보다 뜨거운 별, 가령 대략 1만K 정도 되는 시리우스 같은 별은 하얀색입니다. 5만K가량 되는 데네볼라는 청색이지요. 태양보다 훨씬 더 뜨거워 푸르게 불타는 별입니다. 어쩐지 살짝 으스스한 기분까지 듭니다.

모든 물체는 자신의 온도에 해당하는 빛에너지를 주변에 발산합니다. 사람도 빛을 내지요. 캄캄한 밤에 적외선 카메라로 사람을 볼 수 있는 이유는 바로 사람이 적외선을 발산하기 때문입니다.

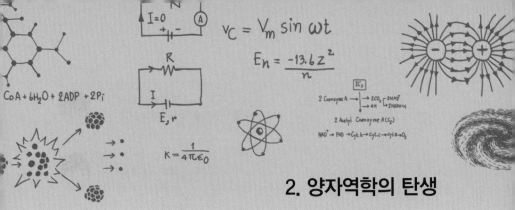

 빛은 파동이지만 입자의 성질도 지닌다는 말을 처음 들은 학생들은 대부분 '입자가 진동하면서 떠는 모습'을 상상하곤 합니다.

 오, 나도 그랬는데.

 입자 자체가 파동처럼 구불구불하게 생긴 것 아닐까?

 아니면 입자 안에 파동이 숨어 있든가.

 파도처럼 흔들리는 더 작은 입자들이 있나?

 그래. 다 재미있는 생각들이지. 그런데 과학적인 고민과는 다소 거리가 있구나.

아니, 이보다 더 수업에 충실한 고민이 뭐가 있다고 그러십니까?

맞아요. 억울합니다. 히히

 그게 아니고 핀트가 약간 안 맞는 얘기라는 거지. 거의 모든 사람이 하는 실수이기도 하단다. 과학자들은 소위 빛의 '실체'라는 것에 관심이 없어. 빛이 만드는 현상을 정확히 예상하고 설명할 수만 있으면 그만이지.

?!?!?

예? 여태 그렇게 찾아 헤맸는데 갑자기 관심이 없다고요?

 알면 좋지만 몰라도 상관없다는 뭐 그런 생각이야. 비유하자면…… 음…… 마치 뭐랄까, 친구를 사귀는 것과 비슷하다고나 할까? 친구가 짓는 표정, 말과 행동을 통해 감정을 추측하고 반응을 예상하잖아. 하지만 그 친구가 어떤 DNA를 가졌는지에 대해서는 전혀 관심을 두지 않는단다. 보통의 친구 사이에서 그런 것은 관심 밖이지. 생물학적으로 친구를 완전하게 정의하는 방법이지만 우정을 쌓고 친한 친구를 만드는 데는 아무런 소용없는 것이지.

뭔가 맞는 말 같기도 하고……

 빛의 현상을 많이 배우고 하나하나 이해하다보면 빛의 본질을 이해한 것 같은 순간이 온단다. 신기하게도 말이지. 정말이지 갑자기 그런 순간이 와. 짜잔~ 하고 말이야.

21세기의 상식, 20세기의 상식

오늘날의 과학자들은 감각적인 실체가 없는 존재에 대해 거부감을 거의 느끼지 않습니다. 다시 말해 21세기의 과학자들은 직접 경험할 수 없는 존재라도 자연스럽게 받아들입니다. 맥스웰이 에테르의 실체에 대한 고민은 제쳐놓고 전자기파 이론을 온전히 신뢰한 것, 원자의 존재를 단한 번도 직접 보지 못한 과학자들이 그것을 바탕으로 학문을 전개해나간 것, 쿼크를 따로 분리해 실체를 확인하려고 노력했다가 실패한 것 따위의 일들은 과학이 인간의 경험적 한계에 구애받지 않고 발전한다는 것을 잘 보여줍니다.

하지만 20세기 초엽의 물리학자들은 지금과 같지 않았습니다. 많은 학자가 감각적인 실체에 관심을 두었지요. 19세기 후반만 해도 원자처럼 감각적으로 확인할 수 없는 것을 바탕으로 학문이 발전하는 것을 싫어하는 학자들이 많았습니다. 원자의 존재여부를 두고 마흐^{Ernst Waldfried Josef Wenzel Mach}와 볼츠만이 벌였던 논쟁은 너무나도 유명합니다. 이 논쟁에서 원자의 실체를 강력하게 주장했던 볼츠만은 학계에서 고립되었지요. 이일 때문인지는 확실치 않지만 슬프게도 볼츠만은 우울증에 시달리다가 자살하고 맙니다.

상황이 이러하니 빛의 광양자설도 처음에는 강한 저항에 부딪쳤습니다. 과학자뿐만 아니라 모든 사람이 이중성을 지닌 감각적인 실체를 머리속에 그려내는 데 실패했으니까요. 입자이면서 파동이라는 개념을 상상할 수 없었던 것입니다. 광양자설을 제일 처음 제시한 아인슈타인에게도 이것은 큰 숙제였지요. 광양자설에 관한 논문을 발표한 지 6년이 지난 1911년 그가 친구에게 보낸 편지의 한 구절입니다.

"이 광양자들이 실제로 존재하는지에 대해서 나는 더 이상 묻지 않는다. 나는 내 두뇌가 거기에 미칠 수 없다는 것을 이제 잘 알기 때문에 더 이상 광양자의 실재를 구축하려고 들지도 않는다."

• 임경순, 「현대물리학의 선구자」, 다산출판사

광양자설이 받아들여지기 위해 넘어야 할 산은 거대했습니다. 빛이 전자기파라는 전제만으로도 수많은 현상이 이미 잘 설명되고 있었기 때문에 더욱 그러했지요. 아직 세련되게 다듬어지지 않은 광양자설이 비집고 들어갈 틈은 좁았습니다.

이중슬릿 실험으로 설명한 빛의 이중성

영의 이중슬릿 실험은 빛을 파동으로 가정해 이해한 대표적인 실험이지요. 위의 그림은 영이 자신의 저서에 넣은 이중슬릿 실험을 묘사한 그림입니다.

이중성을 이해하기 위해 여러 물리학책에서 소개하는 방법이 이중슬릿을 이용한 사고실험입니다. 사고실험은 광원이 빛을 아주 조금, 가령 광자 하나만큼만 발할 수 있다는 가정에서 출발합니다. 이 가정은 어렵지도 않고 또 원리적으로 불가능해보이지도 않지요. 광원 앞을 칸막이로 막고 있다가 광자 하나만큼의 에너지만 통과하도록 칸막이를 순식간에 여닫는 것입니다. 이게 너무 어려워 보이면 광자 수백 개를 통과시켜도 무방합니다.

빛의 본질이 100% 완전한 파동이라면 스크린에 비친 빛이 전체적으로 약해져야 정상일 것입니다. 하지만 결과는 빛이 입자임을 지지합니다. 화면에는 빛이 도착한 자리가 마치 점처럼 박힙니다. 이 결과를 보고도 빛에 입자성이 없다고 생각하기는 힘듭니다. 빛은 분명히 입자처럼 행동합니다. 이 사실은 인정하지 않을 수 없습니다.

몇 개의 빛 알갱이가 만드는 이중슬릿 실험입니다.

하지만 광자가 셀 수 없이 많이 통과했다면 그 결과는 빛을 파동으로 이해했을 때와 같아야 합니다. 그래야만 보통의 이중슬릿 실험과 같은 결과가 나올테니까요. 결국 광자의 수를 조금씩 늘리면서 변화를 관찰해 보면 빛이 입자처럼 행동하다가 파동처럼 행동하는 일종의 흐름을 보게 됩니다. 그러면 입자성과 파동성이 맺고 있는 관계를 짐작해볼 수 있지 않을까요?

이러한 일련의 과정은 광양자의 파동성이 지닌 의미가 무엇인지 알려줍니다.

이런 흐름이 말하는 바는 명확합니다. 광자 하나는 입자처럼 행동합니다. 구멍을 통과한 입자는 화면의 한곳에만 점을 찍습니다. 하지만 광자가 어디로 갈지는 마치 확률로 정해져 있는 듯한 모양새입니다. 그래서 적은 수의 광자만으로 실험할 때는 아무런 규칙이 없는 것처럼 보입니다. 하지만 수없이 많은 입자가 구멍을 통과해 화면에 그린 그림은 일정한 형태를 보입니다. 각 입자의 확률이 고루 반영된 형태인 것이죠.

꼭 주사위 던지기와 같습니다. 주사위를 던질 때마다 나온 숫자를 체크한다고 해봅시다. 한 번을 던지면 숫자 하나에만 표시하면 됩니다. 서너 번 던지면 몇 군데 표시해야 할 겁니다. 하지만 수도 없이 많이 던지고 나면 숫자별 표시는 거의 비슷한 양이 될 것입니다.

정리하자면 빛은 화면에 부딪쳐서 자국을 남기는 순간 입자처럼 행동합니다. 그래서 특정 부분의 밝기라는 것은 얼마나 많은 입자가 도착하느냐에 달려 있습니다. 그 지점에 입자가 도착할 확률과 깊은 관계가 있는 것이지요. 그런데 그 확률은 빛을 파동이라고 여겼을 때 계산한 값과 같습니다. 따라서 빛은 갈 곳이 결정되는 순간, 그러니까 슬릿을 통과하는 순간 파동처럼 행동한다는 결론이 나옵니다.

결국 이중슬릿 실험이라는 현상 하나를 온전히 설명하기 위해서는 빛의 상반된 성질 두 가지를 이용해야 한다는 결론에 이릅니다. 이것은 이론과 이론이 서로를 배척하거나 흡수하는 관계와 질적으로 다릅니다. 둘이 함께 있어야 완전한 설명을 이룰 수 있지요. 현상을 설명하는 데 서로 배척할 법한 성질들이 동시에 사용된다는 놀라운 발상입니다. 이를 서로 돕는 형국이라 하여 상보성相補性, complementarity의 원리라고 하는데요, 수소 원자 모형으로 유명한 보어Niels Henrik David Bohr가 구상했습니다.

입자 한 개를 관찰하면 입자처럼 보이지만 여러 개를 관찰하면 파동처럼 보인다……. 앞에서 불확정성의 원리에 대해 얘기할 때 보았던 전자의 성질과 완전히 똑같습니다. 전자도 빛처럼 파동과 같은 성질을 지닌 것입니다. 전자가 어디 찍힐지는 확률의 지배를 받는다고 언급했는데 그 확률이 바로 파동의 원리를 따르는 것이었지요. 이제 전자가 구멍을 빠져나와 띠 모양의 강한 무늬를 만드는 현상도 이해할 수 있게 되었습니다. 전자는 구멍을 빠져나오는 순간부터 파동의 성질을 갖게 된다고 생각해야 합니다.

양자역학의 씨앗

상보성의 원리는 어느 날 아침 갑자기 누군가의 머릿속에 번쩍하고 나타난 게 아닙니다. 그즈음 일어났던 많은 사건과 과학자들의 노력 덕분에 만들 수 있었죠. 광양자설을 제기하고 수소원자에서 나오는 빛을 이해하고 X선의 정체를 밝히는 등 20세기 초 과학의 격렬한 발전은 사실 당시 과학자들에게 거대한 도전 그 자체였습니다. 기존의 방법으로는 이해하기 힘든 현상이 여럿 보고되었으니까요.

과학자들은 많은 노력을 기울였고 때론 한자리에 모여 격렬한 논쟁을 벌였습니다. 그렇게 서서히 난관을 헤쳐나갈 수 있는 돌파구를 마련했습니다. 드디어 자연을 바라보는 새로운 시각인 양자역학이 만들어진 것이지요. 상보성의 원리는 이때 완성된 양자역학을 구성하는 주요 원리 중 하나입니다.

이런 의미에서 빛의 이중성에 대한 논의는 양자역학의 시발점 역할을 했다고 할 수 있습니다. 어떻게 보면 광양자라는 존재가 구상된 순간에 양자역학의 씨앗이 뿌려졌다고도 볼 수 있지요. 거기에 여러 학자의 도움이 더해져 양자역학이 형성될 수 있었습니다. 그중 가장 의미 있는 도약으로 드브로이Louis-Victor-Pierre-Raymond, 7th duc de Broglie가 주장한 물질파에 대해 얘기하지 않을 수 없습니다. 물리학 역사상 제일 높은 신분이었던 이학자는 수학적인 유사성에 기초해 직관적이고 대담한 주장을 펼쳤습니다. 그리 길지 않은 논문을 통해 물질파物質波, matter wave 또는 드브로이 파de Broglie wave라고 불리는 파동을 제안했지요.

그의 주장을 단순하게 설명하면 이렇습니다. 파동인 줄 알았던 빛이 입자성을 지녔다면, 입자인 줄 알았던 물질도 파동성을 지녔을 거란 얘기입니다. 이중슬릿 실험에 빗대어보면 빛은 파동처럼 진행하다가 화면에 찍히는 순간에는 입자처럼 행동했지요. 드브로이는 빛이 정말 이렇다면 확실하게 입자인 물질을 이중슬릿에 통과시켜도 똑같은 현상이 일어날 것이라고 주장했습니다. 입자를 쏴서 이중슬릿에 통과시키면 파동성을 띠게 된다는 말입니다.

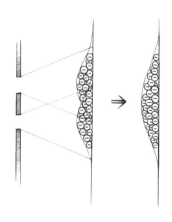

나란한 구멍 두 개에 입자를 통과시켰을 때 예상되는 그림입니다. 두 구멍은 각자 통과시킨 입자를 뒤쪽으로 내보냅니다.

사실 드브로이의 주장은 황당무계합니다. 상식적으로 생각하면 구멍 두 개를 각각 통과한 입자들은 화면에도 두 개로 구분된 모양을 만들겠지요. 즉 화면에는 구멍이 하나일 때 생기는 모양 두 개가 나란히 놓인 듯한 무늬가 생길 것입니다. 그런데 드브로이는 그렇지 않다고 주장했습니다. 입자들이 마치 파동처럼 서로 간섭해 그 경로를 정한다는 것이죠. 그래서 드브로이가 예상한 결과는 다음 그림과 같습니다.

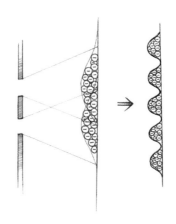

 이미 여러분도 예상했겠지만, 드브로이가 옳았습니다.

드브로이의 연구는 별로 주목을 받지 못했는데 아인슈타인의 논평이 더해지자 큰 관심을 끌게 되었습니다. 결국 그리 오래지 않아 1927년 전자를 이용한 데이비슨-저머의 실험Davisson – Germer experiment을 통해 사실임이 입증되었습니다. 물질의 세계에도 파동성이 있다는 것입니다.

드브로이의 논문을 높게 평가한 아인슈타인은 역설적이게도 양자역학에 끝까지 불만을 품은 학자로 유명하지요. 그의 스승 플랑크가 빛에너지의 양자화를 제안하고도 광양자를 거부한 것과 비슷합니다.

머리를 맞대다

물질과 빛의 성질이 서로 유사하다면 그것을 나타내는 방법도 유사해야 자연스럽습니다. 그렇다면 빛을 파동으로 나타냈듯이 물질도 파동으로 나타낼 수 있지 않을까요? 드브로이는 입자가 도착할 가능성이 큰 지점을 파동으로 예측할 수 있다는 점에 착안해 입자를 안내하는 파동인 파일럿 파$^{pilot-wave}$의 존재를 제안했습니다. 입자가 갈 곳을 결정해주는 조정사^{pilot}란 의미지요.

곧이어 슈뢰딩거$^{Erwin\ Rudolf\ Josef\ Alexander\ Schrödinger}$가 같은 아이디어를 바탕으로 더욱 발전된 결과를 내놓았습니다. 1926년 1월 그는 파동방정식을 이용한 수소원자의 해석방법을 논문으로 발표했습니다. 복잡한 계산을 통해 수소원자 주변에 전자가 분포하는 확률을 구한 것이지요. 그는 이러한 업적을 인정받아 1933년 노벨물리학상을 받습니다. 비록 슈뢰딩거 본인은 확률이 아닌 밀도함수를 구했다고 믿었지만 말입니다.

이때 슈뢰딩거가 내놓은 결과는 정말이지 양자역학 바로 직전의 것이었습니다. 이 아이디어는 많은 과학자와의 격렬한 의견교환을 통해 양자역학으로 완성될 수 있었지요. 많은 과학자가 여러 각도로 문제에 접근했습니다. 여태 언급한 과학자들에 더해 보른$^{Max\ Born}$, 하이젠베르크$^{Werner\ Karl\ Heisenberg}$, 디랙$^{Paul\ Adrien\ Maurice\ Dirac}$ 등등 당대 최고의 두뇌들이 이 문제를 해결하고자 했지요.

하이젠베르크도 완전히 독자적으로 양자역학과 동일한 체계를 만들었습니다. 하지만 그 형태는 매우 달랐지요. 물론 각 체계가 모양만 다를 뿐 동일하다는 것이 밝혀지기까지는 오랜 시간이 걸리지 않았습니다.

　실제로 한자리에 모여서 머리를 맞대기도 했습니다. 탄산수소나트륨을 제조해서 큰돈을 번 솔베이Ernest Gaston Joseph Solvay의 후원으로 열렸던 솔베이 회의Solvay Conference를 통해 의견을 주고받을 수 있었지요. 특히 다섯 번째 열렸던 솔베이 회의는 아인슈타인과 보어 사이에 벌어진 논쟁으로 매우 유명합니다. 그 유명한 '신은 주사위 놀이를 하지 않는다'God does not play dice라는 말이 이때 나왔습니다. 보어는 '아인슈타인, 신한테 뭐라고 하지 말게나'Einstein, stop telling God what to do라는 말로 되받아쳤다고 하지요. 아인슈타인과 보어는 회의 기간 내내 서로 문답을 주고 받았다고 합니다.

1927년 열렸던 5차 솔베이 회의 사진입니다. 사진 속 인물 중 열일곱 명은 노벨상을 받았습니다.

20세기 초 물리학자 간에 벌어진 토론의 특징은 현상을 잘 설명하는 이론이 존재했다는 점입니다. 보통 이론이 현상을 잘 설명하고 있는지 따지는 것이었지요. 하지만 양자역학을 둘러싸고 벌어진 격론은 상황이 달랐습니다. 실험을 설명할 훌륭한 수학적 표현은 이미 어느 정도 완성되어 있었죠. 그런데 수학적 표현이 너무나 생소하다는 게 문제였습니다. 수학적 표현을 따르자니 자연이 상식과 너무나도 달라져서 과학자들도 쉽게 받아들일 수 없었던 겁니다. 문제는 생각보다 심각한데 양자역학이 도출한 수학적 표현을 어떻게 해석해야 하는지는 아직까지도 합의된 바가 없습니다. 그래서 다양한 해석법이 있고 또 새로운 해석법이 계속 만들어지고 있지요.

20세기 초 물리학자들의 토론은 코펜하겐 해석이라고 불리는 해석법을 따르는 방향으로 마무리되었습니다. 보어가 세운 연구소가 있는 곳의 이름을 딴 이 해석법은 현재까지도 많은 지지를 받고 있습니다. 대부분의 교과서도 양자역학을 설명할 때 이 해석법을 따르고 있죠.

이 책에 소개된 양자역학에 대한 것들도 모두 이 해석법에 바탕한 것입니다. 정말로 대부분의 교과서도 코펜하겐 해석을 바탕으로 양자역학을 기술하고 있습니다.

코펜하겐 해석으로 본 양자역학

고전역학과 전자기학에는 없던 '해석'이라는 것이 왜 유독 양자역학에만 필요한지 조금만 더 자세히 알아봅시다. 양자역학을 해석할 때 핵심쟁점이 되는 것은 '상태를 표현하는 함수'입니다. 그러니까 이 함수는 계를 온전히 표상하는 양자역학의 기본도구인 셈이지요. 고전역학에서는 입자의 상태를 입자의 위치나 속도로 묘사했지만 양자역학에서는 함수로 나타내지는 것입니다. 물리학자들이 20세기 초에 이르자 자신들이 도출했던 온갖 실험결과를 전부 해석할 수 있는 함수를 만들어 낸 것이지요.

이 함수를 이용하면 계의 특징을 전부 알아낼 수 있었고 실험결과도 예측할 수 있었습니다. 수소원자 주변에 전자가 있을 확률까지 계산해낼 수 있습니다. 그것이 지닌 에너지나 각운동량 따위도 알아낼 수 있지요.

양자역학에서 이 함수는 파동함수와 형태가 같았습니다. 그래서 파동함수라고 부릅니다. 흔히들 ψ 기호로 나타내지요.

대단히 중요한 것은 누구도 파동함수 자체를 직접 관찰할 수 없다는 점입니다. 자연에 관한 온갖 정보를 다 표현해줄 수 있지만 절대 직접 모습을 드러내지는 않습니다. '전자를 잘 살펴보았더니 이런 파동함수의 형태이더라' 하는 식으로 관찰이 성립되면 좋은데 그럴 수 없다는 것이지요. 파동함수 자체를 측정할 수 있는 방법은 없습니다.

그런데도 파동함수에서 필요한 정보를 다 끄집어내는 데 아무런 문제가 없습니다. 정말 당연한 얘기지만 물리학자들은 파동함수를 구상하면서, 파동함수에서 원하는 물리량을 얻는 방법도 함께 구상했지요. 파동함수의 일부를 취하거나 파동함수에 특정한 계산을 수행하는 방법을 사용하는데, 알아내고자 하는 물리량이 무엇이냐에 따라 방법이 정해집니다. 마치 매번 다른 도구를 사용해야 하는 것과 비슷합니다.

인간이 자연과 싱크로율이 너무나도 좋은 도구를 만든 것입니다. 하지만 아무도 파동함수를 직접 볼 수 없다는 것이 문제입니다. 실제 자연과 이 도구의 관계는 무엇일까요?

　이 파동함수가 자신의 정보를 확률의 형태로 내놓는다고 보는 것이 바로 코펜하겐 해석법의 핵심 중 하나입니다. 파동함수로 전자의 위치를 계산하면 그 위치를 확률로 나타내는 식입니다. 다른 물리량에 대해서도 마찬가지입니다. 그러니까 슈뢰딩거가 처음에 전자의 밀도라고 여겼던 것은 사실 전자가 그 자리에 있을 확률과의 대응인 것입니다.

　코펜하겐 해석을 따르면 파동함수는 계의 모든 가능한 상태와 각 상태의 확률정보를 포함하고 있습니다. 그런데 계는 관측자가 측정하는 '그 순간' 모든 가능성 중에 하나의 형태가 됩니다. 다시 한 번 이중슬릿 실험을 예로 들면 슬릿을 통과한 전자가 화면 어디에 부딪칠지는 순전히 확률적으로만 결정되어 있습니다. 그러다가 측정의 순간, 즉 화면에 실제 전자가 부딪치는 순간 전자는 단 한 곳에만 있게 되는 것이죠. 여러 곳에 존재할 수 있는 확률을 갖고 있던 전자는 '측정과 동시에' '화면 어느 한 지점에만 있는 전자'로 바뀌는 것입니다.

　결국 인간은 파동함수 전체를 바라볼 수 없게 됩니다. 측정을 통해 변화된 것만 볼 수 있습니다. 그렇다고 이것이 사건의 확률을 측정하는 데 부족한 방법은 아닙니다. 동일한 사건을 엄청나게 여러 번 측정하면 되거든요. 마치 주사위를 천번 만번 던져서 각 눈이 나올 확률을 구하듯 말입니다. 과학자들은 이런 식으로 실험을 통해 얻어낸 사건의 경향과 파동함수의 예측이 일치하는지 살펴봅니다. 파동함수가 자연을 잘 표상하는지 검토하는 것입니다.

　이중슬릿 실험을 통해 양자역학적인 작업이 어떻게 이루어지는지 다시 한 번 요약해봅시다. 제일 먼저 이중슬릿을 통과한 전자의 확률값을 파동함수를 이용해 이론적으로 예측합니다. 그리고 실험을 하지요. 학자들은 수많은 전자를 이중슬릿에 통과시켜봄으로써 정말 전자가 예측한 확률의 지배를 받는지 확인합니다. 실험을 통해 이론을 검증하는 것이죠. 이 작업을 정리하면 다음과 같습니다.

> 본질 : 측정 : 수많은 사건의 합
> =
> 파동함수 : 측정에 대응하는 계산 : 사건의 확률

이 도식은 양자역학에서 측정의 문제가 중요하다는 것을 암시합니다. 여러 번 측정해서 확률을 예측할 수 있어야 하지요.

전자의 위치와 운동량은 누구도 알 수 없다

양자역학이 자연을 표현하는 방법은 기존의 방법과 완전히 다릅니다. 무엇보다 입자를 묘사하는 물리량인 위치와 운동량을 파동함수에서 얻게 되었습니다. 입자를 나타내는 근본적인 방법 자체가 변화한 셈입니다. 현상의 실체를 파동함수로 예측한다는 놀랍도록 기묘한 발상에서 이런 변화가 기인했지요. 과학자들은 이런 극적인 사고의 전환을 통해 자연을 상큼하게 묘사할 수 있었습니다.

파동함수와 관련된 양자역학의 이런 형식화는 또 다른 원리의 발견으로 이어졌습니다. 양자역학적으로 기술된 파동함수는 위치와 운동량을 '동시에' '정확히' 정하지 못하거든요. 파동함수의 이런 특징은 제일 처음 수학적으로 발견되었습니다. 위치가 한정된 파동함수는 운동량을 하나로 정할 수 없고, 반대로 운동량이 하나로 정해진 파동은 위치를 정확히 기술하지 못하지요.

왼쪽 그림은 위치가 비교적 정확하지만 운동량은 부정확한 파동을 나타내고, 오른쪽 그림은 운동량이 정확하지만 위치는 부정확한 파동을 나타냅니다.

이것이 양자역학을 이루는 ― 또는 본질을 잘 시사하는 ― 두 가지 원리 중 하나인 불확정성의 원리입니다. 이름 그대로 입자의 정보가 모두 정확하게 정해져 있지 않다는 뜻입니다. 이를 가장 먼저 눈치챈 사람이 하이젠베르크입니다. 그는 전자의 위치를 측정하기 위해 실제 빛을 이용한다면 어떤 오차가 생길지 생각해보았습니다. 이른바 하이젠베르크의 현미경이라 불리는 이 유명한 사고실험은 불확정성의 원리를 대략적으로 이해하는 데 매우 도움이 됩니다.

모든 파동은 파장이 자기보다 작은 것과 잘 반응하지 않습니다. 바닷가에 전봇대를 세워놓는다고 해서 전봇대에 부딪친 파도가 굴절되거나 사라지지 않습니다. 파도에 영향을 주려면 적어도 파도의 파장과 크기가 비슷한 물체가 있어야 하지요. 빛도 마찬 가지입니다. 자신의 파장보다 크기가 작은 물체와 반응하지 않 기 때문에 그런 물체의 정보는 빛에 잘 실리지 않습니다.

움직이고 있는 전자의 위치를 빛으로 조사한다고 합시다. 그런데 빛의 파장이 너무 크면 위치를 정확히 알 수 없습니다. 파장이 작은 빛을 이용 해야 전자를 제대로 볼 수 있지요. 그런데 빛의 파장이 작다는 것은 주파 수가 크다는 것을 의미하고 그러면 빛의 에너지도 커지겠지요. 빛의 에 너지가 커질수록 전자는 빛과 상호작용해 전자 본연의 속도를 잃어버릴 가능성이 높아집니다. 결국 전자의 속도가 변하게 되지요. 정확한 속도를 알아낼 길이 없어지는 것입니다. 전자의 위치를 자세히 측정하기 위해 파장이 작은 빛을 쓸수록 전자의 속도는 점점 더 달라집니다. 이런 원리 라면 전자의 위치와 속도를 완전히 정확하게 측정하는 일은 애초에 불가 능하지요.

계에 대한 주요한 정보가 위치와 운동량이라는 고전적 개념은 이로써 파괴된 셈입니다. 이제 누구도 100% 정확하게 입자가 어느 위치에서 어 떤 운동량을 가지는지 말할 수 없습니다. 파동함수는 계의 모든 정보를 담고 있지만 그것이 우리에게 익숙한 형태는 아닌 것입니다. 이것이 코 펜하겐 해석은 지지하고 아인슈타인은 싫어했던 결론이지요.

배우면서도 이해하기 힘든 것을 옳다고 믿을 수 있었던 선대 과 학자들의 용기와 지혜에 경탄을 보내지 않을 수 없습니다.

우리는 답을 찾을 것이다. 늘 그랬듯이

계를 파동함수로 묘사하는 양자역학이 실험을 설명하고 예측하는 데 성공했다고 하더라도 그것을 이해하고 인정하기는 쉽지 않았습니다. 양자역학은 파격적인 만큼 여러 가지 의문점을 남깁니다. 가장 대표적인 문제가 바로 다음 질문입니다.

현실세계에서 파동함수란 무엇인가?

다른 버전의 질문도 있습니다. 파동함수는 실재하는가? 양자역학의 파동은 무엇으로 이루어져 있는가? 정말 측정과 함께 자연이 변하는가? 진짜 자연이 함수와 같은 형태인가? 일찍이 드브로이는 파일럿파를 주장하며 파동함수를 예측했고 슈뢰딩거는 파동함수가 입자의 밀도를 표현하는 것으로 생각했습니다. 이 둘은 파동함수가 실제 자연현상과 어떤 식으로든 연관된다고 보았습니다. 그런데 이런 생각은 양자역학이 성립되면서 거부당했습니다. 파동함수는 입자를 나타내는 훌륭한 방법일 뿐 그 실체를 찾을 수 없다고 해야 자연현상을 더욱더 깔끔하게 설명할 수 있지요.

이 외에도 양자역학이 던지는 문제는 상당히 다양하고 광범위합니다. 예를 들어 미시계의 불확정성이 왜 거시계에서는 드러나지 않는지도 반드시 풀어야 할 문제입니다. 실제로 물체가 커지면 파동성으로 대표되는 상보성과 불확정성이 왜 관측되지 않는지에 대해 진지하게 고민한 물리학자도 적지 않지요. 거시계가 미시계의 불확정성에 전혀 영향을 받지 않는다면 미시계를 다루는 학문의 의미는 과연 무엇인지도 고민해볼 수 있지요. 또 불확정성의 원리가 결정론적 미래에 어떤 영향을 미치는지도 생각할 여지가 많은 문제입니다. 실체가 전혀 없는 파동함수를 도입하는 것이 과연 타당한 과학적 활동인지 따위의 더욱더 깊은 고민도 필요하고요. 정말이지 양자역학이 던지는 화두는 광범위하고 또 심오합니다.

 그런데 만에 하나 자연을 파동으로 기술하는 것이 적절하지 않으면 어쩌지요?

20세기 초엽의 물리학자들은 여러 탐구결과를 바탕으로 전자와 같은 미시계가 확률의 지배를 받는 파동으로 기술된다는 것을 밝혀냈습니다. 그러한 결과는 거시계를 사는 인간에게 이상한 것일 수 있습니다. 하지만 이 해석은 수많은 실험결과를 큰 오류 없이 설명하고 있고 거의 100년이 흐른 지금까지 일관성을 유지하고 있습니다.

그렇다고 오류 가능성을 거부하는 것은 아닙니다. 과학은 절대 닫혀있지 않습니다. 다른 해석법이 필요할지도 모릅니다. 주목받지는 못했지만 봄David Joseph Bohm이라는 학자가 확률을 배제하고 현상을 이해할 방법을 개발하기도 했지요. 21세기 초엽에 이를 재조명해야 한다는 논문이 나오기도 했고요.

새로운 아이디어에 힘입어 과학이 상상도 하지 못했던 방법으로 도약할 가능성은 늘 열려 있습니다. 지금 이 책을 읽고 있는 바로 여러분 머릿속에 그 씨앗이 들어 있을지도 모르지요.

조금 더 생각하기 15. 콤프턴 산란

빛의 입자적 성질을 설명하다

빛의 입자적인 성질을 보여주는 가장 대표적인 예가 바로 흔히들 콤프턴 산란이라고 하는 X선-전자 산란실험입니다.

빛은 전자를 만나면 상호작용을 주고받습니다. 전자기파인 빛이 전하를 띠고 있는 전자와 모종의 작용을 주거니 받거니 하는 것이죠. 그 결과 빛의 경로가 휘어지게 됩니다. 이 현상은 고전적으로, 그러니까 빛의 전자기파설을 이용해 잘 설명되었지요. 곧 학자들은 이 현상을 톰슨 산란이라고 불렀습니다.

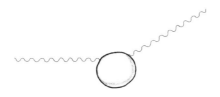

그런데, 아주 약간의 오차가 있었습니다. 그리고 이 오차는 과학자들이 새로운 빛을 사용해 실험하면서 더욱 확실하게 관찰되었지요. 학자들은 서서히 새로운 해설의 필요성을 느끼게 되었습니다.

여기서 새로운 빛이란 바로 X선을 의미하는 것입니다. 20세기 초반 X선이 발견되어 과학자들의 시야가 크게 넓어졌지요. X라는 이름은 이 선을 처음 발견한 사람으로 알려진 독일의 물리학자 뢴트겐Wilhelm Conrad Röntgen이 붙인 것입니다. 무엇인지 모르는 미지의 것이라는 뜻으로 'X'를 선택했지요.

뢴트겐이 X선을 처음 발견한 것은 아닙니다. 그 이전에 많은 학자가 미지의 '방사하는 선'이 만들어낸 여러 효과를 관측했지요. 그러나 제일 처음 이름을 붙이고 체계적으로 연구한 사람은 뢴트겐이었습니다. 그가 1895년 쓴 「새로운 종류의 광선에 대해: 사전 탐색」"On a new kind of ray: A preliminary communication"이라는 논문이 X선에 관한 첫 번째 논문입니다.

뢴트겐은 자신의 발견에 큰 의미가 있다는 것을 직감하고 아무에게도 알리지 않고 혼자 연구했습니다. 그리고 독자적으로 논문을 발표했습니다. 실험에 필요한 X선 발생장치를 만드는 데 도움을 주었던 레나르트Philipp Lenard도 언급하지 않았습니다. 그리고 X선을 이용한 인체투과 사진을 사람들에게 보여주었지요. 부정적이든 긍정적이든, 과학자들에게는 여러 가지 의미로 시사하는 바가 큰 얘기입니다.

시간이 지나면서 X선이 파장이 매우 짧은, 즉 에너지가 매우 큰 전자기파임이 밝혀졌습니다. 독일의 과학자 라우에Max von Laue는 X선이 전자기파라는 이론을 세웠지요. 그리고 검증방법을 고안했으나 학계의 회의적인 반응만을 얻고 말았습니다. 그래서 젊은 과학자들과 함께 실험을 수행했습니다. 1912년 크니핑Paul Knipping과 프리드리히Walter Friedrich와 함께 라우에는 빛이 만드는 모양과 똑같은 모양을 X선을 이용해 만듦으로써 X선이 전자기파라는 사실을 실험적으로 증명해냈습니다.

결론적으로 X선은 에너지가 대단히 큰 빛이었던 것입니다. 이제 학자들은 X선을 이용해 여태 알려진 빛으로는 일어나지 않았던 현상까지 관찰할 수 있게 되었습니다. 새로운 해석이 필요한 순간도 곧 찾아왔지요. 미국의 물리학자 콤프턴Arthur Holly Compton은 빛과 알갱이의 상호작용을 연구해 자신의 이름을 딴 콤프턴 산란을 발표했습니다. 그는 빛이 전자와 상호작용을 주고받을 때 마치 입자처럼 활동한다는 것을 완벽히 설명했지요.

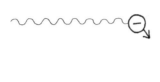

 분명히 빛과 전자의 상호작용이지만 빛을 입자처럼 다루어 알갱이가 산란하듯 계산하면 실제 답이 나옵니다. 상대성이론을 이용해서 계산해야 완전한 답이 나옵니다.

'설명 가능한' 물리를 위해

• 맺는말

먼저 얇지 않은 책을 끝까지 읽어준 독자에게 감사의 말씀을 드리고 싶습니다. 말로만 감사하면 민망하니까 책을 전부 읽은 것이 얼마나 대단한 일인지, 그래서 얻게 된 것이 무엇인지 짧게나마 정리해드리고자 합니다.

우선 이 책에 실린 이야기들은 제 격렬한 취사선택 과정을 거쳐 살아남은 녀석들이라는 점을 강조하고 싶습니다. 학문의 매력을 잘 보여주면서도 유명하고 재미있어야 하며 중·고등학교 교과서에 실려 있으면 더욱 좋다는 등의 여러 가지 평가기준을 통과한 것이지요. 이러한 기준 가운데 가장 엄격하게 적용한 것이 바로 '설명 가능성'이었습니다.

그만큼 저는 물리 현상을 하나하나 전부 설명하기 위해 노력했습니다. 단순히 신기한 현상이라고만 치부하고 넘어간다든지 적당한 선에서 마무리하며 대충 지나친다든지 하지 않고 전부 설명하려 했습니다. 자연스럽게 책의 난이도는 최초 기획의도보다 높아졌습니다. 계속 파고들어갔으니까 말이지요.

예를 들어 본문 제2부 2장에서 설명한 뉴턴의 제3법칙은 대학교에 가서야 만날 수 있는 이야기입니다. 하지만 잘 풀어서 설명하면 독자들이 충분히 이해할 수 있다고 생각해 책에 넣었습니다. 본문 제4부 2장에서 기조력으로 밀물과 썰물을 설명하고 같은 원리로 달의 운명을 설명한 부분도 절대 쉽지 않습니다. 관심의 끈을 조금이라도 느슨하게 잡고 있다면 물리학과 학생이라도 까먹을 만한 이야기입니다.

호흡이 꽤 길어서 독자들이 힘들었을 법한 부분도 있습니다. 교과서에 실린 기존 설명법은 적절하지 않다고 생각해 새로 개발한 방법으로 설명한 것들이죠. 제도권 교육을 이미 받은 사람에게는 생소하게 느껴졌을 겁니다.

그러나 설명할 수 있다고 판단하면 아주 길고 어려운 과정이 되더라도 목표에 도달하도록 노력했습니다. 제3부 4장에서 설명한 '우주의 팽창'이 좋은 예입니다. 이것을 제대로 설명하기 위해 제3부 1~3장을 썼지요. 하나의 개념을 설명하기 위해 많은 '장'을 써야 했지만 그만큼 가치 있다고 생각해 밀어붙였습니다. 결국 아인슈타인의 우주상수와 팽창하는 우주 그리고 우주의 관측영역 확대까지 전부 아우르는 거대한 이야기가 완성되었습니다. 중요한 것은 이 모든 것을 하나의 맥락으로 엮었다는 점이고 그만큼 함께 이해할 수 있는 부분도 많아졌다는 점이지요. (교과서에서 우주의 가속팽창을 대부분 명확하게 기술하지 않아서 더 악착같이 달려들어 썼는지도 모르겠습니다.)

파동도 마찬가지입니다. 제5부뿐만 아니라 책 전체를 통틀어 파동에 대해 상당히 깊이 있게 설명했습니다. 물리를 제대로 공부하기 위해서는 파동에 대한 이해가 필수라고 생각했기 때문입니다. 물리에서 파동은 거의 절대적인 요소입니다. 따라서 파동의 성질에 관해서는, 파동함수에 관한 고차원적 응용까지 언급하진 않았지만, 교과서에 나오는 거의 모든 것을 차분하고도 깊게 다루었습니다.

수식 사용을 최대한 지양하면서 고등학교 수준에서 나오는 파동의 특성을 거의 모두 언급했다고 봐도 무방합니다. 사실 꽤 어려운 내용이지요. 책을 읽으면서 이 부분을 쉽게 이해했다면 정말 훌륭한 독자입니다. 책의 내용이 훌륭했기에 독자들이 이해하기 쉬웠다고 조금이라도 생각해주기를 바랄 뿐입니다.

20세기 초반 현대물리의 발전을 논한 부분도 쉽지 않은 내용 중 하나입니다. 엄격하게 잘 훈련된 사람들조차 양파껍질 벗기듯 하나하나 차근차근 배워나가는 부분이지요. 우선 발전 양상을 시간순으로 공부할 수 없습니다. 여러 가지 이론적·실험적 발전이 얼기설기 얽히면서 이뤄졌기 때문입니다. 전자와 광자를 넘나들며 '이중성'과 '양자역학' 등 새로운 단어들이 매우 많이 등장합니다. 이러한 과학적 사건들을 과학적 인과관계 순으로 다시 묶어냈습니다. 다른 사람은 잘 시도하지 않는 방법이지만 그렇다고 독자들이 쉽게 이해했을 것이라고는 감히 말하지 못하겠습니다.

이처럼 어려운 내용을 독파한 훌륭한 독자들에게 이 책보다 더 나아갈 수 있는 방법을 알려주고자 합니다. 이 책만으로는 호기심을 해결하지 못했거나 더 큰 호기심이 생긴 독자에게는 어떤 공부가 더 필요한지 제시할 것입니다. 책에 담지 못한 내용이라는 점에서 부족한 부분에 대한 반성으로 비칠 수도 있지만, 무엇보다 감사의 마음이 가장 크다는 진심만은 알아주시길 바랍니다.

앞서 얘기했듯이 이 책은 '설명 가능성'을 매우 중요하게 여긴 책입니다. 반대로 설명이 불가능하다고 생각한 부분은 과감히 실토했습니다. 예를 들어 저는 고난도 훈련을 하지 않고는 '스핀'의 본질은 이해할 수 없다고 믿습니다. 그래서 간단한 설명을 읽는 것만으로 누구나 완전히 이해할 수 있는 개념인 것처럼 얼버무리고 싶지 않았습니다. 여러분, 모르는 것은 모르는 것으로 인정할 때 가장 마음이 편한 법입니다. 그리하여 스핀이나 그보다 더욱 난해한 '기묘도' 같은 개념은 책에서 거의 다 제외했습니다.

같은 이유로 많은 사람이 궁금해하는 몇몇 주제도 아쉽지만 책에 담지 않았습니다. 우선 '블랙홀'을 그리 많이 언급하지 않았습니다. 블랙홀은 매우 재미있고 흥미로운 주제이지만 그만큼 할 얘기가 많고 관점도 다양해서 책의 흐름을 해칠 것으로 판단했습니다. 하지만 독자들은 이 책을 통해 '시공간'과 '중력'을 충실히 익혔으므로 다른 책을 통해 큰 어려움 없이 블랙홀을 공부할 수 있으리라고 믿습니다. 현대물리학의 큰 관심거리인 '초전도체'도 얘기하지 않았습니다. 내용이 너무 어려워서 쉽게 설명하는 것은 불가능하거든요. 가장 기본적인 원리만 설명하려 해도 새로운 개념을 상당히 많이 언급해야 하죠. 그러면 책의 긴장감이 떨어질 듯해 시도하지 않았습니다.

마지막으로 고차원적인 '입자물리' 이야기도 담지 않았습니다. 세상을 떠들썩하게 했던 힉스 입자나 중력파와 중력자도 난해함 때문에 다루지 않았습니다. 자연에 이런 것도 존재한다는 수준에서 이야기를 끌어갈 수는 있었겠지요. 하지만 그렇게 되면 과학이론 사이의 관계에 주목해 하나의 체계로서의 매력을 강조하고자 한 책의 의도에서 너무 멀어지기 때문에 아예 버리는 방법을 택했습니다. 만에 하나 후속작을 쓸 기회가 있다면 이 내용들을 다룰지도 모르겠습니다. 이 책이 잘 팔린다면 말입니다.

이제 진짜 이 책의 마지막 단락입니다. 단순한 재미를 넘어서 제도권 교육에서는 쉽게 느끼지 못했던 기분을 느꼈으면 하는 바람으로 글을 썼습니다. 또한 다른 이에게 추천할 만한 책이라는 평가를 받으면 좋겠다는 소망도 있었지요. 그런데 맺는말을 마무리하는 지금 욕이나 안 들으면 다행이겠다는 생각이 듭니다. 책이 나오기만 하면 된다고 생각했던 '초심'도 떠오르네요. 아, 이래서 맺는말을 써야 하는 거구나. 이제 진짜 안녕입니다.

이진오

참고문헌

A. 섯클리프, A.P.D. 섯클리프, 정연태 옮김, 『과학사의 뒷얘기 2』, 전파과
학사, 1973.

Transnational College of Lex, 강현정 옮김, 『수학으로 배우는 양자역학의
법칙』, Gbrain, 2011.

그랜트 R. 파울러, 조지 L. 캐시데이, 진병문 옮김, 『일반역학 제7판』, 청
범출판사, 2005.

김정욱, 「중성미자 망원경의 역사」, 물리학과 첨단기술, 2002년 제11권
11호.

김희준, 『자연과학의 세계』, 자유아카데미, 2000.

대니얼 V. 슈로더, 김승곤·김장환·엄정인·오희균·최상돈 옮김, 『열 및
통계 물리학』, 홍릉과학출판사, 2001.

데이비드 C. 린드버그, 이종흡 옮김, 『서양과학의 기원들』, 나남, 2005.

데이비드 J. 그리피스, 권영준 옮김, 『양자역학』, 청범출판사, 2006.

데이비드 린들리, 김기대 옮김, 『물리학의 끝은 어디인가』, 옥토, 1996.

도쿄물리서클, 『뉴턴도 놀란 영재들의 물리노트 1, 2』, 이치싸이언스,
2008.

루이스 앱스타인, 폴 휴이트, 백윤선 옮김, 『재미있는 물리여행 1, 2』, 김
영사, 1988.

리처드 파인만, 로버트 레이턴, 매슈 샌즈, 박병철 옮김, 『파인만의 물리
학 강의』, 승산, 2007.

리처드 파인만, 박병철 옮김, 『일반인을 위한 파인만의 QED강의』, 승산, 2001.

마이클 자일릭, 스티븐 A. 그레고리, 엘스케 P. 스미스, 유경로·현정준·윤홍식·이시우·송승수·이상각·최승언 옮김, 『천문학 및 천체물리학 서론』, 대한교과서주식회사, 1979.

박이문, 『과학철학이란 무엇인가』, 사이언스북스, 1993.

서울대학교 자연과학대학 교수 31인, 『21세기와 자연과학』, 사계절, 1994.

스티븐 F. 메이슨, 박성래 옮김, 『과학의 역사 1, 2』, 까치, 1994.

스티븐 T. 손턴, 제리 B. 매리언, 강석태 옮김, 『일반역학 제5판』, 청범출판사, 2004.

아서 비서, 장준성·이재형 옮김, 『현대물리학 제6판』, 교보문고, 2009.

아이작 뉴턴, 이무현 옮김. 『프린키피아 : 자연과학의 수학적 원리』, 교우사, 1999.

양승훈, 『물리학과 역사』, 청문각, 2001.

에드워드 N. 로렌츠, 박배식 옮김, 『카오스의 본질』, 파라북스, 2006.

월터 아이작슨, 이덕환 옮김, 『아인슈타인: 삶과 우주』, 까치, 2007.

유진 헥트, 물리학교재발간위원회 옮김, 『물리학 1』, 청문각, 2008.

임경순, 「아인슈타인 상대론의 수용과정」, 『물리학과 첨단기술』, 2004년 1/2월호.

임경순, 『현대물리학의 선구자』, 다산출판사, 2001.

제임스 글리크, 박배식 옮김, 『카오스(현대 과학의 대혁명)』, 누림, 2006.

존 로지, 정병훈·최동덕 옮김, 『과학철학의 역사』, 동연, 1999.

최재천, 『최재천의 인간과 동물』, 궁리출판, 2007.

폴 G. 휴잇, 김인묵 옮김, 『수학없는 물리』, 홍릉과학출판사, 2007.

프랑수아즈 발리바르, 장 마르크 레비 르블롱, 롤랑 르우크, 박수현 옮김, 『물질이란 무엇인가』, 알마, 2009.

하누 카투넌, 강혜성 옮김, 『기본 천문학 제5판』, 시그마프레스, 2008.

A.A. Michelson, *Light Waves and Their Uses*, The University of Chicago Press, 1903.

B.D. Cullity, *Introduction to Magnetic Materials*, Addison-Wesley Publishing Company, Inc., 1972.

Claude Garrod, *Statistical Mechanics and Thermodynamics*, Oxford University Press, 1995

D. Halliday, R. Resnick, J. Walker, *Fundamentals of Physics Extended* (8th ed.), John Wiley & Sons, Inc., 2008.

F. Reif, *Statistical Physics : Berkeley Physics* (vol.5), McGRAW-HILL Inc., 1994.

Fred Reines, Clyde Cowan, Jr., "The Reines-Cowan Experiments-Detecting the Poltergeist", LOS ALAMOS SCIENCE, NUMBER 25, 1997.

Harris Benson, *University Physics*, John Wiley & Sons, Inc., 1991.

J.J. Saukurai, *Modern Quantum Mechanics*, Addison-Wesley Publishing Company, Inc., 1994.

L.D. Landau, E.M. Lifgshitz, *Mechanics* (3rd ed.), Pergamon Press, 1976.

M. Gell-Mann, *The Quark and the Jaguar: Adventures in the Simple and the Complex*, Henry Holt and Co., 1994.

Raymond A. Serway, John W. Jewett, *Physics for Scientists and Engineers with Modern Physics* (7th ed.), CENGAGE Learning, 2008.

찾아보기

ㄱ

가모 274

가시광선 434, 455, 466, 471~474

가청주파수 411, 434

갈릴레오 65, 195, 199, 262, 321, 381

감마선 221

강한 상호작용력(강력) 343, 344, 353

개기일식 359

거대 강입자 가속기(LHC) 235, 262

거대망원경계획 285

겔만 15, 26

결정론 64, 70, 78, 103, 106, 107, 492

골드 270

공동 449~456

공명 419~421

과학이론 27, 64, 67, 118~120, 148~150, 162, 163, 193, 237, 275, 276, 339, 469

관성질량 141, 340, 344, 346, 347, 351, 352

광속불변의 원리 53, 54

광양자설 467, 469, 477, 478, 481

광자 217, 353, 479, 480, 499

광전효과 458, 461, 464~467

『광학』 189, 191, 400, 431

기본입자 32, 36, 37, 65, 345, 365

기전력 377

꿀벌 229, 230

ㄴ

나비효과 68~71, 78

내부에너지 168~172

뇌터 149~152, 161

뉴턴 65, 120, 121, 126~134, 137~144, 147, 148, 162, 189, 191~195, 204, 303, 306, 313~317, 319, 320, 322, 323, 327, 329, 332, 337, 339~341, 343, 350, 352, 360, 361, 381, 397, 400, 401, 431, 433, 447

~ 링 400, 401

~의 제1법칙(관성의 법칙) 131, 132, 139, 140

~의 제2법칙(가속도의 법칙) 132, 133, 138~141, 143

~의 제3법칙(작용-반작용의 법칙) 134, 143, 336

뉴트리노 15

ㄷ

대칭성 24, 150~152, 156, 342, 374, 375
데네볼라 474
데이비슨-저머의 실험 483
드브로이 482~484, 492
　~ 파 482
디락 484
디키 267

ㄹ

라우에 495
라이네스 216, 220, 223, 230
라이프니츠 129, 154
라플라스 67, 332
러더퍼드 17, 18
레나르트 495
레이던병 362, 377
레일리 454
　~-진스의 법칙 454~456
렌 316
로렌츠 68, 70
뢰머 195, 196, 198, 199
뢴트겐 494, 495
르메르트 249, 250, 272, 274~276
리스 288
리히만 378

ㅁ

마이어 158
마이켈슨 437
　~-몰리 간섭계 49, 438
마이크로웨이브 434
마흐 477
만유인력 65, 317, 318, 322, 325, 329, 332, 334, 340, 341, 343~346, 352, 354, 355, 361, 363, 364, 366
매개입자 353
매서 283
매질 47, 48, 50, 385~388, 406, 424, 437, 439, 441
　~의 진동 406
맥스웰 425~428, 431, 432, 437, 456, 477
멘델레예프 26
몰리 437
물질파 482
뮈센브르크 361
미국항공우주국(NASA) 285

ㅂ

반입자 37
백색광 432
베타선 214
보강간섭 395, 409, 438
보른 484
보어 481, 485, 486
복원력 406

본디 270

볼츠만 18, 183, 450, 477

봄 493

불확정성의 원리 97, 99, 481, 490, 492

브라헤 295~300, 302, 303, 306, 315, 316, 321, 337, 361, 447

빅뱅이론 273, 274, 275, 277, 282, 283, 289

빈의 변위법칙 450, 469, 472

빛 15, 45, 46, 54, 87, 107, 188, 192, 199, 209, 258, 278, 284, 306, 358, 396, 401, 424, 433, 435, 443, 454, 461, 467, 476, 494

~의 굴절 190

~의 매질 47~50, 53, 424

~의 반사 191

~의 속도 44, 46, 49, 54, 57, 61, 194, 195~199, 203~205, 209, 259, 287, 340, 355, 358, 359, 381, 424, 426, 437~439

~의 입자설 189, 204, 402

~의 파동설 399, 432

ㅅ

사과 121, 317~320, 322~326, 346, 347

상보성 481, 492

상쇄간섭 395, 409, 438

상태수 453, 454

상태함수 492

『새로운 천문학』 301, 302

세차운동 358

센타우루스자리A 258, 259

소리 42, 234, 320, 385, 389, 390, 410~413, 416, 417, 419~421, 424, 432~434, 437

솔베이 485

~ 회의 485, 486

수비학 310

슈뢰딩거 109, 484, 488, 492

슈미트 288

슈테판-볼츠만의 법칙 450

슈퍼카미오칸데 224~226, 231

스무트 283, 284

스핀 21~23, 36

시간지연 55

시공간 58, 60, 470

시리우스 474

ㅇ

아리스토텔레스 114~120, 122, 126, 129, 424

아이스큐브 226, 228

아인슈타인 17, 18, 45, 46, 50, 53, 59, 237, 239, 246~248, 260, 269, 271, 275, 276, 348, 351, 355~358, 360, 442, 467, 468, 477, 483~485, 491

알퍼 274

약한 상호작용력(약력) 343, 344, 353

양자역학 61, 97, 99~109, 141, 344, 374, 448, 481, 482, 484~490, 492, 493, 499

양자전자기학 344

에너지 83, 101, 125, 152~161, 165, 167~173, 180, 183, 214~216, 228, 247, 266, 271, 277, 335, 389, 390, 392, 393, 406~411, 413, 415, 417~420, 424, 432, 435, 439~441, 453, 454, 456, 461~465, 467, 470, 472~474, 479, 487, 491, 495
  ~보존법칙 154, 158~161, 169, 181, 271, 388

에테르 424~427, 436~439, 477

X선 15, 285, 435, 456, 481, 494, 495

엔트로피 174, 181~183

역제곱의 법칙 314~317, 319, 325, 366, 369

연주시차법 253

열소 165, 166

열역학 165, 168, 174, 180, 181, 183

영 397, 399, 478

온도 83~98, 159, 167~174, 183, 213, 231, 232, 266, 281, 282, 410, 449, 450, 471, 472, 474

외르스테드 369, 373

우주 13, 40, 44, 71, 128, 180, 239, 241, 246, 260, 270, 276, 282, 286, 288, 354, 360, 439, 448, 474
  『~구조의 신비』304, 305
  ~론 238, 239, 243, 248, 250, 260, 261, 266, 268~273, 275, 278, 282, 288, 289, 348, 374
  ~배경복사 266, 275, 277, 280~286, 289
  ~상수 247, 260, 269, 498

운동량 97, 103, 122~127, 132, 133, 137~139, 142, 143, 150, 153, 155, 156, 159, 160, 181, 206, 489~491
  ~보존법칙 139, 145, 148~151, 153, 156, 181, 271

원격작용 문제 340

원자론 18~20, 28~30

웨지우드 449

웰스 336

윌슨 265, 275

윌킨슨 초단파비등방 탐사선 284

유럽입자물리연구소(CERN) 227, 235

유전율 426

음극선 15, 459

이중성 442, 469, 470, 477, 478, 481, 499

이중슬릿 478, 482, 489
  ~ 실험 396, 397, 478~480, 482, 488

일반상대성이론 58, 239~241, 247, 354, 357, 359

임페투스 118~120, 122, 126

ㅈ

자기 쌍극자 모멘트 371
자기장 22, 211, 343, 363, 367~373, 375, 376, 404, 426~429, 431, 432, 439, 441
자석 22, 217, 361, 366~368, 370~372
자외선 435, 455, 456, 466, 474
~ 파탄 455, 456
자유의지 101~103, 106
자유쿼크 28, 31
자하 363, 367~374, 376
장(場) 341~344, 353, 367, 372, 373, 376, 440, 441
적색편이 255~257, 259, 275, 280, 284, 286~288
적외선 83, 434, 471, 474
전기장 343, 344, 363, 367~370, 372, 373, 375, 376, 404, 426~429, 431, 432, 439~441
전자기력 343~345, 353
전자기파설 427, 429, 431, 494
전하 21, 24~26, 34, 345, 362~375, 426, 429, 440, 441, 494
정상 상태 우주론 270, 272, 280
정상파 413~417, 451~453
주사터널링현미경 28
주파수 408, 411, 432~435, 462~

467, 471, 473, 491
줄 158, 159
중력질량 141, 340, 344, 346, 347, 351, 352
중성미자 15, 214, 216~221, 223~ 226, 228~230, 425
진동수 408~413, 416, 417, 419~ 421, 432, 433, 435, 462
진스 454
진폭 407~411, 432
질량보존법칙 181, 271
질량-에너지 등가의 법칙 271

ㅊ

촛불 253, 254

ㅋ

카네기 261
카르노 161, 183
카미오칸데 224, 225
캐번디시 157
케플러 262, 296~306, 315, 316, 320, 361, 447
~의 제1법칙(타원의 법칙) 299, 300, 301, 316
~의 제2법칙(면적속도 일정의 법칙) 300, 301, 303, 316
~의 제3법칙(조화의 법칙) 301, 316
켈빈 67, 427
코리올리 157

COBE 281, 283~285

코웬 216, 220, 223, 230

코펜하겐 해석 486, 488, 491

콤프턴 495

　~ 산란 494, 495

쿨롱 366

쿼크 13~17, 20, 26~33, 35~38, 68, 182, 214, 225, 477

크니핑 495

클라우지우스 161, 182, 183

클레이스트 361

키르히호프 449, 450, 469

ㅌ

탈레스 361

터널링 104, 105

톰슨 산란 494

통일장이론 344

투자율 426

특수상대성이론 50, 51, 54~58, 354

티티우스-보데의 법칙 310

ㅍ

파동 15, 45~47, 91, 101, 107, 381, 385~395, 397, 399~417, 419, 421, 423, 424, 427, 429, 432, 433, 438, 439, 441~443, 451, 452, 456, 462, 467, 470, 475, 477~484, 490~492, 493

　~ 중첩의 원리 392

~의 간섭현상 409

~의 독립성 392

~의 속도 387, 388

~의 에너지 407, 409

~의 진행 47, 387, 416

~함수 487~489, 491~493, 498

파울리 216

파일럿파 492

팔정도 26, 35~38

패러데이 238, 343, 425, 428

　~의 법칙 428, 431

펄무터 288

페르미 15, 19, 23, 216, 230

펜지아스 265, 267, 275

평형상태 282, 404, 405, 424, 456

표준모형 27, 28, 31~33, 36, 225, 226

푸아송 399

푸코 200, 204

『프랑켄슈타인』 263

프랙털 도형 77

프랭클린 377

프레넬 399

프리드리히 495

프리드먼 247~249, 275, 276

프리슈 229, 230

프리즘 191, 433, 434, 435, 451

『프린키피아』 121, 122, 139, 140, 189, 191, 313, 315, 317, 352

플랑크 456~458, 467~469, 484

~ 탐사선 284

피조 200, 203, 204, 209, 210, 401

피타고라스 320

ㅎ

하먼 274

하위헌스 316, 381

하이젠베르크 484, 485, 490

　~의 현미경 490

허블 250, 253~257, 260, 261, 268,
　269, 275, 276, 285, 286, 288

　~상수 251, 276

헤르츠 408, 427, 429

헬름홀츠 158

헬리 315

호일 270, 273, 275

혼돈현상 71~77

활력 154, 157

회절 397, 400, 439

후커 망원경 261

훅 316

흑체 281, 282, 471~474

　~복사 450, 451

　~복사곡선 281, 282, 450, 456

물리 오디세이

세상을 설명하는 물리학, 그 첫걸음을 위한 안내서

지은이 이진오
펴낸이 김언호

펴낸곳 (주)도서출판 한길사
등록 1976년 12월 24일 제74호
주소 10881 경기도 파주시 광인사길 37
홈페이지 www.hangilsa.co.kr
전자우편 hangilsa@hangilsa.co.kr
전화 031-955-2000~3 **팩스** 031-955-2005

부사장 박관순 **총괄이사** 김서영 **관리이사** 곽명호
영업이사 이경호 **경영이사** 김관영 **편집주간** 백은숙
편집 박희진 노유연 이한민 박홍민 배소현 임진영
마케팅 정아린 **관리** 이주환 문주상 이희문 원선아 이진아
디자인 창포 **본문 일러스트** 류선호 **CTP출력 및 인쇄** 예림 **제본** 예림

제1판 제1쇄 2016년 9월 23일
제1판 제4쇄 2024년 3월 20일

값 25,000원
ISBN 978-89-356-6975-2 03420

• 잘못 만들어진 책은 구입하신 서점에서 바꿔드립니다.
• 이 도서의 국립중앙도서관 출판시도서목록(CIP)은 서지정보유통지원시스템 홈페이지(seoji.nl.go.kr)와
국가자료공동목록시스템(www.nl.go.kr/kolisnet)에서 이용하실 수 있습니다.
(CIP제어번호: CIP2016016452)
• 이 책은 한국출판문화산업진흥원의 2016년 〈우수 출판콘텐츠 제작 지원〉 사업 선정작입니다.